KB160736

커피의
성분과 화학

COFFEE CHEMISTRY

커피의
성분과 화학

임진규 지음

서문

커피는 이제 현대인에게 없어서는 안 될 필수의 기호 음료가 되었다. 커피산업이 발전함에 따라 커피에 관한 다양한 서적이 출간되고 있다. 커피는 식품화학의 한 분야이다. 본서에서는 커피의 성분을 중심으로 각 성분에 대한 설명과 성분을 화학적으로 풀어서 설명하고 성분의 대한 연구 내용, 기능, 동향 등을 자세히 설명하고자 하였다.

본서는 학교, 연구소, 커피로스터 등에서 커피를 연구하고 공부하는 교재로 활용될 수 있다. 본서를 출간 할 수 있도록 허락해주신 한국학술정보와 많은 노고를 해주신 편집부에 감사를 드린다. 아울러 본서를 펴내는데 많은 도움을 주고 함께 한 김태희 군, 이효범 군, 신승엽 군에게도 깊은 감사를 전한다.

2018년 6월 1일
저자 임진규

목 차

서론

1.1 커피의 기원

　오늘날 그 어느 누구도 커피가 큰 사업이라는 것에 대해서 의의를 제기하지 않을 것이다. 사실, 커피는 석유 다음으로 세계에서 가장 널리 거래되는 상품이고, 전 세계의 수천 만 명에게 일자리를 제공하는 상품이기도 하다. 커피는 커피열매 자체뿐만 아니라 음료의 형태로도 점점 더 많이 교역되고 있으며 그 수요는 눈에 띄게 많아지고 있는 추세이다. 커피나무는 에티오피아가 주된 서식지이지만, 우리가 알다시피 커피의 초기 역사를 살펴보면 주로 아라비아를 중심으로 경작되고 그 지역에서 음료로서 즐기기 시작했다. 사람들이 커피를 음료로 즐기기 오래 전에는 주로 커피 열매를 씹어 먹었으며 이때 약간의 흥분제처럼 사용되기도 했다. 이후에 에티오피아 사람들이 말리고 으깬 커피 열매를 지방과 섞어서 동그랗게 만든 뒤 여행을 할 때 식량으로 가지고 다녔다. 또한 커피 열매에서 나온 즙을 발효시킨 뒤 음료로 마시기도 했다. 이 외에도 커피의 발견과 사람들이 커피를 초기에 어떻게 사용했는지에 관한 여러 가지 전설과 일화들이 많이 있다.

　커피가 에티오피아에서 아라비아로 전해진 시기는 약 15세기경으로 추정된다. 1500년대 초기에 커피는 예멘에서 경작되었고, 분쇄된 커피를 추출해서 마시는 관습은 여러 이슬람 국가에서 널리 행해졌다. 그러나 회교도의 지도자들은 커피가 사람들을 취하게 만든다고 여겨서 커피를 마시는 것을 금지하였으며, 커피숍이 회교도인들로 하여금 사원에 오는 것을 방해한다고 비난하기도 했다. 커피는 약 1600년 즈음에 투르크인들에 의하여 유럽에 전파되었고 이내 여러 나라에서 인기를 끌었다. 자료에 의하면 커피는 1625년에 로마에서 판매되었으며 1650년에 영국의 첫 커피숍이 옥스퍼드에 문을 열었다. 그 후 1675년까지 영국 전역에 약 3000개의 커피숍이 생겨나게 되자 찰스2세는 이 커피숍들이 세속적인 장소라고 비난하며 커피숍을 폐업시키는 성명서를 발표하였다. 그러나 격한 반대 여론으로 인해 이 성명서는 이내 철회되었다. 18세기 중반에 커피를 마시는 관습이 유럽 및 북미 전역으로 퍼져나갔다. 커피 경작이 전파된 역사를 살펴보면 매우 흥미롭다. 초기에는 아라비아인들만 커피를 제공하기 시작했으며 이들은 커피의 유래만큼이나 비밀스럽게 활동하였다. 아라비아인들은 외국인들이 커피 농장을 방문하지 못하게 할 뿐만 아니라 수출된 모든 커피는 끓는 물에 넣어서 발아를 하지 못하게 해야 한다고 했다. 역사에 의하면 인도에서 온 한 회교도 선지자가 1600년대경에 커피를 아라비아 밖으로 몰래 빼냈으며, 그 이후에 네덜란드 사업가가 1658년에 스리랑카에 본격적으로 대규모의 커피 경작을 시작하였다. 이것을 계기로 커피 경작은 1696년에 자바섬으로 퍼져나갔고 1711년에 첫 상업용 자바커피가 암스테르담으로 출하되었다. 반면에 암스테르담 보타니컬 가든(Amsterdam Botanical Gardens)은 자바커피로부터 커피 씨앗과 묘목을 얻어내려고 시도하고 있었고, 후에 이 묘목은 아라비카종(티피카종)과 그들 중 하나로 분류되었다. 그 커피는 1714년에 프랑스의 루이 14세에게 헌정되었고, 중앙아프리카와 남아프리카, 캐리비안 해안 지역을 포함한 현재의 모든 커피 수출국에 수십억 그루의 커피 나무를 제공한 계기가 되었다. 이와는 다르게, 프랑스인들은 부르봉(버번)으로 알려진 인도양의 한 섬에 커피 경작을 18세기 초기에 시작했는데, 그들은 커피 씨앗을 아라비아에서 직접 공수해왔다. 이 커피는 열대 지역 전역으로 퍼져나갔고 앞에 언급한 것과는 다른 종류로 분류되었는데, 오늘날에는 코페아 아라비카 부르봉(버번)으로 분류된다. 이 종류와 아라비카 티피카종은 오늘날 아라비아 커피의 중요한 계통이 된다. 상업적으로 중요한 또 다른 종류의 커피인 코페아 카네포라(로부스타)는 아프리카에서 유래된 여러 가지 종류 중 하나이다. 지난 수 백년 동안 우간다와 콩고 유역, 서아프리카 해안에서 널리 경작되어 왔고, 현재 전세계 커피 수출량의 약 20%를 차지한다. 커피라는 이름의 기원에 대해서도 빼놓을 수 없다. 에티오피아에서 현재까지 커피를 경작하는 지역의 이름이 카파(kaffa)이기도 하지만, 본래는 아라비아 단어인 카화(qahwah)에서 유래되었다고 전해진다. 그리고 이것이 유럽으로 전파될 때에 터키단어인 카화(kahwah)로 바뀌어졌다. 동아프리카에서 사용되는 스와힐리어로는 카하와(kahawa)라고 하는데, 이것 또한 아라비아어에서 유래했다.

1.2 커피 나무

앞에서 거론했듯이 상업용으로 거래되는 중요한 두 가지의 커피 종류는 코페아아라비카와 코페아 카네포라이다. 커피나무는 꼭두서니과(Rubiaceae)에 속한다. 코페아(coffea)는 슈발리에(Chevalier)에 의해 4가지의 종류로 다시 세분된다고 하며, 그 중 유코페아(eucoffea)가 우리가 여기서 살펴볼 종류이나. 유코페아의 5가지 종류 중 첫 번째인 에리쓰로 코페아(erythrocoffea)에 아라비카와 카네포라 종류가 모든 속한다. 이 관무은 상록수과의 쌍떡잎 식물로서 야생에서 10미터까지 자란다. 하지만 경작을 할 때에는 3m가 넘지 않도록 가지치기를 해주어 수확을 편리하게 해주며 최상의 모양을 유지시켜준다. 중심 가지는 서로 반대되거나 평행하거나 늘어질 수 있으며, 잎사귀들은 짧은 가지 위에 쌍을 이루어서 자란다. 아라비카의 경우 약 15cm의 길이로, 카네포라는 좀 더 길게 자라며 타원이나 피침 모양을 하고, 짙은 녹색을 띠며 반짝거린다.

첫 꽃은 3년이나 4년쯤에 개화하며 크림색의 꽃으로 달콤한 향을 가지고 있다. 주로 잎사귀 사이에 무리로 피어난다. 화관은 약 20mm의 길이

이고 윗 부분에 5개의 잎을 가지고 있다. 교배시 카네포라는 타화수분에 의존하며 자화수분은 아라비카에 이루어진다. 꽃이 지면 씨방이 서서히 최대 길이 18 mm, 지름 10-15 mm의 원형 모양으로 변해간다. 처음에는 녹색이었다가 점점 익어가면서 붉은색(체리색과 유사함)으로 변하는데 이때가 수확하기 가장 좋은 때이다. 한 가지에 꽃과 붉은 열매, 녹색 열매가 공존하는 경우가 매우 흔하며, 특히 경작 지역의 연 강수량이 일정한 경우에 더 쉽게 찾아볼 수 있다.

커피 열매가 곧 씨앗이다. 그림 1-1과 같이 주로 두 개의 씨앗이 한 열매 안에 들어있으며 납작한 부분을 맞대고 있다. 각각의 씨앗은 실버스킨 (silver skin)이라고 알려진 얇은 외피로 둘러싸여 있으며, 바깥 부분은 파치먼트(parchment)라고 알려진 헐거운 노란색의 껍질로 둘러싸여 있다. 이 전체가 열매의 과육 부분인 점액질의 펄프(pulp)안에 들어가 있는데, 두 개의 씨앗 중 한 개만 과육이 되고 나머지 한 개의 씨앗은 피베리 (peabarry)라는 횡단면으로 변형된다. 이것 말고도 다른 비정상적인 모양이 때때로 나타나기도 한다.

1.2.1 종류와 변종들

앞에서 언급했듯이 커피 열매는 상록수의 쌍떡잎 식물과이며 꼭두서니 과(Rubiaceae)에 속한다.

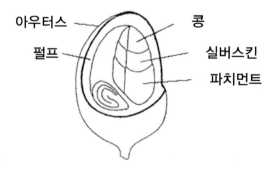

그림 1-1 커피 체리 단면도.

두 가지의 종류가 상업적으로 중요한데, 코페아 아라비카 린(coffea arabica Linn)과 코페아 카네포라 피에라 엑스 프로에너(coffea canephora Pierra ex Froehner)이다. 이 커피들은 교역 시 각각 아라비카와 로부스타라는 이름으로 거래된다. 이 외에 또 다른 두 가지 종류의 커피가 있는데 코페아 리베리카 불 엑스 히에른(coffea liberica Bull ex hiern, 보통 리베리카로 알려짐)과 코페아 데웨브레이 드 와일드와 듀란드 엑셀사 슈발리에(coffea dewevrei De Wild and Durand var. excelsa Chevalier (보통 엑셀사로 알려짐)이다. 위의 두 종류를 시중에서 구입할 수는 있지만 근래에는 상업적으로 별로 중요하지 않게 여겨진다.

세계 커피 생산의 약 80%를 차지하는 코페아 아라비카는 에티오피아의 남부 지방의 고산지대에서 유래되었으며 현재까지도 그대로 자생하고 있다. 또한 코페아 아라비카의 대부분은 경작지에서 나온 변종 또는 사람에 의해 교배되었다. 그러나 원래의 두 변종은 아라비카 티피카와 아라비카 부르봉(버번)이란 이름으로 알려져 있다. 전자는 암스테르담 보타니칼 가든(Amsterdam Botanical Gardens)에 의해 경작되고 프랑스인들에 의해 캐리비안 해안으로 전파되고 현재에는 남부 및 중앙 아프리카에서 경작되고 있으며 동시에 동 아프리카에서도 니아사(nyasa)커피라는 이름으로 알려져 있다.

아라비카 부르봉은 앞에서 언급한 대로 프랑스인들이 경작한 부르봉 섬의 이름에서 유래했다. 이 종은 티피카의 변종일 확률이 높으며 수확량이 많다. 또 어떤 보고에 따르면, 이 종이 더 풍부한 맛을 낸다고 한다. 티피카와 마찬가지로 이 종은 북, 남미와 동 아프리카에서 널리 경작된다.

아라비카 마라고지페(maragogype)라는 종류도 때때로 발견할 수 있다. 이 종은 1870년 브라질 경지에서 변종으로 발견되었으며, 대형 사이즈의 아라비카라고 생각하면 된다. 더 큰 잎사귀와 열매, 씨앗을 가지고 있지만 수확량이 적고 풍부한 맛을 내지 않아 큰 인기를 얻지 못하고 있다.

아라비카 아마렐라(amarela)는 노란색의 열매를 맺는 변종으로, 널리 교역되지는 않는다.

아라비카의 다른 많은 변종들이 있는데 다음과 같다.

카투라(caturra): 부르봉의 변종. 수확량이 많아서 브라질에서 인기가 많았음.

문도 노보(mundo novo): 부르봉과 수마트라(sumatra)의 잡종. 수확량이 많고 질병에 대한 저항력이 강함.

카투아이(catuai): 남아메리카와 중앙 아메리카에서 종종 찾아볼 수 있으며 성장이 빠르고 수확량이 많음.

켄트(kent): 원산지는 남인도로 알려져 있으며, 높은 수확량과 적수병에 대한 강한 저항력으로 동아프리카에서 널리 재배됨.

블루 마운튼(blue mountain): 자메이카의 변종으로서 역시 동아프리카에서 널리 재배됨. 고도가 높은 곳에서도 잘 자라며 커피 열매 질병에도 저항력이 강함.

또 다른 중요한 종으로는 코페아 카네포라(로부스타)와 그 변종을 포함한 종류가 있는데 지금의 로부스타는 카네포라의 원조를 가리키는 단어로 쓰인다.

로부스타의 세 가지 다른 변종에 대해서는 알아둘 필요가 있다. 첫 번째는 카네포라 코우일로우엔시스(kouilouensis)이며 아프리카의 프랑스령에서 1880년대에 발견되었다. 그리고 후에 네덜란드 동인도제국에서 재배되었다. 이 종은 현재에는 서아프리카와 코닐론(conillon)으로 알려져 있는 마다가스카 지역과 브라질에서도 찾아볼 수 있다. 두 번째 종류로는 카네포라 응간다(nganda)이며 관목처럼 성장하는 것 외에는 위에 나온 첫 번째와 여러 면에서 유사하다. 우간다와 아프리카 남부 지방에서 찾아볼 수 있다. 또한, 니아오울리(niaouli)도 중요한 종류중 하나이다.

아라비카와 카네포라의 잡종도 몇 종류 만들어졌다. 그 중 가장 널리 알려진 것은 단연 아라부스타(arabusta)이고, 커피의 좋은 품질과 질병에 대한 강한 저항력 때문을 위해 아이보리 해안 지역에서 교배하기 시작했다. 그러나 아직 세계 시장에서 많은 양이 교역되지는 않고 있다.

상업용으로 쓰이는 두 개의 중요한 종의 몇 가지 차이점들이 있다. 로부스타커피는 비교적 해발이 낮은 지역에서 자랄 것이며 높은 기온과 많은 강수량에도 잘 버틸 것이다. 또한 아라비카보다 더 많은 토양 부식을 필요로 한다. 일반적으로 질병에도 강한 것으로 알려져 있다. 반면, 아라비카 열매는 녹색에서 옅은 녹색을 띠며 타원형을 하고 있다. 로부스타는 더 둥근 편이며 갈색을 띤다. 아라비카종은 커피 애호가들에게 좋은 평가를 받고 있으며, 교역 시에는 커피가 공정 과정에서 습식공정인지 건식공정인지에 의해 세분된다. 이 공정에 관해서는 뒤에 더 언급하기로 하겠다. 양질의 커피일수록 가격도 비싸며, 주로 아라비카가 여기 해당되고 습식 공정으로 이루어진다. 이것은 보통 마일드(mild) 공정이라고도 알려져 있다. 가장 좋은 커피는 약간 신 맛을 내며 향이 풍부하고 완전한 맛을 내는 커피이다. 건식 공정으로 가공되는 아라비카 열매는 세계에서 가장 많은 커피를 생산하는 브라질에서 생산된다. 반면, 브라질산 커피는 블렌딩 커피로는 맛의 풍미가 덜 한편이다. 오늘날 대부분의 로부스타 커피는 건식한 공정에 의해 가공된다. 비록 잘 익은 것과 혼합할 수도 있지만 풍미 있는 커피 맛에 많은 영향을 끼치지는 않는 편이다.

1.3 생산국가

상업용 커피를 재배할 수 있는 지역은 한정되어 있다. 커피 나무는 서리에 의한 피해를 쉽게 입기 때문에 기온이 가장 중요한 요소가 된다. 그러므로 위도에 따라 북회귀선과 남회귀선 주변은 커피를 재배하기에 부적합하다. 열대 지방에서는 고도가 중요하다. 적도에 가까울수록 고도가 높으며 서리가 내릴 위험이 있기 때문이다. 그래서 적도에서는 해발 2500m에서 재배되지만 위도 25도 부근에서는 해발 100m 이상에서는 재배되지 않는다. 또한 기온에 있어서도 최고 기온이 문제가 된다. 커피 나무가 습도가 낮을 경우 섭씨 30도 이상은 견디지 못한다. 강수량 또한 중요한 요소이다. 커피 재배에서 가장 이상적인 강수량은 연 강수량이 150cm 보다 낮으면 안되며, 훌륭한 커피를 재배하는 지역은 대부분 연 강수량이 250cm를 넘는다. 커피를 재배할 때 적합한 토양은 약간 푸석한 양질토가 좋다. 주로 적색토양(Iateritic)이나 화산으로 만들어진 유문암 종류의 토양이 좋으며 매우 깊은 곳(최소 3m)에서 채취해야 한다. 로부스타는 추가로 부엽토를 필요로 한다. 커피 산업에 연관된 국가들에 관한 간략한 정보는 그림1-2와 같다.

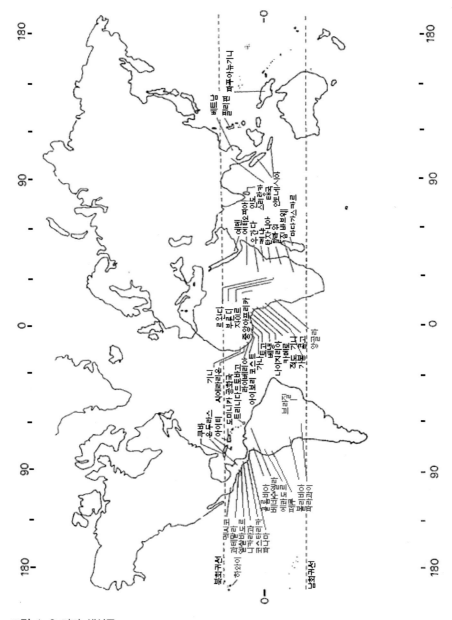

그림 1-2 커피 생산국

1.3.1 북/중앙아메리카

코스타리카

코르타리카는 문도 노보, 카투라, 카투이를 포함한 아라비카 커피의 변종을 재배하며 주로 습식 공정으로 가공한다. 커피가 국가 수출에 막대한 부분을 차지하고 있으며 그 품질도 매우 좋다. 한 때 적수병(leaf rust)의 문제를 앓기도 했다. 커피는 지역과 고도에 따라 분류된다. 예를들어 HGA는 High Grown Atlantic(대서양 높은 고도에서 재배)의 약어이고, SHB는 Strictly Hard Bean(Pacific) (태평양산 매우 단단한 열매)의 약어이다.

쿠바

커피는 아이티를 통해서 18세기 중반에 쿠바로 전파되었다. 주로 아라비카 품종인 티피카가 재배되며 습식, 건식 공정 모두에 의해 가공된다. 커피 열매는 좋은 외관을 가진다고 해도 품질은 좋지 않을 수도 있다고 전해진다.

도미니카공화국

도미니카산 커피는 주로 아라비카 종들(티피카, 카투라)중 하나이다. 주로 습식 공정에 의해 가공된다. 마르티니크 섬을 통해 18세기 초기에 전파되었다.

엘살바도르

엘살바도르 커피는 국가 수출의 약 60%를 차지하며 아라비카 종들(부르봉, 티피카 및 카투라)이 재배된다. 습식 공정에 의해 가공된다. 종류는 재배된 고도에 의해 구분되며 최상의 품질은 1500 m 이상에서 재배되는 SHG(strictly high grown)이다. 적수병의 문제와 함께 정치적으로도 불안정한 상태이다.

과테말라

1750년에 예수회 사람들을 통해 커피가 과테말라로 전파되었고 약 1850년 이후부터 재배되기 시작했다. 국가 수출의 약 40%를 차지한다. 작물은 대부분 수세식 건조방식으로 인한 아라비카 커피(아라비고, 부르봉, 티피카 및 마라고지페)이며 특히 고산지대에서 재배된 커피는 품질이 좋다고 알려져 있다. 반면 낮은 지대에서 재배된 커피는 가벼우며, 향이 있다. 종류는 고도에 의해 구분되며 Good Washed (해발700m) 에서부터 SHB(Strictly Hard Bean, 해발 1600-1700m)까지 여러 종류가 있다. 수송은 대서양과 태평양을 통해 선박으로 이루어진다.

아이티

아이티 또한 18세기 초에 마르티니크 섬을 통해 커피가 전파되었다. 국가 수출에 중요한 부분을 차지함에도 불구하고 열악한 토양 조건과 구식의 재배법 등으로 인해 수확량이 적은 편이다. 커피 종류는 아라비카 종(티피카 및 부르봉)이며 주로 건식공정으로 가공한다. 주로 미국, 프랑스, 이탈리아 등으로 수출된다.

하와이

아라비카 (티피카)를 아주 소량 생산하며 주로 미국 본토로 수출한다. 생산량은 줄어드는 추세이다.

온두라스

아라비카 커피(카투라, 티피카 및 부르봉)등을 재배하며 주로 습식 공정으로 가공한다. 종류는 고도에 의해 분류된다. 예를 들면 CS(central standard), HG(high grown) 및 SHG(strictly high grown) 이 있다. 적수병과 함께 정치적인 불안정으로 인한 문제가 있다. 몇몇 온두라스산 SHG 커피는 품질이 꽤 좋은 편이다.

자메이카

자메이카산 아라비카 커피(티피카)는 국가의 중요 수출 품목은 아니지만 품질이 좋기로 유명하다. 특히 블루 마운틴(blue mountain)은 매우 고가로 거래된다. 주로 습식 공정으로 가공한다.

멕시코

앤틸레스 제국을 통해 18세기 말에 전파되었으며 현재 국가 수출의 중요한 품목이다. 아라비카 (부르봉, 문도 노보, 카투라, 및 마라고지페)가 주로 재배되며 90%는 수세식 건조방식을 사용한다.종류는 고도에 의해 분류되고(Strictly High Grown, High Grown, Prime Washed 등) SHG의 매우 품질이 좋다. 멕시코산 커피를 가장 많이 수입하는 국가는 미국이다. 문제들로는 중앙아메리카로부터의 적수병의 위협이 포함된다. 몇몇의 식물들은 가용성 커피를 제조한다.

니카라과

니카라과는 19세기 중반에 처음 전파된 이후로 주로 수세식 건조방식으로 인한 아라비카(티피카, 부르봉, 카투라, 마라고지페)를 재배한다. 예를 들면 central strictly high grown 등이 있고 몇몇 종류는 품질이 우수하다.

파나마

소량의 수출 물품으로 구성하는 커피는 아라비카 (카투라 및 티피카) 종들이며, 습식 공정으로 가공된다. 품질은 비교적 좋은 것으로 알려져 있다.

트리니다드토바고

주요 생산 품목에 커피가 들어가지는 않는다. 제조하는데 있어 건식방법이 일반적으로 사용된다. 가용성 커피 공장이 있다.

1.3.2 남 아메리카

볼리비아

주로 습식 공정을 거쳐서 아라비카 종들을 재배한다. 주로 사용하는 변종은 카투라이다. 볼리비아는 육지로 둘러싸여 있기 때문에 페루 또는 칠레를 통해 선적된다. 몇몇 지역에 적수병의 피해가 있다.

브라질

18세기 초에 프랑스 기아나를 통해 커피가 전파된 후 브라질은 세계에서 커피를 많이 생산하는 국가가 되었다. 주로 관목은 아라비카(부르봉, 티피카, 카투라, 문도 노보)등을 재배하며, 로부스타 (코우일로우, 코닐론)도 소량 생산한다. 또한 익은 열매는 나무에서 수확한 뒤 햇빛에서 건식시킨다. 생산의 약 95%는 파라나, 상파울로, 미나스 제라이스, 에스피리토 산토에서 이루어진다.

브라질 커피는 여러가지 방법으로 분류된다. 분류방법으로는 뉴욕 커피 및 설탕 교환 시스템에 따른 결함, 선적 항(예를 들어 산토), 색상, 맛(soft, hard, rio) 로스팅 후의 외관 등이 있다. 과거에는 브라질이 수출 수입으로 커피에 크게 의존했지만 가뭄이나 서리 등 날씨 문제로 다각화(예를 들어 콩, 설탕, 가축)를 진행하고 있다. 그 나라는 적어도 14개의 식물체들에서 생산하는 가용성 커피를 가지고 있으며, 그 중 일부는 썩 좋지 않은 품질의 커피이다.

콜롬비아

베네수엘라와 프랑스령인 안틸레스 제국을 통해 19세기 초에 전파되었다. 브라질에 이어 두 번째로 많은 양을 생산하며 주로 아라비카(티피카, 카투라 및 마라고지페)를 재배한다. 또한 국가 수출에서도 상당한 양을 차지한다. 품질은 대개 매우 균일하며 매우 좋을 수 있지만 공정를 위한 물 부족으로 인해 문제가 발생할 수 있다. 콜롬비아의 여러 공장에서 용해성 커피를 생산한다.

에콰도르

에콰도르에서는 아라비카(티피카, 부루봉, 카투라)와 로부스타 둘 다 재배하며, 1920년부터 재배가 시작되었다. 로부스타는 주로 건식 공정을 거치는 반면, 아라비카는 두 공정 모두 사용한다. 가끔 적수병과 가뭄으로 가끔 문제들이 발생한다.

파라과이

파라과이는 아라비카 문도 노보, 카투라 및 카투이를 재배하며 주로 건식 공정으로 가공한다. 또한 브라질 파라나산 커피와 품질이 유사하다. 커피를 18세기에 중앙 아메리카로부터 파라과이에 전해졌고 첫 재배는 1876년에 시작되었다. 페스트(PESTS)와 같은 일부 문제들과 질병들이 존재한다.

페루

페루에서는 아라비카 (티피카, 부르봉, 카투라)등을 재배하며 습식 제조 공정이 주로 이루어진다. 적수병과 같은 문제들이 보고된 적이 있으며 수세식 건조방식으로 인한 페루산 커피는 매우 품질이 좋다.

베네수엘라

주로 아라비카 (티피카, 부르봉, 문도 노보, 카투라)등을 재배하지만 작물 중 아주 소량만이 수출된다. 거의 80%는 습식 공정을 거치며 품질도 매우 좋다고 알려져 있다.

1.3.3 아프리카

앙골라

주로 건식 공정에 의해 제조된 로부스타를 생산한다. 주로 지역(암브리즈, 암보인 등), 열매의 결합 정도, 열매의 크기를 기준으로 분류된다. 18세기 이후부터 앙골라에서 재배되기 시작했다고 하며 수 년 동안 앙골라산 로부스타는 깔끔하고 보편적인 맛으로 인해 인기가 많았다고 한다. 그러나 1975년 이후로 국가의 독립과 함께 생산이 크게 감소했다.

베닌
적은 양의 로부스타 (니아오울리(niaouli))를 생산하며 주로 프랑스로 수출한다.

부룬디
이 작은 국가는 커피 수출로 인한 수입에 크게 의존한다. 작물의 약 90%가 아라비카 커피이며 중앙 분제소에서의 마지막 가공을 위해서 농장에서 습식 공정으로 제조된다. 케냐와 탄자니아를 통해 수송이 이루어진다.

카메룬
1913년에 재배가 시작된 이후에 현재 약 2:1의 비율로 로부스타와 아라비카를 생산하고 있다. 로부스타는 건식 공정으로 가공되며 아라비카 블루 마운튼은 습식 공정을 한 뒤 햇빛에서 건식시키는 처리를 한다.

중앙아프리카 공화국
이 국가는 주로 건식 공정을 거친 로부스타 커피를 재배하며 주로 프랑스와 이탈리아로 수출한다. 커피의 품질도 좋은 것으로 알려져 있다.

콩고
콩고는 건식 공정을 거친 로부스타 커피를 생산하며 마찬가지로 프랑스와 이탈리아로 수출한다.

에티오피아

에티오피아는 본래 아라비카 커피의 원산지로 알려져 있으며, 심지어 인류가 나타나기 전부터 야생에서 커피 나무가 자라고 있었다고 알려져 있다. 또한 아직까지도 농경지에서 뿐만아니라 야생에서도 재배하고 있다. 커피는 국가 수출에 가장 중요한 품목으로 자리 잡았으며, 건식 공정과 습식 공정을 둘 다 사용한다. 종류는 재배 지역에 따라 분류되며 그 중 Kaffa(Djimmah: 매우 깊고 약간은 시큼하면서도 깔끔한 맛을 냄)와 Sidamo(시다모: 향이 좋고 가벼운 맛), 그리고 Harra(하라: 신 맛을 내며 독특한 모카향을 냄)가 가장 최고의 커피로 알려져 있다. 품질을 향상시키고 생산량을 늘리기 위해 여러 가지 노력을 하고 있지만, 커피 열매와 관련된 몇 가지 질병들이 발생한다.

가봉

건식 공정으로 로부스타를 소량 생산하는 국가이다. 생산 능력에 한계가 있으며 프랑스와 네덜란드로 수출한다.

가나

커피 수출이 국가의 전체 수출량의 1% 미만을 차지한다. 커피보다는 코코아가 더 중요한 사업으로 여겨지기 때문이다. 영국과 네덜란드, 독일로 수출하며 건식 공정을 거치지만 품질은 별로 좋지 않다.

기니

주로 로부스타를 재배하며 동유럽과 러시아 주변국들에 주로 수출한다.

적도 기니

리베리카, 로부스타 그리고 소량의 아라비카를 재배하고 주로 건식 공정으로 처리한다. 스페인에서 가장 많이 수입하며 독립 이후에 생산량이 감소한 것으로 보고된다.

아이보리 코스트

프랑스인들에 의해 1930년도에 로부스타 커피가 전파되었으며, 현재는 국가 전체 수출 수입의 약 40%를 차지한다. 세계에서 가장 많은 커피를 생산하는 국가 중 하나이다. 종류는 열매의 크기에 의해 구분되며 품질도 균등하다. 건식 공정으로 제조된다.

케냐

케냐는 주로 아라비카를 재배한다. 습식 공정으로 처리하며 커피의 신맛이 좋고 향도 풍부하다. 국가의 독립 이후에도 매우 효율적인 생산 및 공정, 마케팅 시스템을 유지하였다. 주로 농부들의 소규모 사업을 통해 커피가 생산된다. 종류는 열매의 크기(AA, AB, C 등)에 따라 분류된다.

라이베리아

로부스타와 소량의 리베리카가 생산되며, 후자는 최근 생산량의 감소를 보이고 있다. 건식 공정으로 처리된다.

마다가스카르

아라비카(부르봉과 로부스타 코우일로우(kouillou) 및 콘젠시스(congensis))가 재배되고 건식 공정을 거친다. 비록 커피가 국가 수출에서 중요한 부분을 차지하고 있지만 역사적으로 1878년에 적수병으로 인해 농작물이 모두 죽는 문제를 겪은 적이 있다.

말라위

말라위는 아라비카 커피를 재배하며 습식 공정으로 처리한다. 품질은 좋지만 생산량이 적고 균등하지 못하다. 페스트와 같은 질병들이 때때로 발생한다.

나이지리아

로부스타와 소량의 아라비카를 재배하며 모두 건식 공정을 거친다. 국가에서 그리 중요한 산업은 아니며, 품질도 고르지 못하다고 알려져 있다.

르완다

아라비카 커피가 건식 공정에 의해 재배되며 주로 햇빛에 건식시킨다. 품질은 여러 가지가 있는데 대부분 좋은 품질을 갖고 있다. 수송은 우간다와 케냐를 통해 긴 경로를 거친다.

시에라리온

건식 공정을 거친 로부스타를 대부분 재배한다. 품질도 좋다.

탄자니아

탄자니아에서는 아라비카 부르봉, 켄트 및 블루 마운틴과 로부스타 둘 다 재배한다. 후자는 주로 서남 지역 (부코바)에서 재배되며 최상의 품질을 자랑한다. 수세식 건조방식으로 인한 아라비카는 품질이 좋긴 하지만 케냐산 최상의 커피와는 견줄 수 없다. 페스트와 열매에 발생하는 질병으로 인해 문제가 있었다.

토고

토고는 건식한 공정을 거친 로부스타 (니아오울리(niaouli))를 생산하는 서아프리카의 또 다른 국가이다. 네덜란드와 프랑스, 독일로 수출한다.

우간다

약 95%가 로부스타를 차지하며 나머지는 아라비카로서 주로 케냐와의 국경에 근접한 부기수(bugisu) 지역에서 집중적으로 재배된다. 우간다는 아프리카에서도 커피를 꽤 많이 생산하는 국가이며, 당연히 국가의 수출도 커피에 의존하고 있다. 건식 공정이 일반적으로 이루어지며 품질은 다소 불균등한 편이다. 미국, 영국, 일본에서 주로 수입하며, 케냐의 몸바사로 수송할 때 약간의 문제가 발생하기도 한다.

자이르

재배하는 커피나무의 약 80%가 로부스타이다. 나머지는 아라비카로서 키부의 동부 지역에서 재배된다. 후자는 대륙을 가로질러서 수송되거나 우간다나 케냐, 탄자니아를 통해 수송된다. 로부스타는 일반적으로 건식 공정을 거치고 품질은 불균등한 반면에 아라비카는 품질이 좋다.

짐바브웨

아라비카 블루 마운튼의 재배는 불과 몇 십 년 전부터 시작되었지만 그에 비해 품질을 좋은 것으로 알려져 있으며 케냐산 커피와도 견줄만하다. 수출은 모잠비크나 남아프리카를 통해 이루어진다.

1.3.4 아시아

인도

아라비카 커피는 예멘을 통해 1670년도에 인도에 처음 전파되었다. 하지만 1820년대까지 재배가 이루어지지 않았다. 1920년에 질병에 저항력이 강한 켄트(kent) 변종이 나오기 전까지는 적수병으로 인한 어려움도 겪었다. 로부스타 커피도 재배되고 있으며 아라비카를 대신해 상업용 커피에서 중요한 품목으로 자리 잡고 있다. 습식 공정과 건식 공정을 모두 사용한다.

몬순(monsoon) 커피가 구매자들로부터 인기가 있다. 이 커피는 특별한 과정을 거치는데, 유럽으로 수송되는 과정에서 선박에 오랫동안 커피가 머무르게 하는 것이다. 이렇게 함으로써 공정과정을 끝마친 커피가 몇 주 동안 습한 기후에 노출되어 5월과 6월의 장마(monsoon) 기간 동안 견딜 수 있게 해준다. 인도의 커피 생산은 대부분 동유럽으로 수출되고, 인도에는 3개의 음용 커피 공장이 있다.

인도네시아

아라비카 커피는 17세기 중반에 네덜란드 인들에 의해 자바섬으로 전파되었다. 하지만 1877년 적수병으로 인해 큰 피해를 입기도 했다. 21세기 들어서 로부스타로 대체되었으며 총 생산의 90%를 차지한다. 주로 건식 공정이 이루어지며 수세식 건조공정으로 인한 커피가 생산되기도 한다. 인도네시아는 세계 커피 생산국 3위를 차지하며 미국으로 가장 많이 수출된다. 품질 개선을 위해 많은 노력을 기울이고 있으며 커피의 품질이 굉장히 좋다.

필리핀

아라비카와 로부스타 둘 다 재배되며 수세식 건조방식으로 인한 커피가 생산되기도 하지만 건식 공정을 주로 사용한다. 두 종류 모두 생산량이 꾸준히 증가되고 있다. 아라비카는 중간 정도의 품질을 가지고 있는 것으로 알려져 있다.

스리랑카

17세기에 아라비카 커피가 전파되었으며 적수병으로 피해를 입은 1870년 전까지는 꽤 수확량이 많았던 편이다. 그 이후로 커피보다 차 종류가 더 중요한 수출 품목이 되었지만, 아직까지도 주로 로부스타가 재배되고 있다. 품질은 인도네시아산 커피와 비슷한 것으로 알려져 있다.

태국

주로 로부스타 커피를 재배하며 그 중 일부는 싱가포르로 수출된다. 생산량은 증가하는 추세이다.

베트남

베트남은 로부스타와 엑셀사(excelsa) 커피를 재배하고 일본과 싱가폴, 동유럽 국가로 수출한다. 건식 및 습식 공정 둘 다 사용한다.

북부 예멘

이 곳은 15세기에 에티오피아에서 전파된 후 고대의 아라비카 커피의 원산지이다. 건식 공정을 거치지만 품질이 매우 뛰어나며 달콤하고 향이 풍부하다.

1.3.5 오세아니아

파프아뉴기니아

1920년대에 와서야 첫 재배가 시작되었지만, 이제는 국가의 주요 산업으로 자리 매김했으며 생산량도 증가하고 있다. 95%는 수세식 건조공정에 의한 아라비카(티피카 및 부르봉)이고 나머지는 로부스타이다. 아라비카는 대규모 농장에서뿐만 아니라 소규모로 재배하는 농부들에 의해 재배되기도 한다. 품질은 좋은 편이며 케냐산 커피의 기준을 따라가고 있다.

1.4 재배 관습

접목이나 절단을 통해 커피를 전파하는 것이 가능하지만 일반적으로 상업적인 관례는 중앙 국가 기관에서 특별히 선정하고 준비한 종자에서 식물을 키우는 것이다. 농장에서는 우선 커피 씨앗을 잘 준비된 모판에 뿌리며 직사광선으로부터 보호하기 위해 간혹 그 위에 모래를 한 겹 덮기도 한다. 어린 묘목들이 20~30cm 정도로 자라면 그 다음 모판으로 옮겨 심은 뒤 마지막으로 밭에 심는다. 보통 1헥타르 당 약 2500~3000개의 나무를 심는다. 몇몇 국가에서는 커피 나무와 함께 차광나무(shade tree)를 함께 심어주는 관습이 있는데, 이것은 커피 나무를 강풍이나 햇볕으로부터 보호하기 위해서이다. 수확량을 유지하기 위해 미네랄이 풍부한 비료를 꼭 뿌려주어야 하며, 적당한 때에 가지치기도 해주어야 한다. 잡초가 잘 자라지 못 할 수도 있으며, 토양의 수분이 뿌리 덮개에 의해 유지될 수도 있다. 몇몇 지역에서는 관개시설을 설치하기도 한다.

커피 나무는 여러 가지 질병과 해충에 민감하므로 살균제를 살포하는 등 예방을 해주거나 제때 치료를 해주어야 한다. 해충의 종류로는 뿌리를 공격하는 선충, 잎사귀와 줄기를 갉아먹는 진드기, 벚나무 깍지벌레, 삽주벌레, 캡시드벌레, 패각충 등이 있고, 열매에 심각한 타격을 주는 커피열매하늘소 등이 있으며 이 벌레는 특히 로부스타에서 흔히 찾아볼 수 있다.

커피 나무는 또한 미생물에 의한 질병에도 약하며, 그 중 가장 골칫덩어리는 단연 적수병(학술명: Hemileia vastatrix)일 것이다. 이 질병은 19세기 말에 실론(ceylon, 현재의 스리랑카) 커피 산업을 완전히 무너뜨렸으며 그 이후로 엄격한 통제조치들이 필요한 많은 생산 나라들로 퍼져나갔다. 또한 커피 열매 질병(학술명: Colletotrichum coffeanum)은 수확량을 크게 감소시키며 특히 동아프리카 지역에서는 아직도 만연하다.

1.5 원산지에서의 가공

커피 열매를 시장에 내놓기까지는 꽤 많은 과정이 필요하다. 그림1-3과 같이 건식 공정과 습식 공정 두 가지의 종류가 있으며 이 둘은 매우 상이한 방법을 가지고 있다.

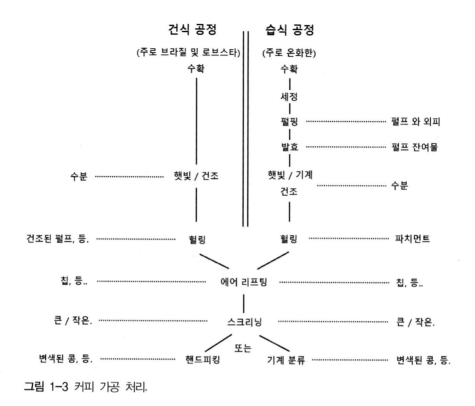

그림 1-3 커피 가공 처리.

자연 공정 또는 건식 공정이라고 불리는 공정은 수확 이후에 기후가 계속 따뜻하고 건조한 지역에서 행해지며, 상당한 양의 물을 필요로 하는 습식 공정을 하기에는 부적합하다. 브라질산 커피의 전체를 차지하는 오늘날의 로부스타 커피는 이 공정을 거친다. 반면에 습식 공정의 결과물인 수세식 건조공정 커피는 대부분이 아라비카이다. 역사적으로 볼 때 습식 공정이 더 나중에 나온 것이지만 여기에서는 일단 이 공정에 대해 먼저 설명하도록 하겠다.

1.5.1 습식 공정

습식 공정을 하기에 앞서 수확을 할 때 매우 세심하게 해야 한다. 알맞게 익은 붉은색의 커피 열매를 최대한 많이 수확하기 위해 몇 번에 걸쳐 반복해서 수확을 하며, 덜 익거나 너무 많이 익은 것은 되도록 줄여야 한다. 그 후 예비 세척을 할 때 다시 한 번 적합하지 않은 열매와 불순물을 걸러내고 커피 열매는 과육을 제거하는 펄핑(pulping)기계로 들어간다. 드럼형이든 디스크형이든 상관없이 펄프 과정은 동일하다. 열매를 고정된 판과 움직이는 판 사이에 넣고 세게 눌러주어 과육과 껍질을 분리시킨다. 여기서 원두와 파치먼트(parchment)가 분리된다. 이 때 원두에 최대한 손상을 입히지 않으며 펄핑을 하기 위해 두 판이 '정교하게 잘 맞아야 한다. 펄핑 기계는 최대 시간당 4톤까지 수용할 수 있는 크기부터 적은 양을 위해 손으로 작동할 수 있는 것까지 다양하다.

원두가 펄프 기계에서 빠져나가면 회전 분리기나 체로 들어가서 껍질이 완전히 벗겨지지 않은 열매가 다시 분리되어서 두 번째 펄프 기계로 들어간다. 분리된 껍질은 후에 퇴비나 커피 나무의 뿌리를 덮을 때 사용되기도 하고, 간혹 햇볕에 건식된 뒤 연료로도 사용된다.

그 다음 단계는 큰 탱크에서 발효하는 단계이다. 원두를 둘러싸고 있던 점액의 부착물이 효소에 의해 분해되어 씻겨나갈 수 있다. 주로 원두는 자연 발효의 과정을 거치는데, 이 과정에서는 효소에 의한 분해가 이미 점액질 안에서부터 시작되고 동시 발생하는 효모와 박테리아의 도움을 받는다. 이 단계는 최대 72시간까지 걸리지만 펙틴산 효소(pectic enzyme)를 첨가하여 빨리 진행시킬 수도 있다. 발효 과정은 콩의 표면이 끈적하지 않고 자갈처럼 매끈하면 끝난 것이다. 그런 다음 건식에 앞서 깨끗한 물에 충분히 세척해야 한다. 발효 과정은 간혹 아쿠아 펄퍼(aquapulper)를 사용하면 건너뛸 수도 있는데, 소모 과정을 통해 껍질과 점액질을 동시에 분리시키기 때문이다. 이것을 위해서는 대량의 물이 공급되어야 하고 전기도 더 많이 필요로 하며 열매는 크기 별로 미리 분류되어야 한다.

점액질을 떼어낸 깨끗한 파치먼트 커피는 약 50% 정도의 수분을 갖고 있으며 햇볕이나 건식 기계에 의해 건식된다. 몇몇 국가에서는 아주 가는 체 모양의 철조망 위에서 자연 건식시키는 것이 효과적이기도 하며, 북아메리카 및 남아메리카에서는 발코니에 널어놓기도 한다. 튼튼한 플라스틱

판을 바닥에 깔아 놓고 사용하기도 한다. 콩을 널을 때는 2～10cm 사이의 높이로 쌓아야 하며 이는 건식 방법이나 기후에 따라 달라진다. 햇볕에서 건식 시킬 때는 초반에 자주 저어주거나 뒤집어주어야 하며, 절대로 비나 서리를 맞지 않도록 방수포나 매트로 덮어주어야 한다. 건식 후에는 수분이 12%이상 남아있지 않도록 한다.

임금률이 인상하면서 기계를 사용한 건식이 더 많이 이루어지고 있는 추세이다. 또한 기계로 건식하면 날씨에 구애받지 않아도 되며 더 빠르고 공간도 덜 차지하는 장점이 있다. 경제적인 이유로 주로 두 가지의 건식 방법이 동시에 이루어지는데, 우선 수분의 3분의 1을 자연에서 증발시킨 뒤 나머지는 기계에 의해 건식 작업을 끝낸다.

건식기계에는 여러 가지 종류가 있으며, 가열된 공기는 원두와 배기 가스가 접촉하는 것을 예방하는 건조역할을 한다. 간혹 고정된 기계가 사용되기도 하지만 뜨거운 바람을 통하여 커피를 움직여 주거나 중력에 의해 흔들어주는 기계가 더 많이 사용된다. 어떤 기계가 사용되더라도 품질에 손상을 입히지 않기 위해서는 건식시키는 온도와 시간을 잘 조정해야한다.

이 단계가 끝나면 커피는 건식된 파치먼트로 불리며, 품질도 비교적 안정된다. 보통 여기서 수출되기전까지 단기간 동안 보관되며, 세척과 헐링 (hulling)과 분류작업까지 모두 끝마친다.

1.5.2 건식 공정

건식공정은 훨씬 간단하며 경제적이다. 일반적으로 말해서 커피 열매는 커피 나무에 꽤 오랜 기간 동안 머무르며 한 개씩 따기보다는 가지 단위로 딴다. 잎사귀와 다른 필요없는 것들은 밭에서 제거한 뒤 커피 열매는 건식될 곳으로 운반된다. 건식할 장소로는 부드럽게 포장된 콘크리트 바닥이 가장 이상적이지만 작은 농장을 운영하는 농부들은 흙으로 된 땅 위에 그냥 매트만 깔아 놓은 뒤 열매를 펼쳐놓기도 한다. 커피를 햇볕에 건식 시킬 때의 높이는 주로 5cm 이상을 넘지 않으며, 하루에 여러 번 빠르게 뒤집어 주어서 골고루 건식 되도록 해야 한다. 밤이나 습한 날씨에는 커피를 한쪽으로 쌓아 놓은 뒤 덮어주어야 한다. 이렇게 자연 건식을 통해 커피의 수분이 12% 정도만 남아있게 하려면 약 3주 혹은 그 이상 걸린다. 이 상태가 되어야지 그 다음 단계로 넘어갈 수 있다.

1.5.3 마무리과정

지금까지 위에서 설명한 과정들은 상대적으로 큰 비용이 들지 않는데, 하지만 헐링(hulling)이나 등급을 매기고 분류하는데 쓰이는 장비들은 꽤 고가이며 일반적으로 큰 규모의 농장이나 중앙 관리 기관에서 찾아볼 수 있다. 헐링 과정의 목적은 커피 열매에서 필요 없는 외부 껍질을 제거하는 것이며, 습식공정이나 건식공정을 거친 커피에 상관없이 모두 해당된다. 습식공정을 거친 커피의 경우 헐링은 종종 필링(peeling)이라고 불리기도 한다. 습식공정을 거친 파치먼트 커피에 쓰이는 기계는 나사를 좁은 공간에 집어넣어 작업하는데, 이 때 파치먼트가 마찰에 의해 깨지고 공기에 의해 제거된다. 건식과정을 거친 커피에 사용되는 헐링 기계도 이와 비슷한 원리로 작동되지만 움직이는 부분이 겉껍질(husk)를 벗기는데 도움이 되는 돌출부가 있다.

헐링기계들의 몇몇 유형들은 커피의 적당한 효율을 얻기 위해 크기에 대해 사전 등급을 매길 것을 요구한다. 또한 헐링기계의 손상을 피하기 위하여서는 첫 번째, 커피에서 돌과 같은 외부 물질을 제거힌다. 진동하는 표면을 통과시킴에 의해 에어 쿠션에서 상대적으로 더 가벼운 커피를 얻거나, 강력한 기류에 들어가서 더 무겁거나 가벼운 재료를 분리할 수 있는 카타도르(catador)을 사용함에 따른 실행조건이 있다. 헐링 기계에서 나온 녹색의 원두들은 수출 하기 전 한 단계를 더 거친다. 이 과정에서 불순물을 한 번 더 제거하고 결함을 없애는 등 크기를 균등하게 맞추는 작업을 한다. 일반적으로 여러 가지 다른 기계를 통해 이 과정이 이루어진다. 크기의 분류는 여러 가지 종류의 구멍이 있는 기계를 통해 이루어지며, 회전하는 드럼통 모양이나 또는 진동하는 침대 모양의 납작한 모양의 기계가 사용된다. 이렇게 함으로써 최대 다섯 개의 다른 크기로 분류할 수 있으며 일반적인 크기의 범위에서 벗어나는 이물질들도 걸러낼 수 있다. 상대적으로 둥근 모양을 하고 있는 피베리(peaberry)가 이 과정에서 체를 통해 걸러진다. 그러나 이렇게 여러 차례의 과정을 거쳐도 껍질이 벗겨지지 않은 열매나, 껍질 조각, 다른 식물의 씨앗, 나무 조각, 기형 모양이나 색이 다르고 부러진 원두가 여전히 나올 수 있다. 그러므로 이 이후에도 위에 언급한 카타도르를 통해 중력을 이용한 분류작업을 해야 하며, 마지막으로 부적절한 색의 커피콩들을 손으로 집어내던가, 전자색 감별기를 통해 제거한다. 색감별기안에서 원두들은 가느다란 호스로 떨어지고, 광학센서를 통과한다. 이 때 광학센서가 광전지와 함께 각 콩들이 빛에 반사되는 정도를 측정하여 기존에 입력된 색의 기준과 비교하는 원리로 색의 감별이 이루어진다. 기준 범위 밖으로 측정되는 콩들은 모두 작은 공기 분사기에 의해 호스에서 따로 떨어져서 분리된다. 많은 처리량을 얻기 위해 주로 이러한 기계들은 일렬로 세워놓고 작업을 한다.

마지막으로, 특정 시장의 수요에 따라 가격과 품질을 만족시키기 위해서 여러 등급의 원두들이 마지막 제분소에 쌓이면 이것들을 혼합하는 작업이 이루어진다. 그런 뒤 커피콩들이 60kg 단위로 포장이 되면 수송할 준비가 완료된다.

1.6 로스팅 커피

생두들이 커피 음료로 우리에게 오기까지에는 볶고, 갈고, 물과 섞이는 과정들을 거치게 된다. 인스턴트 커피의 경우에는 건식시키고 다시 재포장되는 과정도 추가된다. 커피를 볶을 때는 상당한 열을 커피콩에 가하는데, 이 때 균등하게 볶아주기 위해 원두를 계속 굴려주어야 한다. 적당한 갈색 빛을 내기 시작하면 재빨리 바람을 이용해 식혀주는데, 이 때는 분무기나 냉각기(quench)를 사용하기도 한다. 커피 볶는 기계인 로스터가 발명되기 전에는 가내에서 프라이팬이나 실린더를 이용하여 수작업으로 이루어졌다. 시간도 오래 걸릴 뿐만 아니라 연기도 많이 발생하며 커피가 너무 익거나 타지 않게 하는 기술을 필요로 하는 작업이다. 로스터는 20세기 말에 등장하였으며 1900년대 즈음에는 가스를 연료로 사용하였다. 대부분의 개발은 미국과 독일에서 이루어졌으며 이 두 국가는 현재까지도 세계에서 가장 많은 로스터를 생산해내고 있다.

주요 상업적인 로스터 회사들은 다양한 블렌딩 커피를 포함하여 케냐나 코스타리카 등 싱글 오리진 커피를 제공한다. 그러므로 전문가들이 자신의 취향에 맞는 고품질의 커피를 선택하여 구매하기 쉽다. 반면에 더 많은 양을 취급하는 상업용 로스터는 주로 일반상점들을 상대로 하므로 한 개 이상의 원산지로부터 만들어진 블렌딩 커피를 제공한다. 거기에는 다음과 같은 이유가 있다.

- 매 년마다 질적으로 동일한 커피를 얻기 위해서이며, 한 곳에서의 원산지 커피로는 절대로 불가능하기 때문이다.
- 시장에서 더 다양한 가격의 제품을 내놓기 위해서이다.
- 기후 변화나 질병으로 인해 한 곳에서 유래한 커피의 공급이 갑자기 부족할 경우를 대비하기 위해서이다.

블렌딩 커피의 구성은 당연히 소비자의 기대에 따라 달라지며, 늘 그렇듯 질과 가격 사이에서의 선택이다. 저가의 제품일수록 더 많은 양의 로부스타 커피와 품질이 낮은 브라질산 커피가 포함되고, 반대로 고가의 제품에는 신 맛과 풍부한 맛이 나는 수세식 건조공정을 거친 아라비카와 품질이 좋은 브라질산 커피로 대부분 이루어진다. 대형 로스터는 구매자들이 계약 이전에 구매할 수 있는 연 중 이용 가능한 커피를 사용하여 블렌드를 진화시킬 것이다. 그 결과 균등한 품질의 원료를 꾸준히 공급할 수 있게 된다. 물론 간헐적으로 발생하는 공급 부족 문제를 해결하기 위해 비상시에 사용하는 비슷한 품질의 대체상품도 보완해 놓고 있다. 블렌딩은 로스팅 전이나 후에 가능하지만 대부분의 커피 회사들은 생두를 먼저 블렌딩한다. 일반적인 커피 공장에서는 생두가 들어 있는 봉지를 열고 내용물을 커다란 구멍에 넣은 뒤 공기를 이용해 먼지, 줄, 금속, 돌, 나무 조각 등의 이물질을 제거하는 것부터 시작한다. 이 단계가 끝나면 각각 원산지 별로 분류되어 배율이 맞게 차례대로 쏟아내어진 뒤 로스팅을 위해 블렌딩 기계로 옮겨진다. 또는, 커피 열매가 격실형 곡물 저장고(사일로)로 옮겨지기도 하는데, 여기에는 원산지와 품질 별로 구분이 된다. 그리고 나서 자동적으로 블렌딩할 배율에 맞게 분류된다.

산업용 로스터는 기본적으로 두 가지의 종류가 있다. 두 가지 모두 가스나 석유를 사용한 버너에서 생두가 들어있는 회전식 드럼의 아래쪽에까지 열을 사용하는데, 로스팅은 연속식이나 회분식 배치 타입의 로스터를 사용한다. 연속식 로스팅을 할 때에는 기계를 먼저 예열시키고 그 후에 블렌딩된 생두를 넣는다. 열을 사용하는 방법은 세척 후에 물기를 제거하기 위해 꼭 필요한 과정이다. 그 후 로스팅된 커피는 로스터 기계 앞쪽에 놓인 공기 냉각기로 옮겨지고 냉각된 뒤 저장소로 간다. 연속식 로스팅을 할 경우에는 단어에서 유추할 수 있듯이 블렌딩된 생두가 기계 속으로 계속해서 들어가고 기계 내부에서는 나선형으로 회전한다. 그 후 커피는 공기 냉각기로 옮겨지며 기계 밖으로 나가기 전에 물로 세척된다.

이렇게 로스팅 작업을 할 때에 온도나 시간 등 하나라도 제대로 관리해주지 않으면 구매자들이 만족할 만한 상품의 가치를 잃을 수 있으므로 매우 신중을 기울여야한다. 온도 조절은 자동화 기계를 통해 조절할 수 있지만, 열을 사용하는 작업을 할 때 관리자가 커피의 색을 잘 봐가며 시간 조절을 해야 한다. 예를 들어, 이전 단계에서 시간이 맞지 않았으면 그 다음 단계에서 조절해야 하고, 연속식 로스터를 사용한다면 열매가 기계로 들어가는 속도를 잘 맞춰야한다. 로스팅이 끝난 커피의 샘플이 있을 경우 커피 열매의 색과 이후의 로스팅 수준을 더 정확하게 맞출 수 있을 것이다. 주로 로스팅 이전과 이후의 커피의 무게를 지속적으로 확인해야 한다.

무게의 감소는 중요한 경제적 요인이 될 뿐만 아니라, 이러한 확인은 로스팅을 얼마나 했는지에 대한 중요한 지표가 되기 때문이다.

시판용인 스페셜티 커피나 블렌딩 커피의 로스팅 정도는 구매자의 취향에 따라 달라질 수 있다. 개인적인 취향뿐만 아니라 지역의 풍습도 영향을 미친다. 예를 들어, 유럽 쪽에서는 굉장히 강하게 로스팅된 커피를 선호하며 이 때의 무게 감소는 수분을 포함하여 약 18%나 그 이상이다. 약하게 로스팅된 경우는 12%까지 내려간다.

로스팅의 정도는 커피의 색뿐만 아니라 음료의 형태로 마셨을 때에도 맛에 영향을 준다. 예를 들어, 약하게 로스팅 된 워시드 아라비카는 강한 산성을 띠고, 바디감이 약하고 풍미도 부족하다. 로스팅의 정도가 강할수록 산성이 약해지고 강하고 풍미가 있는 깊은 맛이 나며 너무 진해지면 쓴 맛을 내게 된다.

로스팅 과정에서 생두는 두 가지 단계의 변형을 거친다. 첫 번째는 약 12% 정도의 수분이 증발 된다. 로스팅 시간의 약 80%를 차지하는 이 초기 단계에서는 생두가 서서히 지푸라기 색이 되고 이내 옅은 갈색으로 변한다. 두 번째 단계에서는 열분해를 거치는데, 이 때 커피 열매가 부풀어 오르며 짙은 갈색으로 빠르게 변하고 연기가 나며 갈라지는 소리도 난다. 이 때 또한 커피에서 화학적 변화도 일어나기 때문에, 중간에 기계를 멈추고 빠르게 냉각기로 옮겨주어야 한다.

로스팅을 마친 원두는 실온에서 약 일주일 동안 각자의 특유의 맛과 향을 내며, 이 때에 내수 시장에서 판매되는 것이 가장 바람직하다. 그라인딩 후에 제대로 취급하거나 포장하지 않으면 2, 3일 내로 서서히 신선함과 맛을 잃게 된다.

그라인드의 입자는 사용하는 추출기의 사용법에 따라 좌우된다. 드립커피 필터를 이용한 커피, 에스프레소는 고운 입자의 커피를 사용해야 하지만 기계를 막히게 하지 않으려면 너무 곱게 분쇄되어도 안된다. 중간 그라인드는 물이 더 오래 접촉하고 잘게 분쇄된 커피가 여과기의 구멍을 통과하는 '펌핑 퍼콜 레이터'에 사용된다. 커피콩이 가용성 커피의 제조에 사용되는 경우 추출 셀에서 가압된 액체가 쉽게 통과할 수 있도록 비교적 거칠게 분쇄된다. 로스팅되고 그라인드 된 커피는 산소에 노출되기 때문에 수일 내에 맛이 변한다. 그러므로 단기간 내에 빠르게 소비하거나, 신선도를 유지하도록 제대로 포장되어야 한다. 포장하는 방법으로는 진공 포장이나 또는 불활성 가스를 주입시켜 밀봉시키는 방법을 과거에 오랫동안 사용해왔다. 최근 개발들로는 가득찬 불활성 기체를 담고있는 유연한 라미네이트 또는 금속 파우치 포장과 더불어 또는 바람직하지 않은 풍선 모양을 생성하는 이산화탄소를 가능한 한 많이 제거해야한다. 위의 둘 다 분쇄된 커피로부터 이산화탄소를 제거하는 예비 가스제거 처리가 필요하다. 이탈리아 회사인 고글리오(Goglio)사는 이산화탄소가 빠져나가게 허용하면서 공기 중 산소의 침입을 방지하는 일방향 밸브를 포함하는 라미네이트 팩을 완성했다.

1.7 용해성 인스턴트 커피

초창기, 용해성 커피의 추출물을 얻으려는 시도는 19세기 말에 미국에서 시도되었으며, 소량의 생산은 이미 세계 1차 대전 이전에 시작되었다. 그 품질에 비해 가격이 높은 편이었으나, 금방 눅눅해진다는 단점이 있었다. 1930년대에 용해성 커피를 개발하려는 사업의 추진이 더 많아졌고, 이 때 브라질 정부가 과잉 생산으로 인한 남아도는 커피들을 다 가져가려고 했었지만 네슬레(Nestle)사에 의해 발목이 잡혔다. 네슬레사는 1938년에 유동성이 있고 밝은 색을 띠는 가루를 생산해냈다. 이 가루는 50%의 용해성 커피의 50%의 말토덱스트린으로 이루어져 있었으며 뜨거운 물에 타면 커피와 흡사한 맛을 내는 가루였다. 이 제품은 처음에 스위스에서 판매 되었고, 그 후에 프랑스, 영국, 미국으로 번져 나갔으며, 세계 2차 대전 당시에 미군들에게 배급하면서 전 세계로 알려지게 되었다. 2차 대전 이후에 여러 경쟁사들이 좋은 품질의 용해성 커피를 앞다투어 생산하기 시작했고 소비가 빠르게 급증했다.

이 후 1950년대에 제너럴 푸드(General Foods)사에 의해 당분이 첨가되지 않은 100% 커피로 만들어진 용해성 커피가 개발되었고, 분무 건식커피가 개발된 후 머지않아 동결건식 커피도 1960년대에 개발되었다. 두 가지 커피 모두 가공 과정에서 잃은 향을 나중에 첨가하는 방식을 거쳤다.

세계적으로, 1980년도에 약 19%의 커피가 용해성 커피의 형태로 소비되었다. 오늘날 가장 많은 용해성 커피를 소비하는 나라는 미국, 영국, 일본, 프랑스, 독일, 캐나다 순이다. 로스팅 후 그라인드 된 커피를 최대로 소비하는 나라는 영국과 일본이지만 이 중 90%가 용해성 커피의 형태로 소비된다.

가장 품질이 좋은 용해성 커피라고 할지라도 갓 로스팅된 최고 품질의 커피로 뽑아낸 커피를 따라가기에는 아직 역부족이며, 이 사실은 수십 년 간 용해성 커피를 생산해내는 기술을 발전시켜왔다. 반면에, 커피를 내릴 때 제대로 하지 않거나, 그라인딩한지 오래된 커피를 사용하거나, 아주 품질이 안 좋은 커피를 사용하지 않는 이상 맛이 좋지 않은 커피를 만들어 내는 경우는 매우 드물다. 유명한 브랜드에서 만든 용해성 커피는 모든 커피의 맛이 동일하며, 준비하는데 특별한 노하우나 시간을 필요로 하지 않는다. 또한 개봉한 후에도 맛이 변하지 않으며 (작은 세대수를 위한 중요한 고려사안), 한 컵 당 드는 비용이 매우 저렴하다. 이런 이유로 인해 용해성 커피가 이만큼의 성공을 거두었다는 것은 분명한 사실이다.

용해성 커피 제조의 핵심은 그림1-4와 같이 커피 추출물을 로스팅과 그라인딩, 로스팅된 열매를 통해 추출해 내는 것, 분무건식이나 동결건식을 통해 손상을 최소화하여 수분을 제거하는 것, 그리고 판매를 위한 포장으로 이루어진다.

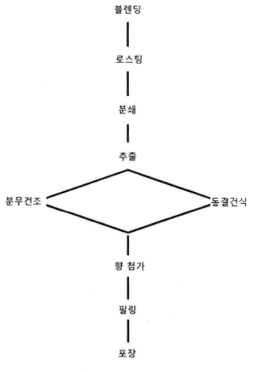

그림 1-4 용해성 커피 공정

　선택된 커피의 혼합과 로스팅의 정도는 주로 소비자의 취향에 맞춰 제조사에 의해 결정된다. 여기까지만 보면 용해성 커피의 제조는 커피를 로스팅하는 것과 별반 다를 바가 없다. 그러나 그 다음 단계인 그라인딩에서는 효과적인 추출을 위해 커피 입자의 크기의 차이가 확연히 눈에 띄게 달라야 한다. 일반적으로, 너무 가는 입자로 그라인딩을 할 경우 추출할 때 오히려 방해가 될 수도 있으므로 적당한 크기로 그라인딩 되는 것이 중요하다.

　추출은 주로 약 6개의 퍼큘레이터를 이용해 역류 추출법으로 이루어진다. 이 때 제조사가 가장 염두에 두는 것은 품질에 영향을 미치지 않으면서 최대로 많은 용해성 고체를 얻어내는 것이다. 최적의 양을 추출하는 것은 추출할 때의 물의 온도와 물이 커피를 통과할 때의 속도에 의해 좌우되며, 고압의 상태에서 물의 온도는 최대 섭씨 180도까지 올라간다. 분쇄된 커피를 그 온도에서 그냥 추출하면 품질을 떨어뜨리기 때문에, 역류 추출법이 사용되는 것이다. 여섯 개의 퍼큘레이터에 신선한 커피가 차례로 적재된다. 사용한 커피 찌꺼기는 버리며, 뜨거운 물은 고온에 취약하지 않은 잔류 용해성 고체를 포집한다. 신선하고 추출이 잘된 커피를 함유하는 셀에 도입된다. 그 후, 고온에서도 크게 영향을 받지 않는 용해성 덩어리들을 그 다음 퍼큘레이터로 운반시킨다.

각각의 퍼큘레이터 안에서 물이 용해성 덩어리들을 모은다. 각 단계에서 알맞은 품질과 양을 유지하고 최적의 온도를 맞춰주기 위해 내부에서 냉각 또는 가열을 해주기도 하지만 열을 빼앗기는 것은 어쩔 수 없다. 신선한 커피로 갓 채워진 마지막 퍼큘레이터에 들어갈 때 물의 온도는 끓는점과 비슷해지며 최종 상품이 됐을 때 좋은 품질과 맛을 유지시켜주기 위해 손상을 최소한으리 입힌다. 이 마지막 퍼큘레이터를 통과한 후에 커피 추출액은 아래로 흘러나오고 냉각된 뒤 저장소로 옮겨진다. 반면 이 시스템의 다른 마지막 과정으로, 첫 번째 퍼큘레이터에서 뜨거운 물로 추출이 끝난 뒤 잔여물을 제거한 뒤 다음 과정의 마지막 퍼큘레이터로 쓰이기 위한 준비를 한다.

커피 추출액은 분무건식 또는 동결건식 이 두 가지 방법 중 한 가지를 통해 건식된다. 그러나 일반적으로 콜로이드 타르나 다른 불용성 물질들을 걸러내기 위해 필터나 원심분리기를 먼저 이용한다. 그리고 연유에 주로 쓰이는 것과 같은 증발기에 커피를 통과시킨다. 이렇게 걸러진 추출액은 건식이 될 때까지 저장소에 머무른다.

분무건식법은 큰 원통형의 기둥 안에서 이루어진다. 추출액이 압력에 의해 기둥 맨 위쪽으로 올라가며 동시에 공기의 온도도 섭씨 250도까지 상승한다. 회전 밸브로 인해 위에서 흩뿌리듯 떨어지는 입자들은 수분을 잃게 되고 원뿔 모양의 통에 가루 형태로 쌓인다. 배기 가스는 통의 양 옆을 통해 빠져나가고 싸이클론 장치를 통과하며 놓친 커피 입자들을 다시 모은다. 이 입자들은 기존 커피 가루와 혼합되거나 다시 재활용 된다.

사전농축된 커피는 큰 가루입자를 생성하는 경향이 있으며, 너무 여러 번 재활용을 하게 되면 상품의 질을 떨어뜨린다. 게다가 가는 입자의 수가 적을수록 커피 덩어리가 기둥 벽면에 잘 붙지 않고, 건식을 멈추고 세척해야 할 빈도수도 낮아진다. 액체의 농도는 건조기의 부하를 줄이고 생산 용량을 증가시킨다.

시중에 판매되는 많은 용해성 커피 상품들은 응집되어있다. 말하자면 분무 건조된 입자가 융합되어 과립을 형성한다. 일반적으로 분무건식 된 가루보다 과립상의 상품들이 더 인기가 있는데, 이것은 맛의 차이가 아닌 눈에 보이는 모양 때문이다. 용해도는 대개 응집에 의해서 향상되지만, 음료 표면에 거품이 적을 수 있다. 응집은 분말입자를 적신다음 덩어리를 형성하며, 제품을 다시 건조시킴으로써 이루어진다.

동결건식법은 1960년대에 개발되었으며 커피에 있는 불순물을 제거하는 또 다른 방법 중 하나이다. 이것은 분무건식법 보다는 조금 더 비용이 들지만 커피에 손상을 덜 입힌다. 방법은 분무건식법과는 확연히 다르다. 커피를 얼린 다음 그것을 입자로 만들어 초진공 기계 안에서 열을 가해 수분을 증발시켜 건식시킨 뒤 상품으로 내놓는다.

실제로 커피 추출물은 걸러지고 농축되며, 이산화탄소 가스가 도입되어 최종 생성물 밀도 조절을도와주는데 도입된다. 동결법은 여러가지 방법으로 시행된다. 예를 들어, 회전하는 냉장 드럼 표면에 커피 액상을 분사하거나, 차가운 공기 분사를 받은 접시들에 커피액상을 채우거나 상온에서 계속 움직이는 컨베이어 벨트 표면에 공급하고 냉동실에 보관되는 방법 등이 있다.

이 벨트는 에틸렌 글리콜 용액에 의해 냉각되고 추출액은 20분에서 30분 정도 섭씨 영하 40도에서 냉각된다. 냉각된 덩어리가 벨트를 지나서 그라인더로 가면 여기서 상품화하기 알맞은 입자로 생산되고, 균등한 크기를 맞추기 위해 다시 한 번 걸러진 뒤 잘 건식된다. 냉각된 알갱이들은 진공기계에서 연속으로 또는 한 번에 처리된다. 건식과정 동안의 온도는 섭씨 50도를 넘지 않는다.

분무건식이나 동결건식을 제대로 거쳤다면 이 커피들의 맛은 매우 좋을 것이다. 모든 과정을 거친 커피들은 건식 되었을 때 향이 거의 나지 않는다. 그러나 소비자들이 포장을 뜯었을 때 커피 향을 맡을 수 있도록 제조 회사에서는 임의적으로 향을 첨가한다. 향을 첨가할 때는 휘발성의 향을 이용하며, 그라인딩 이나 추출과정에서 잃었던 커피 향을 포장 바로 직전에 다시 뿌려주는 방식을 사용한다. 이 때 커피 오일을 이용하여 향을 첨가했다면, 산화를 방지하기 위해 포장할 때 이산화탄소를 주입하는 과정이 꼭 필요하다.

위에서 설명된 방법 중 어느 것이라도 거친 용해성 커피는 상점으로 가기 전에 대기 중의 산소를 흡수하지 않도록 제대로 포장 되어서 옮겨야 한다. 산소를 흡수하게 되면 무게도 증가할 뿐만 아니라 맛에도 큰 영향을 주기 때문이다. 수 년 동안 사용된 포장법으로는 통조림 통에 넣어 알루미늄 호일 막을 씌운 뒤 뚜껑을 덮는 것이 사용되었으며, 이것은 아직까지 대용량의 커피를 판매할 때 사용된다. 빈 통들은 뚜껑과 함께 제공되며 고리와 호일 막이 이미 배치되어 있고, 커피가 채워 진 통들이 반대 방향으로 움직이며 포장이 된다. 커피가 채워지면 바닥에 종이로 된 라벨이 부착된다. 그러나 도매용으로는 주로 플라스틱 뚜껑이 있는 유리병이 사용된다. 이 뚜껑은 이미 종이 막이 붙은 상태로 제공되는 경우가 많다. 뚜껑을 덮지 않은 유리병에 커피가 채워지면 윗부분에 접착제가 발라지고 접착제가 마르자마자 막이 붙은 뚜껑이 씌워진다. (소비자가 구입한 뒤 뚜껑을 열면 접착제와 뚜껑은 떨어지지만 막은 병에 그대로 붙어 있는 상태가 된다.) 뚜껑을 덮은 뒤 병에 라벨이 붙고 수축 포장되어 출하된다.

1.8 디카페인화

커피를 즐기지만 카페인 섭취를 원하지 않는 소비자들을 위해 카페인이 들어 있지 않은 커피가 개발되었다.

커피의 디카페인화는 20세기 초에 독일에서 시작되었고 후에 미국으로 번져나갔다. 비록 초창기수 년 동안은 판매량에 변화가 없었지만, 최근에는 증가세를 보이고 있으며 세계 커피 생산의 약 10%는 디카페인화 되고 있다. 유럽 국가들이 수입하는 커피의 약 20%는 디카페인화 되지만, 영국에서는 이 양이 매우 저조하다.

커피에서 카페인을 제거하는 원래의 과정은 생두를 고온의 수증기로 적신 뒤 용제를 이용해 카페인을 추출해낸다. 이 용제를 과거에는 클로로포름이나 벤젠, 트리클로에틸렌을 사용했으나 최근에는 디클로로메탄(메틸렌클로라이드)을 사용한다. 그 후 이 용제는 스팀 증류공정을 통해 씻어내고 커피는 원래의 수분 함량만큼 다시 건식된다. 몇몇 국가에서는 로스팅된 커피 1kg 당 용제가 10mg 이내로 남아있게 하도록 법적으로 명시하고 있다. 이런 염소계 용제의 접촉을 피하기 위한 대안으로는 물을 이용한 추출법이 있는데, 퍼큘레이터의 통 안에서 이루어진다. 생두는 카페인 함량이 적은 생두 농축액에 흠뻑 적셔진 뒤 거꾸로 추출되며, 추출된 즉시 다시 카페인을 함유하기 위해 처리된다. 디카페인화에 사용되는 여러 가지 방법들이 특허를 받았으며, 그 중 가장 많이 사용되는 방법은 액체의 이산화탄소를 사용하는 것이다.

디카페인화를 한 뒤 생두는 그 색을 잃어버리며, 초창기에는 로스팅 후의 맛이 관건이었지만 요즘에는 기술의 발달로 인해 이것은 더 이상 문제가 되지 않는다. 대부분의 국가에서는 디카페인 커피에 남아있는 카페인 함량을 제한한다. 특히 유럽 국가들은 로스팅 커피와 용해성 커피에 0.1%나 0.3% (건식했을 때를 감안해서) 이상의 카페인이 함유되면 안 된다고 한다.

1.9 성분

생두의 화학적 구성은 커피의 종류에 따라 다르며, 넓은 범위에서는 재배 방법이나 숙성 및 저장 조건에 따라 달라진다. 로스팅을 할 때 불안전한 요소들이 분해되며, 반응성 물질들은 복합체를 구성하며 상호작용한다. 실제로 커피는 형성되는 성분의 관점으로보면 가공 중에 아마도 대부분이 변화되는 식품 중에 하나일 것이며, 감각적인 특징에서 변화가 많이 일어난다. 커피를 내리기 위해 추출할 때 물이 많이 첨가되기 때문에 구성요소에 많은 변화가 일어나며, 커피 안에 있는 수용성 물질들이 우선적으로 추출된다. 인스턴트 커피를 만들기 위한 추출 과정에서도 이와 비슷한 효과가 나타나지만 다당류와 같은 수용성이 적은 요소들을 용해시키기 위한 극적인 조건에서는 예외이다. 디카페인화와 같은 다른 과정에서도 약간의 구성 변화가 일어나기도 한다.

이러한 구성 요소의 가변성 때문에 커피 종류의 평균적인 가치를 내리기가 매우 힘들다. 이러한 문제는 주어진 요소에 사용된 광범위한 분석 방법에 따라 더 복합화된다. 예를 들어, 커피 단백질은 단순히 질소 함량을 기준으로 하여 결정되는데 여기에는 여러 가지 방해 요인이 따른다. 또한 더 구체적인 방법으로는 아미노산 분석법이 사용되기도 한다. 구성 표를 만들기 위해서 몇 가지의 검토들이 시행되었으나 어느 것 하나도 성공적이지 못했다. 가장 큰 이유는 신뢰할 만한 분석 자료가 부족한 탓이고, 특히 고분자량 분율 데이터가 부족했다. 여러 가지 자료들에 의하면 주어진 카테고리에 어떤 화합물들이 포함되는지는 명확하게 않나와있다. 부식산(humic acid), 멜라노이딘(melanoidin), 분해된 다당류 등이 여기에 포함되며, 이와 관련된 더 많은 연구가 필요하다.

표 1-1 생두 및 원두 아라비카 및 로부스타 커피콩 및 인스턴트커피 가루에 대한 조성 (% db)

구성	아라비카		로부스타		인스턴트 커피가루
	생두	원두	생두	원두	
미네랄	3.0–4.2	3.5–4.5	4.0–4.5	4.6–5.0	9.0–10.0
카페인	0.9–1.2	∼ 1.0	1.6–2.4	∼2.0	4.5–5.1
트리고넬린	1.0–1.2	0.5–1.0	0.6–0.75	0.3–0.6	–
지방질	12.0–18.0	14.5–20.0	9.0–13.0	11.0–16.0	1.5–1.6
총클로로젠산	5.5–8.0	1.2–2.3	7.0–10.0	3.9–4.6	5.7–5.2
지방족산	1.5–2.0	1.0–1.5	1.5–2.0	1.0–1.5	–
올리고당	6.0–8.0	0–3.5	5.0–7.0	0–3.5	0.7–5.2
총다당류	50.0–55.0	24.0–39.0	37.0–47.0	–	∼6.5
아미노산	2.0	0	2.0	0	0
단백질	11.0–13.0	13.0–15.0	11.0–13.0	13.0–15.0	16.0–21.05
휴믹산	–	16.0–17.0	–	16.0–17.0	15.0

1.10 심리적 효과

대부분의 커피 애호가들에게 커피를 즐기는 이유를 물어보면 아마 좋은 맛과 향 때문이며 한편으로는 카페인으로 인한 자극 효과 때문이라고 대답할 것이다. 커피에 함유된 카페인은 (디카페인화 된 커피보다) 감각적으로 다른 품질을 제공하기 때문에, 맛과 향이 좋은지 안 좋은지는 카페인에 따라서 많이 좌우될 것이다. 사람들이 감각적 품질의 커피를 제공받는 것을 보장하기 위해 상당한 전문적 지식은 그것에 대한 교역 기술에 의해 상업적 로스터들이 원두 구매를 선택하는데 있어 평가에 영향을 주었다. 그 결과, 수세식 건식공정을 거친 아라비카 커피들은 후에 많은 신맛을 가지며, 고급진 향과 맛을 갖게 될지도 모른다. 지속되지 않는 향들을 갖는 커피들은 선호되지 않으며, 맛(body)은 입에 닿는 촉감(mouthfeel)에 의해 평가된다. 이 모든 특징들은 우리 몸에서의 '좋고' '싫은' 반응에 영향을 줄 것이라고 예상될 수 있다.

커피가 자극제라는 것은 1820년에 퍼디난드 룽게(Ferdinand Runge)가 커피 열매에서 카페인을 분리해 내기 오래 전부터 이미 알려져 있었다. 소문에는 커피를 마실 때의 효과가 예멘 부근에서 처음 보고되었다고 전해 내려온다.

800년경에 염소를 치던 목동이 그의 염소 중 한 마리가 숲에 있는 어떤 열매를 먹고 '흥분한 듯이 뛰어다니는' 것을 보고서는 자기도 그 열매를 먹었다. 그 후 머지 않아 이 열매는 수도원에서 수도 중에 잠이 들지 않게 할 때 사용되었다.

커피에 함유된 카페인의 양은 품종 따라 다르다. 생두에 있어 로부스타의 경우, 아라비카보다 두 배 많은 양이 들어있다. 마스카로코페아(Mascarocoffea) 종류의 커피는 거의 카페인이 없는 것으로 알려져 있지만 이 종류는 식용이 아니기 때문에 상품화 할 수 없다. 우리는 우리가 마시는 차, 코코아, 콜라와 같은 음료에도 카페인이 들어있다는 사실을 간과해서는 안 된다.

로버츠(Roberts)와 바론(Barone)이 미국의 수천 명의 소비자들을 대상으로 낸 결과, 커피를 마시는 사람은 233.2mg, 차를 마시는 사람은 76.2mg, 콜라를 마시는 사람은 25.2mg의 카페인을 하루 평균 섭취한다고 보고했다. British Pharmaceutical Codex에 의하면 위의 자료를 근거로 했을 때, 치료용으로는 하루 100mg에서 300mg 정도의 카페인 섭취가 적당하다고 한다.

카페인은 신생아의 무호흡증 치료제, 기관지 심장 자극제로 쓰이고, 여드름이나 다른 피부 질환에도 사용되며 편두통에도 사용된다. 또한 처방전 없이도 구입 가능한 진통제, 이뇨제, 체중 조절 보조제, 알레르기 진정제, 각성제, 복합물 등에도 사용된다.

카페인의 대사 과정은 본 보르스텔(Von Borstel)에 의해 기술되었다. 카페인을 섭취하는 즉시 위장에서 신속하고 완전히 흡수된 후, 혈액,뇌 장벽을 통과하면서 1시간 이내에 몸 전체에 골고루 널리 퍼진다. 신장에서 혈류를 효율적으로 제거하지 못하고, 대사 작용을 하기 전까지는 계속해서 몸에서 순환한다. 처음에는 파라잔틴으로 시작하여 테오필린, 테오브로민을 거치고 요산과 디아미노우라실의 파생물로 되어 혈액순환에 의해 비로서 몸에서 완전히 제거된다. 남자의 경우 혈중 반감기, 즉 생체 내 변화 및 배설의 결과로서 카페인이 혈중 농도가 50%까지 떨어지는데 필요한 시간은 5~6시간 정도이다.

카페이 섭취의 효과는 여러 가지에 의해 좌우되지만 주로 복용량과 조직 내 카페인 정도에 따라 달라진다. 약 70~100mg의 카페인이 들어있는 커피 한 잔은 70kg의 사람을 기준으로 1kg당 1~2mg 정도와 같은 양이고 혈중 카페인 농도가 5~10 μ/M까지 이르게 된다. 이 정도가 되었을 때의 효과는 일반적으로 수면을 방해하며 극심한 피로나 갑갑함을 느낄 때 각성 효과를 준다. 최고 혈장 카페인 농도가 15~30 μ/M까지 올라가면 약간의 불안과 기관지 자극, 심혈관 질환, 이뇨, 위액 분비의 과다를 초래한다.

치료용 농도는 50μ/M의 범위에 속하며, 정도가 150~ 200 μ/M까지 올라갈 경우 급성 독성 증상이 나타날 수 있으며, 여기에 가벼운 정신착란,

근육 긴장 및 경련, 빈맥과 같은 심혈관계 장애로 이어지는 심한 불안과 흥분이 포함될 수 있다. 치명적인 카페인 혈장 농도는 $0.5 \sim 1.0$ mM이다. 이 정도 수준까지 이르려면 30분 이내에 강한 커피를 75잔 정도 마셔야 하며 본 보르스텔(Von Borstel)의 보고에 의하면 카페인 섭취로 인한 사망자수는 그리 많지 않다고 한다.

적당한 카페인 섭취로 인한 이점들은 위에 이미 기술해 놓았다. 그러나, 카페인이 암, 선천성 기형, 심장 질환, 위궤양, 고혈압 등을 유발 할 수 있다는 주장도 간간이 발표되고 있는 추세이며, 아직도 여기에 대해서는 의견이 분분하다. 미국 건강과학위원회(American Council on Science and Health)의 조사에 따르면 카페인이 질병을 일으킨다는 주장에 대해서는 반박하고 있지만 모유수유를 하는 산모나 임산부, 또는 임신을 준비 중인 사람들은 일일 카페인 섭취를 줄여야 한다고 얘기한다. 독립적 비영리 협의회의 상임이사는 "최근 들어 카페인을 두려워하는 여론이 확산되고 있지만 이것은 실제로 카페인이 건강에 미치는 영향과 전혀 상관이 없다. 실제로 처방없이 구입 가능한 약, 커피, 음료에 들어 있는 카페인은 대부분의 사람들에게는 전혀 건강상의 해를 끼치지 않는다."라고 발표한 바 있다.

1.11 커피의 품질

소비자는 커피에 대한 특정한 품질의 기준을 가지고 있고 그것을 기대하며 구입한다. 그러므로 성공을 거둔 로스터들이나 용해성 커피 제조 회사들은 자신들의 제품이 양질의 제품이 되도록 잘 관리해야 한다. 관리 중에서 중요한 부분은 바로 원료인 생두 열매이며, 더 효과적인 품질을 위해서는 원산지의 선적 업자, 궁극적으로는 재배자까지 관리의 중요성을 잘 전달해야 한다.

그러나 안타깝게도 많은 지역에서 의사소통의 문제나 멀리 있는 재배

지역에서의 품질 관리 시설의 부족, 그리고 품질이 아닌 무게를 기준으로 지불 받는 농부들로 인해 이것은 잘 시행되지 않고 있다. 그래서 품질 관리는 주로 공장이나 중앙 관리소에서부터 시작되며, 공장이나 중앙 관리소에 오기 전에 커피콩의 외부적인 손상, 향기, 색깔을 해결하기 위한 관리가 시작되고 커피는 크기 별로 등급이 매겨진다. 관리는 일반적으로 시각적 기반에서 행해진다. 수분 관리도 여기서 이루어지지만 더 정교한 어떤 것도 별반 다르지 않다.

품질 관리에서 중요한 감각적 측면을 관리하는 컵 테스트(cup-testing)를 위한 시설은 그 지역에 있는 더 중요한 선적 업자, 회사, 로스터, 가공 처리자들에게서 더 많이 찾아볼 수 있다.

커피 사업 전반에 걸쳐 결정은 평가자가 샘플 검토를 한다. 영국에서는 관례적으로 상품 중 30%를 샘플로 두는데, 대량 구매 시 수 천 봉지이거나 화물 컨테이너 하나 당 약 250개의 봉지이며 총 12kg 정도가 된다. 이 상품들은 잘 혼합된 뒤 4가지로 분류되어 천으로 된 봉지에 넣어져서 또 다른 곳으로 분배된다. 그 중 일부는 후속분쟁과 중재의 경우에 위탁물로 보관된다. 품질을 확인하기 위해 3kg 가방 하나가 구매자에게 전달된다.

컵 테스트는 품질 관리에서 정말 중요한 부분이지만 다른 변수들도 짚고 넘어가야 한다. 그 중 하나는 수분 함량인데, 수분 함량이 너무 많으면 원산지에서 건식 처리를 제대로 안 했다는 것을 보여준다. 수분 함량이 14~15%가 되면 곰팡이 내가 나는 나쁜 풍미의 발달로 이어질 수 있다. 경제적인 면에서 볼 때는 쓸모 없는 물을 대량으로 구입한 격이 된다. 반대로 흔하지는 않지만, 수분 함량이 너무 적은 커피는 매우 불안정하여 처리 과정에서 많이 깨지며 로스팅 할 때 쉽게 타버려서 맛에 영향을 준다. 커피콩의 크기 또한 깨진 커피콩과 유사하게 품질에 영향을 준다. 로스터에 크기가 일정하지 않은 커피가 들어가면 일정한 색으로 로스팅이 되지 않기 때문이다. 크기가 큰 커피들은 주로 원산지에서 미리 걸러지고 높은 가격에 판매되므로 별로 문제가 되지 않는다. 커피를 골라낼 때에는 no.10에서 no.20까지의 번호를 사용하는데, 이 숫자는 64분의 1인치의 구멍의 지름을 나타낸다.

생두 열매의 향에 따라 그 열매가 오염되거나 곰팡이 냄새가 나는지 여부를 나타낼 수도 있지만, 냄새만으로 맛을 대체할 수는 없다. 식물의 종을 너머 유사한 일반적인 외관 모양에서 오래된 작물 또는 새로운 작물인지는 색을 통해 가리키지만 커피의 품질에 대해서는 대개 예측하기가 어렵다. 결함이 있는 커피 열매나 생두 열매의 유무는 커피의 맛이 영향을 주기 때문에 조금 더 중요하게 여겨진다. 좋은 커피를 시음하는 요소의 핵심은 넓은 방에 적절한 인공 조명, 그리고 샘플 로스터와 그라인더, 테이블 등으로 이루어진다. 로스터는 약 150g씩 동시에 5개에서 6개의 샘플을 로스팅할 수 있어야 하며, 주로 가스에 의해 가열된다. 로스팅을 할 때는 세심한 주의가 필요하며 절대로 타지 않도록 조심해야 한다. 그렇지 않으면 커피에 대한 평가가 어려워진다. 로스터는 미리 예열한 다음 샘플이 도입된 샘플은 긴 편리한 스푼을 넣어 시시각각 검시될 수 있다. 커피가 갈라지기 시작하면 온도를 낮추고, 그 후 적절한 색을 내자마자 냉각기로 옮겨야 한다. 몇몇 시음가들은 순한 커피들에 비해 브라질산이나 로부스타를 더 낮은 온도에서 로스팅하기를 선호한다. 이는 맛의 결함과 불순물들이 과한 로스팅에 의해 가려지지 않도록 하기 위해서이다. 그 다음 단계는 그라인딩이다. 주로 가는 입자부터 중간 크기의 입자로 그라인딩된다. 로스팅된 커피콩들은 기계를 통과하게 되고 그라인딩된 커피들은 무게를 달아 시음용 잔에 담겨진다. 보통 200ml 컵 당 10mg 정도가 일반적이다. 많은 양을 반복해서 제공할 수 없는 커피들의 경우, 각각의 샘플마다 몇 개의 컵을 준비하고 그 컵에 다른 종류의 커피를 담도록 권장한다.

그런 다음 갓 끓인 물을 컵에 반쯤 따른 뒤 숟가락으로 잘 저어준다. 그 후 나머지 반 컵을 다시 채워준 뒤 3~5분 정도 기다린다. 그 후에 표면에 떠오르는 입자들은 숟가락으로 건져내는데, 다음 컵으로 순서를 옮길 때 마다 꼭 숟가락을 깨끗한 물로 헹궈주어야 한다. 그리고 커피가 시음하기에 적당한 온도가 될 때까지 식혀준다.

커피의 품질을 평가할 때 비록 많은 시음가들이 시음을 할 때 자신들의 기억에 의존하지만, 커피 종류의 기존 샘플과 비교하는 것이 더 바람직하다. 이 샘플들은 수 개월마다 한 번씩 바뀌어야 하며, 굉장히 신중하게 선택해야 한다. 시음을 시작하기에 앞서 찬물로 입을 한 번 헹구는 것이 좋다. 시음용 테이블로는 중간에 숟가락을 세척할 수 있도록 붙박이로 된 급수 및 배수기가 달려있는 회전 테이블이 가장 이상적이다. 시음가는 커피를 숟가락을 이용해 한 입 빨아들인 뒤 입안에서 한 바퀴 굴리고 맛이 특성을 음미한 뒤 뱉어낸다.

시음가가 찾는 것은 커피의 종류에 따라 달라질 수 있다. 로부스타의 경우 흙 냄새, 곰팡이 냄새가 나거나 발효되거나, 페놀산 맛 그리고 부분적으로는 거칠기, 부드러움, 또는 농후함과 같은 본질적인 맛과 같은 결함이 있을 수도 있다. 브라질산 커피는 산발적 결함은 거의 발생하지 않지만 특징으로는 경도(hardness)로 알려져 있으며, 말로는 설명하기 힘든 특유의 페놀산이나 다른 화학적 첨가물이 들어있는 것 같은 맛을 내는 특징이 있다.

수세식 건조방식 아라비카들의 경우, 시음가들은 산성도와 전체적인 향과 맛의 긍정적 특성에 더 집중하며 시음할 것이다. 입안에서 시큼한 맛을 느끼게 하는 산성도는 발효의 과정으로 생긴 것이 아닌 자연 그대로의 맛이어야 한다. 이 맛은 주로 케냐산 커피에서 특히 강하다. 커피의 전체적인 맛은 입안 전체에서 느끼는 것으로 알 수 있으며 커피의 점도가 어느 정도인지를 가늠하게 해준다. 커피의 맛이 달고 향이 좋을수록 높은 점수를 매기며, 너무 연하거나 어떠한 이유로든 맘에 들지 않으면 낮을 점수를 매긴다. 기존 샘플과 비교하여 각각의 속성에 따라 점수를 매기게 된다.

커피가 평가되고 나면 커피 제조사들은 이제 그 상품들의 품질을 어떤 식으로 꾸준히 유지할 것인지를 결정해야 한다. 이것을 가능하게 하기 위해 제조사들은 구성 요소들의 품질에 따라 커피의 종류나 비율에 어떤 변화가 있는지를 알려주는 대체 혼합 시스템을 개발했다. 또한 로스팅의 정도나 그라인드할 때 어느 정도 크기의 입자로 할 것인지도 결정해야 한다. 두 가지 과정 모두 커피의 품질에 있어서 매우 중요한 영향을 끼치기 때문이다.

용해성 커피의 품질 관리는 비교적 쉬우며 아래에 나오는 몇 가지의 기본 사항들을 충족시켜야 한다.

(a) 원두 기본 품질이 엄격하게 유지되어야 한다.

(b) 여러 종류의 커피콩들의 혼합물은 엄격하게 관리되어야 한다.

(c) 공정 조건은 규정된 한도를 벗어나면 안된다.

(d) 공장에서 오염을 초래할 수 있는 그 어떤 것도 허용되어서는 안된다.

이것 외에도 제품에 관한 지속적 모니터링이 필수적이며, 신중하게 선택된 기존 샘플과 비교하며관찰해야 한다.

용해성 상품으로 만들어진 커피의 또 다른 품질 관리로는 수분 함량 측정도 포함된다. 수분 함량이 너무 많을 경우 유통기한이 짧아질 뿐만 아니라 법적으로 허용되지 않기 때문이다. 또한, 순 중량에 맞춰 최종 포장을 할 때 중요한 부피 밀도도 측정해주어야 한다. 그리고 제조 과정에서 발생할 수 있는 불용성 문제도 빼놓을 수 없다. 디카페인화 된 상품이라면 카페인 분석도 해주어야 한다.

1.12 커피 대체품

커피 대체품의 사용은 커피 나무에 발생하는 자연 재해나 세계 1,2차 대전과 같은 상황으로 인해커피의 공급이 부족하여 가격이 인상했을 때 매우 유용하게 쓰인다. 여기에는 여러 가지 물질들이 사용되었는데, 주로 곡류, 무화과, 치커리들을 사용했다. 이러한 커피 대체품은 지금도 몇몇 국가에서 순수한 커피와 경쟁하며 굉장히 많이 판매되고 있다. 대체품들은 카페인 섭취를 꺼리는 사람들이 주로 찾으며 민들레 뿌리로 만들어진 커피 대체품은 건강 보조제를 파는 상점에서 수 년 동안 판매되어 오고 있다.

용해성 상품을 만드는 제조사의 입장에서 볼 때 커피 대체품들은 진짜 커피를 생산하는 과정보다 훨씬 수월하다. 가용성 고형물이 더 많이 첨가되기 때문에 더 많은 수익을 남길 수 있도록 해준다.

대체품을 만드는데 있어서 가장 중요한 재료는 바로 치커리이며, 특히 프랑스, 벨기에, 인도, 남아프리카에서 인기가 좋다. 역사가 시작된 후 지중해 부근에서 재배되었다고 알려져 있지만, 17세기 후반까지 유럽에서 재배되지 않았다. 그리고 백 년 후에 커피에 적용되는 관세를 피하기 위해 독일에서 많이 이용되었다. 그 후에는 나폴레옹 시대에 프랑스인들이 유럽 수입의 독립을 위한 일환으로도 사용되었다.

치커리는 다년생 작물로서 높이는 1m까지 자라며 작은 푸른색 꽃을 틔운다. 유럽에서는 주로 10월과 11월에 수확한다. 수확한 치커리를 세척하고 뿌리를 잘게 자른 뒤 벽돌로 만들어진 가마에 넣거나 회전 건식기에 넣어 뜨거운 공기로 건식 시키는데, 이 때 수분 함량이 13%가 넘지 않도록 해야한다. 14.5%를 넘게 되면 보관할 때 뿌리가 상한다.

건식된 치커리는 그 다음 단계로 넘어가기 전에 주로 회전통 로스터에 넣어져서 로스팅된다. 로스팅 전에 식물성 오일 (1%)정도가 첨가되기도 한다. 로스팅 정도는 색을 보고 판단할 수 있으며 기계에서 꺼낸 뒤 냉각되고 선별되어서 상품으로 포장한 뒤 출하한다. 가장 쉽게 찾아볼 수 있는 인스턴트 커피와 치커리는 로스팅된 커피와 치커리의 혼합물을 추출할 뒤 위에서 언급한 분무건식법을 거쳐 가공된다.

Boussard는 대체 물질에 대한 포괄적인 검토에서 치커리의 화학적 구성과 음료로서의 유익한 특성에 대한 정보를 제공한다. 많은 곡류가 커피 대체로 사용된다. 보리, 맥아, 호밀, 밀, 옥수수 등이 있다. 이 곡물들 그 자체로 로스팅되거나 아니면 가루로 빻아져 반죽된 뒤 다시 잘게 나눠져 로스팅 되기도 한다. 사용되는 콩 식물로는 이집트콩, 땅콩, 콩, 완두콩, 루핀 등이 있다. 이 대체품들은 커피와 단독으로 또는 혼합되어 만들어진다. (예: 커피+치커리+약간의 맥아) 제조할 수 있는 대체품들을 나열하려면 끝이 없다. 예를 들어, '비엔나 커피'는 로스팅되고 그라인딩된 커피와 볶은 무화과, 코코아 콩, 도토리, 콜라넛, 고구마, 사탕수수, 캐슈 너트, 야자 열매를 섞은 것이다.

물과 미네랄 성분

제2장

1. 서론

수분은 커피를 구성하는 중요한 요소일 뿐만 아니라 커피를 가공하는 과정에서도 중요한 역할을 한다. 젖은 생두의 파치먼트에는 약 50%의 수분이 포함되어 있고, 수출되는 생두에는 10~13%정도가, 그리고 로스팅된 커피에는 최대 5%까지의 수분이 함유되어 있다. 인스턴트커피는 최대 4~5% 정도가 들어있지만, 추출하는 과정에서 다시 50%의 수분을 함유하게 된다. 수분함량이 낮으면 제품에 손상을 입히지 않으면서 얼마나 오랫동안 보관할 수 있는지를 결정하는데 영향을 미친다. 다른 식품이나 음료들과 마찬가지로 커피도 단백질이나 다당류와 같은 진수 골로이드(물을 잘 흡수 하는 물질) 고분자를 포함하고 있다. 이러한 물질들로 인해 수분은 커피 안에서 일반적인 '물'의 형태나 다른 물리적, 화학적 결합 형태로 남아있을 수 있게 되는 것이다. 이 두 가지 종류를 정확하게 분리하는 것은 어렵지만, 한 가지 분명한 것은 커피가 수소 결합을 통해 한 분자와 다분자 층의 형태로 표면 내부와 외부에 수분을 저장할 수 있다는 것이다. 또한 모세관 인력을 이용해서 미세하거나 거대한 기공에도 수분을 저장할 수 있다. 건조 중량 기준으로 커피의 다른 성분 조성을 표현할 수 있는 경우에만 커피의 수분 함량을 정확하게 측정해야 할 필요가 있다. 그러나 특히 인스턴트 커피의 경우, 법적으로 커피의 수분 함량을 제한하는 국가들이 있다. 주로 총 수분 함량을 결정하려고 시도하는 것이 일반적이며, 많은 측정들은 의도된 목적에는 만족스럽지만 본질적으로는 임의적인 경우가 많다.

다른 식료품들과 마찬가지로 수분함량은 제품이 접촉한 대기의 온도나 습도에 의해 많이 좌우된다. 수분이 어떤 방식으로 저장되어 있는지를 측정하기 위해서는 등온 흡습 곡선(Sorption isotherms)이 부분적으로 사용되기도 한다. 수분 조건을 표현하는 열역학적 값, 특히 추출물은 인스턴트 커피 제조 단계에서 공정 매개 변수의 영향을 추적하고 이해하는 데 매우 유용하다.

커피의 수분 함량을 결정하는 것은 어려워 보일 수도 있다.

이용가능한 다양한 방법들은 선택된 종말점(end-point)에서의 평형 및 측정되는 수분 제거속도에 등을 고려해야한다. 커피에 사용될 수 있도록 비파괴적인 최신 분석적 기법들도 고려해 보아야 한다. 위와 같은 방법들은 일반적으로 커피 제품에 동일하게 사용될 수도 있긴 하지만 커피가 생두의 형태일 때를 염두에 두고 거론된다.

미네랄 물질은 다른 식물들과 마찬가지로, 비교적 낮은 수준으로 커피에도 존재하며 중요한 부분이다. 커피를 태울 때, 원두의 산화재 함량은 건조기준으로 약 4%이다. 이것은 여러 가지의 요소로 구성되어 있는데, 그 중 칼륨이 가장 많은 비율을 차지한다. (칼륨의 형태로 약 40%). 금속과 비금속물질(예: 인)의 대부분은 원래부터 함유되어 있지만 인스턴트 커피는 추출에 사용되는 물과 다른 오염물질 등이 소량으로 들어가기도 한다. 생두의 무기질은 원산지나 커피를 취급하는 과정에 따라 약간씩 다를 수도 있다. 그러나 인스턴트 커피의 경우 커피에 따라 현저하게 차이가 난다. 이것은 로스팅된 커피에서 무기질이 물을 통해 쉽게 빠져나갈 수 있기 때문이다. 추출된 가용물의 증가된 생산은 최종 인스턴트 커피에서 더 적은 양의 무기질 함유를 초래한다. 현대의 분석 기술을 이용하면 백만 분의 일 정도의 낮은 함량까지 포함한 다른 구성 요소들의 측정이 가능하다. 이러한 기술들은 용해성 상품의 생산량을 측정하기 위한 법적인 수단으로 제안되었다. 칼륨의 함유는 영양학적, 생리학적으로 중요하다. 이 외에도 무기질이 로스팅 과정에서 촉매 역할을 한다고도 알려져 있다.

2. 생두의 수분 함량

2.1 측정 오븐방법

많은 물질들과 마찬가지로 수분 총 함량은 편의상 전통적으로 건조법이나 증발 기법을 통해 측정된다. 수분은 헤드 스페이스에서 수증기압이 0일때 완전한 평형상태 조건 아래, 완전히 제거가 가능하다. 그러나 실제로 수분을 모두 제거하는 것은 매우 어려우며 건조시키는데 오랜 시간을 필요로 한다. 생두의 경우에는 흔히 일어나지 않지만(0.1%), 커피 안에 다른 휘발성 물질들이 함유되어 있기 때문에 이것들이 증발되면서 꽤 많은 무게의 손실을 초래한다. 생두를 그라인딩 할 경우 열매 자체가 굉장히 단단하고 그라인딩 과정에서 생성되는 열로 인해 수분 함량이 바뀔 수 있기 때문에 굉장히 조심스럽게 시행해주어야 한다.

수증기를 없애기 위해 진공으로 처리하거나 건조세를 사용해주는 것이 좋다. 건조시킬 때의 대부분은 고온의 오븐에서 실행한다. 그러나 이 과정은 에러를 유발할 수 있다. 화학 반응사이에서 물이 발생될 수 있다는 것과 커피의 다른 구성물 사이에서도 가능하다는 것이다. 또한 생두에 함유된 수분은 온도나 공기의 상대 습도 및 공기와 얼마나 접촉했는지 의해 달라질 수 있다는 것도 염두에 두어야 한다. 만약 평가될 커피가 주위 환경과 이미 균형이 이루어져 있다면 적은양의 샘플을 얻을 때 문제가 되지 않는다.

길보트(Guilbot)는 생두의 수분 함량을 측정할 때의 모든 가능성을 고려하여 참고 방법을 고안해냈다. 이 자료는 기본적으로 섭씨 48도(± 20), 압력 20(± 7)mbar (대략 절대값 10-20 mm Hg)에서 완전 무수의 대기 상태에서 평형을 이루기 위해 건조시키는 방법에 대해 서술하고 있다. 그라인딩은 열을 가하지 않은 상태에서 체분석법의 분쇄 생성물이 90% 이상이 1000 µM으로, 50%는 500 µM으로 생성하도록 조절되어야 한다. 이 중 3~4g 정도가 샘플로 채취되며 무게를 측정한 다음에 뚜껑을 덮을 수 있는 길고 폭이 좁은 그릇에 담아진다. 이 그릇은 유리 제질의 특수 제작된 건조 튜브 안에 들어가며, 오산화인(phosphorus pentoxide)을 함유한 기계에도 투입이 된다. 그리고 이 기계는 모세관이 유리로 된 정지콕을 통해 진공펌프까지 연결이 되어 있다. 샘플을 담고 있는 건조튜브의 부분을 오븐 안에 넣는다. 길보트는 오븐 건조법에 의해 평가된 원두커피의 수분 함량이 11% 이상이 되면 그라인딩 하기가 어렵다는 것을 알아내었다. 이러한 경우에는 샘플은 그라인딩을 하기 전, 동일한 장치에서 섭씨 25도에서 11% 이하가 될 때까지 예비 건조되어야 하며, 그라인딩 후에 전체 내용물은 접시로 옮겨져 완전 건조 절차가 완료되어야 한다. 일정한 무게를 유지하기 위한 총 건조 시간은 약 150~200시간 정도가 소요된다. 이 기본 참고 방법은 IS 1446이라는 이름으로(또는 French and British Standards라고도 함) International Standards Organization (ISO)에 의해 채택되었으며, 여기에서 이 방법에 대해 자세히 설명하고 있다. 각각의 샘플에 두 가지의 방법을 사용하는 것을 권장하는 편이며, 샘플 100g당 수분 함량의 차이는 최대 0.2g까지만 허용한다. 많은 다른 샘플들의 이 방법에 의한 결과들은 길보트와 디오르나노에 의해 제공되었다. 물론, 앞에서 말한 방법을 정기적으로 사용하기에는 약간 부적합한 편이다.

많은 경험에 의거한 시간-온도-진공 조건이 더 짧은 건조 시간을 필요로 한다는 건이 문헌에 기술되어있다. 길보트는 또한 샘플(약 5g)을 위한 정기적인 방법도 제안했는데, 샘플을 대기압을 기준으로 했을 때 오븐의 온도를 섭씨 130 (± 2)도로 맞춰야 한다고 말한다. 건조는 두 가지 단계로 수행된다. 첫 번째는 6시간을 휴지기, 건조기계에서 15시간 그 후 두 번째로 4시간 동안 건조 시키는 것이다. 첫 번째 단계 직후에 무게를 측정하면 불충분한 결과가 나오고 두 번째 단계 후에 무게를 측정하면 또 너무 반대의 결과가 나온다는 것을 알아냈다. 적당한 결과는 첫 번째 단계에서 얻은 측정값과 두 번째 단계에서 손실된 양의 반을 더해서 얻어낼 수 있었다. 이 자료들은 이러한 특정한 임의의 과정이 기본 참고 방법을 적용한 생두 샘플에서 얻어낸 측정값과 가장 비슷한 결과를 나타낸다는 것을 보여주고 있다. 이 절차는 또한 International Standard, IS 1447 국제 표준으로 정해져 있다. 온도를 섭씨 130도로 맞추면 수분이 화학적 반응에 의해 생성을 일으킨다는 것은 의심의 여지가 없으며 이것은 주로 두 번째 단계가 끝날 무렵에 나타난다. 이 절차는 여전히 불편하고 시간이 많이 걸린다. 이 방법에 의한 더 심도 있는 연구가 멀톤(Multon)과 한 (Hahn)에 의해 진행되었다. 이 연구에서는 각각의 커피에 있는 수분 함량 분포도를 검토하여 샘플 크기에 얼마나 영향을 미쳤는가에 대해 평가하였다. 로페스(Lopes)는 앙골라에서 이 방법이 공식적으로 사용되었다고 보고 하였다.

오븐 온도 섭씨 105도(± 2)에서 하룻밤 동안 또는 그 이상 가열하는 방법이 오랫동안 널리 사용되어 왔으며, 여기에는 초기 또는 중간에 샘플 그라인딩이 포함될 수도 있고 아닐 수도 있다. 다른 방법들로는 오븐 온도 섭씨 100도나 진공 오븐을 사용하기도 하며, 그 예로 크로플리안(Kroplien)의 20시간 가열에 의한 수많은 측정이 있다. 스미스(Smith)는 Association Scientifique Internationale du Cafe (ASIC)를 대표하여 17개의 협력 연구단과 함께 동일한 원두 커피의 수분 함량을 측정하는 12가지의 방법에 의해 연구를 수행하였다. 비록 모든 방법들이 각각의 실험실에서 사용되지는 않았다. 그는 길보트의 방법이 실제로 3개의 다른 실험실에서 일관성 있는 결과를 제공했지만. 반면에 다른 방법들은 통계적으로 분석되지는 않았지만 일관성이 없는 결과가 나왔다. 그러나 섭씨 100~105도에서 건조 시키는 2단계 방법은 앞으로도 사용 가능성이 높다고 했으며, 이 방법의 첫 번째 단계에서 원두를 2시간 동안 건조시킨 뒤 두 번째 단계에서 커피 찌꺼기를 건조시키는 방법으로 이루어져 있다. 그라인딩을 할 때는 꼭 커피 샘플이 기계에서 모두 확실히 채취되거나 또는 두 가지의 무게 측정 방법을 사용해야 한다. 그라인딩을 위해 다른 종류의 제분소가 제공되었다. French Dangoumau 제분소는 완전 밀폐형이며 윌리 제분소는 회전하는 칼날을 가지고 있고, German Condux이나 IK 제분소는 냉각기가 들어 있다. 스미스는 호버트나 윌리를 사용했을 때 생기는 갈라짐 현상은 열이 가해지지 않았기 때문에 오히려 좋은 것이라고 설명한다. 특히 길보트의 방법으로는 대표 샘플을 얻는 데 도움이 필요한 경우, 많은 양의 금이 간 샘플로부터 3g정도의 작은 샘플 사이즈를 얻을 수 있다. 또한 스미스는 섭씨 70도에서 21시간 동안 건조시키는 방법은 별로 적합하지 않다는 결론을 내렸다. 그 어떤 온도에서도 진공을 사용한 방법이 효과적이라는 것을 보여 줄만한 자료의 양은 충분하지 않았다. 그러나 우톤(Wootton)은 케냐에서 2단계를 이용한 방법을 고안해냈다고 발표했다. 이 방법은 우선 섭씨 95~100도씨에서 1시간동안 건조 시킨다. 그 후 그라인딩하여 부표본을 만들어 공기누출에 의해 조절되는 진공 오븐에서 절대기압 30 mm Hg에서 22시간 동안 다시 건조시킨다. 그는 이렇게 얻은 결과를 약간 수정된 Guilbot 방법과 비교하여 보았는데, 그 결과는 매우 만족스러웠다. 수분 함량이 6~12%일 때는 기준보다 약간 낮은 값을, 그리고 수분 함량이 12~19%일 때는 기준보다 약간 더 높은 값을 얻었다. 우톤은 케냐의 대기압이 낮기 때문에 물이 섭씨 100도 이하에서 끓으며, 이 점을 고려하여 이 지역에 적합한 방법을 고안해야 한다고 했지만 그만큼 중요한 사항은 아닌 것 같다

$$\frac{dw}{d\theta} = k(P_s - P_a) = \frac{h_a}{\lambda}(t_s - t_a)$$

소량의 커피에 사용되는 오븐 건조는 대량 가공 시에 찾아볼 수 있는

변수들과 비슷한 점이 많이 나타난다. 이 메커니즘은 물론 복잡하며, 카렐과 레니저 및 베벌루를 참고한다면 이해하기가 쉬울 것이다.

뜨거운 공기에 의한 대류 가열의 경우 다음 일반 공식이 적합하다.

여기서 $dw/d\theta$ 는 건조 속도 또는 시간 θ에 대한 물의 손실이다. 각각의 질량 전이와 열전이의 계수는 k와 h_a 표면온도(t_s)에서 포화 물증기압(p_s), 건구 공기온도(t_a)에서 부분 물 증기압(p_a), λ는 주어진 온도에서 증기 잠열이다. 여기서 물은 결합되고 있지만 추가적인 열(원래 흡열은 물 함량에 따라 다양하다.)은 필요하다. 3개의 개별적 건조속도(일정비율)가 발견될 것이다. 표면이 자유수의 존재(임계 수분 함량 이상에서만)로 계속적으로 젖은 경우, t_s는 건조 공기의 습구 온도이며, 제어인자가 고체를 통한 수분의 이동속도일 때까지 표면온도가 상승할 때, 한번 또는 두번은 속도가 떨어진다. 가장 중요한 요소로는 수축으로 인한 압력변화, 모세관에 의해 도움받는 물 확산이 있다. 생두나 커피 제품에서 일정 속도 구간은 무시할만하며, 반면 모든 흡습성을 갖고 있는 제품들과 같이 두번째 떨어지는 속도는 단단히 결합한 물의 존재에 따라 뚜렷한 결과를 갖게 될 것이다. 실험실 건조 오븐에서 뚜렷한 추가적 열의 이동은 샘플을 담고있는 접시가 선반과 접촉에 의해 전도되면서 발생한다. 선반의 온도는 공기의 온도와 같을 것이다. 열 전달 계수(h_a)는 다를 것이며, 게다가 뜨꺼운 오븐 표면으로부터 빛에 의한 상당한 열 흡수가 있을지도 모른다. 건조 속도는 슬래브 소재의 두께나 조립충의 입지 두께에 대하여 반비례하며, 두번째 하강 단계에서 대류 건조의 공기 속도 그 자체는 영향력이 없다. 일반 실험에 의하면 샘플의 물 함량은 점근적으로 최소로 떨어지며, 그것은 오븐에서의 수분 증기 압력 또는 공기의 백분율 상대 습도에 따른 평형 값이다. 이 평형 값은 앞에서 기술된 물질의 등온 흡습 곡선으로부터 얻을 수 있다. 엄밀히 말하면 적용 가능한 진공 수준을 기준으로 한다. 작동 조건의 선택에 따라, 이 수치는 제로에 가깝기 때문에 방정식이 시간에 따라 최소값으로 물 함량의 점근적 접근을 반영하는 것을 가능케 한다. 건조 지연 시키지 않기 위해서는 공기 수분 증기 압력은 모든 시간에 대하여 낮은 상태를 유지해야하며, 부적절한 공기환기 또는 오븐에서 너무 많은 샘플들의 존재에 의해 발생이 안될 수도 있다. 진공 건조에서 건조제는 셀룰러 오븐(cellular oven)와 함께 낮은 수분 중기압을 성취하는 데 유용하다. 전체 원두들의 무게를 잴 수 있는(건조 전, 후) 하나의 세트인 공기 오븐의 일상 사용에 대한 인기 때문에 또다른 국제 기준, IS 6673은 1983년에 공표되었으며, 회원들 연구실에서 사전 협업 연구에 의해 지지되었다. 이 방법에서 샘플 사이즈는 5g이며, 오븐 온도는 105 +2℃, 건조 시간은 16시간(즉 하룻밤)이다. 전체 절차 상 세부 사항에 관해 표준은 참고되어야만 한다. 이 표준의 도입에서 이 방법에 의한 결과는 다른 2가지 국제 표준 방법보다 1%정도 낮을 것이라고 인식된다. 대조적으로 표준의 제목으로 수분 함량보다는 건조 시 질량 손실 측정이다. 하지만 이 방법은 구매자와 판매자 사이의 계약합의에서 수분 함량을 나타내는데 사용된다. 2.3%로 측정된 생두의 카페인 함량의 건조 물질 계산 효과에 주목하는 것은 흥미로운 일이다. 만약 수분 함량이 12%이라면 카페인 함량은 2.61%db이다. 만약 수분이 11%이면 이 값은 2.58%db가 나올 것이다. 차이는 카페인 측정 방법의 정확도가 적다. 그럼에도 불구하고 11%와 12%의 수분 함량 차이는 생두로부터 가용성 고형물의 건조 기준량, 로스팅 손실을 측정 할 때, 중요하다. 협력적 연구들의 결과들은 소위 방법의 정밀도를 평가하는데 통계학적 용어를 바탕으로 해석되어야 할 필요가 있다. 예를 들어 미국 공식 분석 방법 위원회의 통계 메뉴얼 및 기타 본문에 대해 착수한다. 주요 매개변수들로는 한 시료에 대하여 한 실험실에서 동시에 또는 신속, 연속적으로 수행되는 2개의 측정법들의 독립적인 결과들 사이의 차이로 정의되는 방법의 반복성, 동일 샘플로 두개의 다른 실험실에서 수행하는 2개의 독립적 측정법들의 결과 사이 차이인 재현성이 있다. 각 실험실에서 반복성 측정치(S_r)에 대한 표준 편차는 반복성이 2.83* S_r로 계산될 때, 처음에 변동 계수(CV)와 함께 측정된다. 이 방법을 사용함으로써 2개의 측정 평균에 관한 마지막 결과가 보고되기 전, 실험실에서의 2개의 어떠한 측정법들도 반복성 수치 이내여야 한다. 유사하게 재현성 측정값(S_R)의 표준 편차가 평가된다. 이 방법의 재현성으로 2.83*·S_R로 주어지며 즉 한 실험실의 결과와 다른 실험실의 결과의 가능한 차이에 대한 척도이다. 재현성 및 반복성 수치들은 원래 공동 연구에서 테스트 결과 수에 따라 의존하며, 테스트 샘플의 전반적 평균 값의 수준에 따라 달라진다. 따라서 재현성 및 반복성 수치들을 적용할 수 있는 값 또는 평균 값을 명시하는 것이 바람직하다. IS 6673에서 제공받은 정확도 자료는 반복성 S_r=± 0.063% 그리고 CV=±0.6% 재현성에 관해서는 S_R = ± 0.272% 그리고 CV=±2.8%

2.2 흡기 증류법 (Entrainment Distillation)

생두에 적용할 수 있는 다른 수분 측정법들이 있다. 흡기 증류법은 주로 사용되는 방법 중 하나이며, 수분과 존재하는 다른 휘발성 물질들을 분리해낼 수 있다. 디옥산, 이소옥탄, 톨루엔, 크실렌과 같은 유기용제는 물과 함께 공비성 비등 혼합물을 형성하는 첨가물로 사용된다. 평형, 운동학적, 열분해와 같은 특징들이 위에서 설명한 오븐 공법과 비슷한 역할을 한다. 궁극적으로 부분적 수증기압은 평균 수용기 온도에서 흡기 용액의 물에 대한 용해성에 결정된다. 샘플에서 증발되지 않은 수분뿐만 아니라, 냉각기에 들어있는 흡기 용액에 녹아있는 소량의 수분도 고려를 해줘야 하며 냉각기에서 떨어지는 물방울로 인해 문제가 생길 수도 있다. 이 방법은 수분 함량이 많은 물질들에 더 적합하다고 볼 수 있다. ASIC 협력 연구가 발표한 대로, 이 방법에는 톨루엔과 크실렌을 사용하였으며 원두에 관한 여러 가지 결과를 보여주었다. Gabriel-Jurgens는 German Standards Institute (ONA)에서 시행한 협력 연구에 참여하였으며, 이 연구의 결과에 대해 잘 설명하고 있다. 이 연구에 사용된 샘플 크기는 5g의 그라인딩한 원두커피이며 GC공법이나 Karl Fischer 적정으로 측정되었다. 이 때 수분의 99%는 15ml의 증류액에 포함되어 있다고 명시되었다. 디옥산이 유기

용제로 사용되었으며 7개의 연구소가 참여했다. 동일한 5개의 다른 커피 샘플들을 다양한 오븐 건조 방법들에 대한 비교가 이뤄졌다. 흡기 증류법을 사용해서 측정된 평균값은 섭씨 103도에서 3시간, 진공상태에서 섭씨 70도에서 16시간, 103도에서 16시간 (원두 및 그라인드된 원두)에서 건조시켰을 때의 얻은 측정값과 비슷했으며, 한 예로, Ivory Coast robusta의 경우 10.83%, 10.79%, 11~29%, 10.71%, 11.01%였다. 반면에 IS 1447로 얻은 측정값보다는 낮은 수치가 나왔으며 같은 Ivory Coast robusta일 때 12.48%가 나왔다. 각각의 원두 커피에 대한 반복성은 0.28~0.31%로 나왔으며, 재현성은 0.29~0.62%로 측정되었다.

2.3 Karl Fischer 측정법 (Karl Fischer Determination)

이 방법은 현재 자동기기화로 측정 가능하며, 빠르고 정확하기 때문에 여러 가지 식품의 수분을 측정할 때 널리 쓰인다. 그러나 한 가지 큰 문제점은 Fischer 시약과 반응하는 방해 물질이 존재한다는 것이며, 여과 시간은 짧지만 메탄올을 사용하는 추출 시간이 길다는 것이다. 이 공법을 생두에 적용한 사례가 비교적 적은 편이며, 이 공법을 사용하기 위해서는 커피가 갈린 상태여야 한다. ASIC 협력 연구에서 이 공법을 사용한 결과도 포함되어 있었으며 다른 곳에서 나온 결과와 큰 차이는 보이지 않았다. 추출 작용제로 메탄올 대신 포름아미드를 사용하면 개선할 수 있는 여지가 보이며, 여기서도 마찬가지로 주의를 기울여야 할 단계는 그라인딩 단계이다. 이 방법을 사용하기 전 건조 시키는 단계에서 수분 함량의 변화를 먼저 측정해 놓는 것이 필요하다.

2.4 비파괴적인 방법들

이미 기술된 것과 같이 몇몇의 표준에 대한 보정이 필요하지만 일상적 품질관리에 대한 보다 빠른 측정 방법들의 적용하려는 움직임들이 있다. 또한 이 방법들은 샘플에 손상을 입히지 않는다. 또한 이 방법들은 다이얼 또는 인쇄 출력을 인식하는 계량기에 포함된다. 그 중 특별한 종류의 계량기는 정전 용량이나 유전체 수분 계량기이며 이것은 물질의 수분함량에 따른 유전율의 변화를 감지한다. 물질이 계량기에 놓였을 때의 냉각기의 정전 용량을 측정하는 것이다. 스미스의 연구에 따르면, 이 방법의 시초가 Kappa였다고 한다. 공기 오븐을 이용한 수분 측정값이 선형상관을 이룰 때 주로 샘플로 400g 정도가 쓰이며, 실제로 수분 함량이 7% 이상일 때 정확한 결과를 얻을 수 있다.

이 계량기 수치는 총 수분이 아닌 원두커피의 자유 수분 함량만 반영한다. 그러나 유전율에 영향을 주는 결합수의 함량은 커피의 종류에 따라 크게 차이가 없다. 그럼에도 불구하고, 냉각기에 항상 일정한 양의 샘플을 두지 않으면 커피 양의 밀도에 따라 상당히 다른 결과가 나올 수 있다. 한 가지 확실한 것은 이 계량기들이 커피를 수입, 수출하는 국가에서 널리 쓰이고 있으며, 이 국가들은 항상 건조된 파치먼트의 수분 함량을 계속적으로 확인해야하는 것은 분명하다. 일정한 양의 같은 종류의 커피를 측정할 때 교정은 만족스러운 결과를 얻을 수 있을 것이다. 기본 참고 방법에 어떤 계량기를 사용할 것인가는 측정자의 선택에 따라 달라지지만, 이러한 계량기의 사용이 많아진다는 것은 편리함이나 시간 절약의 측면 보다는 정확성에 더 초점을 맞춘다는 뜻으로 볼 수 있다. Wootton은 케냐에서 사용되는 알려지지 않은 두 가지 수분 측정기에 대해 설명했으며, 여러 가지 절대적인 방법의 수분 측정이 가능한 계량기 판독값에 대한 교정을 평가했다.

또 다른 계량기로는 미국의 Boonton처럼 고주파나 마이크로파 흡수 방식을 사용하는 것들이 있는데, 즉 수분 함량과 송, 수신 전력의 감소가 직선을 이루는지를 보는 것이다. 여기서도 마찬가지로 밀도를 일정하게 맞춰주는 것이 중요하다. 적외선과 같은 고주파에서 인스턴트 커피의 수분 함량을 측정할 때도 상당한 주의를 기울여야 한다. 고주파 반사율을 사용하기 위해서는 우선 생두를 일관성있게 갈아둘 필요가 있다.

2.5 등온 흡습 곡선 (Sorption Isotherms)

등온 흡습 곡선은 물질의 수분 함량 백분율과 상대 습도 (ERG), 또는 수분 활동도(AW)라고 함)의 평형에서 온도와의 관계를 알아내는데 매우 중요하다. 이 세 가지의 관계를 알아내기 위한 과정을 설명한 책들이 많이 출간되었다. 친수성 고분자의 완전 곡선은 주로 S자 모양이며, 이것은 수분 함량이 자유로운 수분인지 다른 방식에 의해 내, 외부표면에 결합한 수분인지를 알려준다. 물질의 모세관 인력이 기공을 통해 우세하게 작용할 경우 약간 다른 형태의 곡선을 띄게 될 것이다. 등온 흡습 곡선은 특정 단계에서 수분 함량 감소(탈착), 또는 수분을 더 함유(흡수)를 실험 작업으로부터 얻었는지 특성화될 필요가 있다. 물질의 메트릭스 구조를 변형해 시험을 위한 출발 물질을 제공하는데 있어 얻어지는 실제 상업적 건조 과정의 측정값에서 차이를 만들어 낼 수도 있다. 오븐 건조 공법에서 언급했듯이 실험 건조기(RH의 다른 퍼센티지)에서 각 포인트마다 평형값을 측정하는 것은 매우 긴 시간을 필요로 한다. 주로 흡수 데이터는 상업적으로 건조된 샘플보다는 실험실에서 최소로 흡수된 샘플을 통해서 얻어진다.

생두에 관한 자료의 수는 상대적으로 적으며, 특히 수분 함량이 적은(8% 이하) 경우는 더 찾아보기 힘들다. 그 결과 S자 형태의 곡선이 실제로 나타나는지는 확실히 알 수가 없다. 생두는 따뜻하거나 건조한 상태에서 보관된다면 더 적을지도 모르지만 주로 10~12%의 수분을 함유한 상태에서 유통된다. 고온에서 12%이상의 수분을 함유한 커피의 자료를 선호하는 편이다.

시베츠(Sivetz)와 드스토지에르(Destosier)는 출처를 밝히지 않은 자료를 통해, 섭씨 25도에서 12%의 수분을 함유한 생두의 수분함량이 평균 RH 60%의 대기와 평형을 이룬다고 언급했다. 이와 관련된 논문들이 여러 개 나왔는데, 아이에르스트(Ayerst)는 아라비카와 로부스타를 둘 다 사용했으며, 멀톤(Multon)은 아라비카를, 쿠아스트(Quast)와 텍세이토(Texeito)는 브라질산 커피를, 스털링(Stirling)은 케냐산 아라비카 커피를 사용했다. 이 논문들에서는 수분 측정 방법이 약간 다르긴 하지만, 섭씨 25도와 35도,

그리고 28도와 30도의 데이터가 제공된다.

스털링이 제시하는 등온 흡습 곡선은 그림 2-1과 같다.

Ayerst의 자료에 의하면 탈착과 흡수 사이의 이력 현상이 생두에서는 그다지 크게 나타나지 않는다고 한다.

12%에서의 수분 함량 비교 자료는 아래의 표2-1에서 잘 보여준다.

Stirling과 Multon의 수분 함량 측정법이 선호되는 편이다.

표 2-1 다른 온도에서 12 % 수분 함량을 가진 (w / w) 다양한 생두의 % ERH 값을 보여주는 자료.

생두 타입	등온선 모드	온도(℃)	% ERH	수분측정 방법
일반적	–	25	60	–
케냐	Ads./Des.	28	63	케냐
브라질	–	28	77	–
아라비카	Ads.	25	68	공기 오븐 (105 ℃ 에서 4시간)
	Des.	25	71	
아라비카	Ads.	35	69	
	Des.	35	72	
로부스타	Ads.	25	67	
Ads	Ads.	35	69	
아라비카	Sorp.	30	63	

통상적인 절차에 따라 완전한 등온선의 그래프 표현에서 백분율 수분 함량은 Y축에 위치하며 백분율 ERH 또는 물 활동도(a_w=% ERH/100)는 x축에 위치한다. 수분은 오히려 '있는 그대로' 기준(또는 중량/중량)보다는 건조 기준으로 표시된다. 무역 목적으로 후자는 보편적이다. 수착 등온선은 단일층 수분 함량 또는 물이 자유롭거나, 거의 결합되지 않은 때의 함량을 평가하는데 사용된다. 이것은 오직 BET 방정식이 a_w와 수분 함량 사이의 관찰된 관계를 만족스럽게 표현했을 때, 타당하다.

$$\frac{a_w}{(1-a_w)X} = \frac{1}{X_mC} + \frac{a_w(C-1)}{X_mC}$$

여기서 a_w는 건조 기준에서 표시되는 백분율 수분 함량(X)에서 물질의 물 활동도이며, X_m은 단일층 수분 함량이며 C는 상수이다. 하지만 생두는 이 방정식에 거의 일치하지 않는다는 것은 명백하다. 이것은 Stirling 의 자료가 아닌 Ayerst 의 자료검토로 Iglesias 와 Chirife에 의해 밝혀졌다.

Iglesias 와 Chirife는 25도 아라비카 커피의 흡착에 관해 Kuhn의 방정식이 더 좋은 상관관계를 제공한다라는 것을 발견했다.

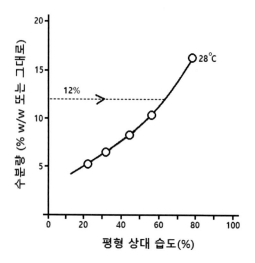

그림 2-1 28 ℃ 케냐 아라비카 커피의 수분 함량(% w / w)과
평형 상대 습도 (%) 사이의 관계

$$X = \frac{B(1)}{\log a_w} + B(2)$$

여기서 B(1)그리고B(2)는 통계학적으로 측정된 상수이며, B(1)=-2.621 and B(2) = 5.676 의 값을 가진다. a_w의 낮은 값에서는 정확 또는 이용가능 데이터로서 불충분할지도 모른다. 보다 높은 온도에서는 거의 항상 동일 수분 함량에서 a_w값은 증가하며, 주어진 a_w가 그렇지 않으면 수분 함량은 보다 낮아지며, 이것은 생두에 관한 자료에서 확인되었다. 다른 온도에서 취해진 등온선들은 결합된 물의 흡착 열을 측정할 때 사용될 수 있다.

그리고 그것은 열량 측정법으로 측정될 수 있다. 이 열은 보통 증발 잠열 이상, 증발 시 추가적으로 공급될 필요가 있다. 데이터가 충분하지 않다. 더욱이 대기보다 낮은 압력에서의 등온선은 관련성이 있다. 자유수의 존재 또는 부재는 식품류의 저장 안정성과 관련되어있다. 일정량의 물의 활동은 곰팡이가 자라기 전에 필요하다. 곰팡이에 의한 생두의 잠재적 부패는 특히 중요한 상업적 고려사항이다. 일반적으로 생두에 관한 곰팡이 성장은 수분함량이 13%(w/w)을 초과했을 때 시작하는 것으로 알려져있다. 예를 들어 프랑스 법은 13% 이상인 수치를 갖는 커피의 수입을 금하고 있다. 이러한 수준은 67%의 ERH 비율에 해당되며, 대부분의 곰팡이 발생을 시작하려면 적어도 0.65의 물 활동도가 필요하며 최적으로는 0.85이라는 것은 다른 일반적 정보와 일치한다. 다른 온도/습도 환경에서의 생두의 저장성에 관한 많은 연구들이 이루어져왔다. 표준은 Stirling과 Multon에 의해 만들어졌다. 생두에서의 물 확산 계수, 특히 더 높은 수분함량에서는 물 흡수에 의한 팽창효과는 상업적으로 중요한 요소이며 거의 공표되지는 않았다.

3. 파치먼트 커피의 수분함량

생두가 도정을 거쳐 얻어지는 파치먼트 커피는 습식 공정의 가장 마지막 단계이며, 수입 국가보다는 수출 국가들에게 더 중요한 단계이다.

케냐산 아라비카 커피에 관한 몇 가지 정보들을 볼 수 있는데, 여기에서는 Wootton은 수분 측정법을 사용했으며 Kulaba와 Henderson는 흡착에 관해서 그리고 Stirling은 저장 가능성에 관련된 등온선을 이용한 자료들을 내놓았다. 습한 파치먼트 커피는 약 50% 정도의 수분을 함유하고 있으며 11%가 될 때까지 햇빛이나 기계를 통해 (또는 둘 다) 건조된다. Wootton은 생두의 수분 측정을 위한 케냐의 2단계 건조법에 대해 설명하고 있다.

Stirling은 등온 흡습 곡선을 내놓았는데, 이것은 주어진 ERH 백분율에서 파치먼트 커피의 수분 함량을 보여주며, 수분함량이 높은 경우를 제외하고, 생두가 섭씨 28도에 있을 때의 측정값과 매우 비슷하다는 것을 보여준다. Kulaba와 Henderson은 섭씨 25도일 때 탈착이나 흡착 곡선 사이에서 큰 이력현상이 나타나지 않았다고 보고했으며, 전체적으로 등온 흡습 곡선이 완만한 경사를 이루었다고 한다. 그럼에도 불구하고, 파치먼트 커피를 건조하는 동안 물리적으로 구별되는 6개의 단계가 관찰되었다.

4. 로스팅 커피의 수분 함량

로스팅이 끝나고나서 물을 첨가하지 않았거나, 로스팅 후, 즉시 커피를 제조했을 경우 수분 함량이 0%일 것이라고 생각하는 것은 당연하다. 특히 다크 로스팅을 한 커피라면 말이다. 그러나 로스팅한 원두는 로스팅이 끝난 후 냉각 과정 등에서 공기 중에 있는 수분을 즉시 빨아들인다. 로스팅 후 그라인딩한 커피의 수분 함량을 종종 확인해야 할 필요도 있다.

수분 함량을 측정하는 또 다른 오븐 방법들은 상대적으로 거의 공표가 안되었다. 이것과 관련된 국제적 또는 영국 방식은 아직 없다. 프랑스에서 나온 AFNOR 기준은 로스팅한 커피 15g을 빠르게 그라인딩 한 후 샘플로 5g을 떼어내어 섭씨 103도의 오븐에서 16시간 동안 건조시킬 것을 권장한다. AOAC의 12판에서는 섭씨 100도의 진공 오븐에서 5시간 30분을 권장하고 있다. 로스팅 커피로부터 수분을 방출시키는 것이 생두에서 보다 쉬울 거라고 예상되지만, 그라인딩 기술 선택과 더불어 오븐 공법을 위한 온도, 시간 및 다른 조건들을 선택과 함께 적용해야 할 것이다. 그라인딩 과정에서의 열의 영향과는 별개로, 원두의 더 잘 부서지기 쉬운 특징 때문에 수분흡수가 작을 것이며, 샘플을 제조 시, 커피가 수분을 흡수하는 문제점이 발생할 수도 있다.

4.1 흡착 등온선

흡착 등온선은 Hayakawa와 학자들에 의해 로스팅 커피와 분쇄 커피에 대해서 공표되었다. Hayakawa와 학자들은 상대습도 10%에서 60%까지 포괄하기 위해 순수 황산을 포함하며, 포화된 염 용액을 함유하며, 초기 수분 함량이 3.44%(w/w)인 로스트 및 분쇄 커피의 작은 샘플들을 20도 그리고 30도 2개의 온도의 건조기에 노출시켰다. 수분 함량은 AOAC 진공 오븐 방법(건조 기준)에 의해 측정되었다. 그 결과로 생긴 등온선(혼합된 흡착-탈착)들은 그림2-2에서 보여준다. 그리고 특히 20도에서 매우 특징적인 S모양 곡선을 보여준다. 이 등온선은 높은 수분함량은 로스트 및 분쇄 커피를 보통 유럽 습도(60-80%)의 주변 공기에 예상되는 품질수명과 관련된 적절한 시간동안 노출시킴으로서 얻을 수 있다.

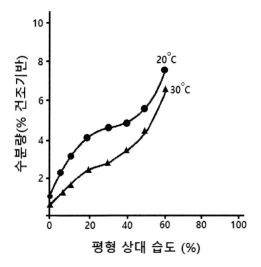

그림 2-2 20 ℃ (●) 및 30 ℃ (▲)에서 로스트 및 분쇄 된 커피의 수분 함량 (% 건조 기준) 및 평형 상대 습도 (%)의 관계.

일반적으로 로스트 그리고 분쇄 커피는 만족스러운 품질에 약 25도에서 18개월의 기대 수명을 갖으며, 4-5%의 수분함량을 초과하지 말아야만 하는 팩 안에 진공도와 수분 함량에 의존적이라는 것을 명심해야만 한다. Hayakawa외 학자들은 20도에서 단층 수분함량을 3.73%유 그리고 30도에서는 2.2%라고 측정했지만 Iglesias 그리고 chirife는 재측정을 통해 20도에서 3.2%의 수치를 제공했다. Iglesias 그리고 chirife는 1981년 그들의 방정식 $x=B(1)[a_w(1-a_w)]+B(2)$가 기본 데이터에 대하여 최적의 상관관계를 나타낸다는 것을 보여주었다. 여기서 20도에서 $B(1)=2.87$ 그리고 $B(2)=3.07$ 이다. Hayakawa외 학자들은 또한 단층 흡착열을 측정했다. 그리고 이것이 20도에서 물 1g당 113.3, 30도에서 106.1이 나온다는 것을 알아냈다. 이 수치들은 자유 수의 증발 잠열(부합하는 온도에 대해 1g당 약 650cal)과 비교될지도 모른다. 흡착 등온 곡선의 모양과 상응하는 측정된 단층 수분함량은 로스트 정도와 분쇄정도(입자 크기)에 의존 될 것이다. 이 요소들 모두 커피의 다공성에 영향력을 미칠 것이다. 그러므로 표면지역은 흡착에 관해 활성화된 사이트로 이용가능하다. 단층을 너머 기공 안 모세관 인력에 의해서 수분 흡착에 대한 추가적 구역이 존재할 것이다. 로스트 및 분쇄 커피는 물이 눈에 가시적으로 보이기 전에 일반적으로 건조 커피의 중량의 2.5배(즉 71%db)가 되는 물의 많은 양을 흡수할 것이다. 가능한 모든 범위의 물함량은 수많은 방법으로 묶여있게 되거나, 자유롭게 될 것이다. Diaz는 다른 조건 하에 제조된 로스트 커피에 대해 핵 자기 공명 연구의 결과를 보고했다. 그는 1% 이상의 물은 확실히 잡혀있으며, 1%에서 5%사이는 약하게 잡혀있고, 5%에서 10% 사이는 낮은 유동성을 가지며, 10%이상은 유동성을 갖고 있다는 것을 고려했다. Hayakawa외 학자들은 디카페인화된 로스트 및 분쇄 커피에 대해서 흡착 등온선을 측정했다. 그리고 그것은 halsey 방정식에 특히 적합한 데이터에 다소 낮은 단층값(즉 20도 2.5%, 30도 1.6%)을 나타냈다.

5. 인스턴트 커피의 수분 함량

분무 기법이나 냉각 건조 기법 등의 과정을 거친 여러 가지 형태의 인스턴트 커피들이 있다. 인스턴트 커피는 생두와 비교했을 때 수분 함량 측정 시 별 어려움이 없지만, 원두의 경우에는 정도에 따라 여러 가지의 휘발성 물질을 함유할 수도 있다.

5.1 측정방법

건조 오븐 측정법이 또다시 인기가 있으며 편리하다. 오래된 국가 표준에 공표된 방법들은 오븐 온도 섭씨 100~105도를 사용하며 명백한 일정 중량이 될 때까지 건조시킨다.

바람직하지 않은 물 형성으로 인한 분해를 최소화시키기 위해 진공 건조시 섭씨 70도가 가장 좋다. ISO 기준, 2 IS 3726이 있으며 비슷한 기준의 영국, 독일, 프랑스 방식이 있다. ISO/TC34/SC15와 German Standards Institute (DNA)에 의한 협력 연구들이 이 절차의 정확한 세부사항을 뒷받침하고 정밀 데이터를 제공했다. IS 3726은 3g의 샘플을 사용하며 선반 온도 섭씨 70도(± 1)에서 16시간 동안 건조시키고 이 때 절대 압력이 5000 Pa인 진공펌프를 사용한다. 오븐은 건조제를 포함한 두 개의 건조 기둥을 통해 소량의 공기가 밖으로 빠져나가도록 설계되어 있어야 한다. 그러나 이 방식은 오븐 건조시 질량손실 측정이라는 제목이 붙여져 있으며 더 자세한 설명을 필요로 한다.

Haevecker는 독일 표준 기관의 협력 연구의 결과를 보고 했다. 결과의 재현성을 높이기 위해서는 온도도 중요하지만, 진공 상태도 최소 100 Torr (100 mm Hg)가 되어야 한다고 했다. 정밀데이터는 표 2-2와 같이 두 가지 협력 연구에 대하여 비교된다. Haevecker는 '향'이 포함된 냉각건조법을 거친 인스턴트 커피에서 유사한 결과를 얻어냈지만, 그 '향'의 특징에 대해서는 언급하지 않았다. 또한 그는 이 방법을 통해 한 실험에서의 정확도를 신뢰 한계 99%에서 최소 ±0.05% (평균값)를 얻으려고 한다면 4개의 측정을 평균해야할 필요가 있다고 결론을 내렸다. 여러 실험실에 대해 각각은 8개의 측정을 수행해야만 한다. ISO자료는 반복성과 관련된 더 나은 정밀도를 보여주며, 이로 인해 같은 실험실에서 두 가지 측정법을 사용했을 때 2가지의 차이가 2.83 x 0.026 또는 1% 이내가 될 것이라고 예상된다.

비교적 짧은 시간을 요하는 Karl Fischer 측정법도 널리 사용된다. 같은 협력 연구에서 Haevecker는 진공 오븐을 사용한 같은 샘플들에서 약간 증가된 수분 함량 평균값(0.05~0.10%)을 얻었다고 보고했다. 정밀 데이터도 또한 유사했으며 반복성의 표준 편차는 약간 더 높게 나왔다. 추출 용제로는 메탄올이 사용되었다. Chassevent도 진공 오븐과 Karl Fischer 측정법을 이용한 자세한 실험 결과를 내놓았다. 냉각 건조법을 거친 37개의 커피와 분무 건조법을 거친 20개의 커피들은 일반적으로 다소 낮은 수분 함량을 가졌다고 보고했다. 그녀는 인스턴트 커피에 Karl Fischer 측정법을 직접적으로 적용했을 때 일정한 결과가 나왔다고 했으며, 분무 건조를 거친 시료의 경우 진공 오븐법을 적용했을 때 비슷한 결과를 보였지만 냉각 건조를 한 경우에는 약간 낮은 수치를 보였다고 결론지었다.

표 2-2 인스턴트커피의 수분 결정을 위한 공동 연구자료. (분무 건조)

연구	No. 결과 %	평균 값(%)	반복성 (%)		재현성 (%)	
			S_r	CV	S_R	CV
DNA	60	2.3	±0.10	±4.3	±0.12	±5.2
ISO	10	(1) 3.35	±0.037	±1.10	±0.15	±4.4
		(2) 4.68	±0.023	±4.4	±0.16	±3.4

사용된 진공 오븐 공법에서 오븐 그리고 선반 온도는 섭씨 70도(±2),

압력은 10-20 mm Hg에서 6시간 동안 건조 했다는 것을 꼭 알아두어야 한다. 샘플의 양은 2g이었고, 건조기는 오븐과 직접적으로 연결되어 있었다. 섭씨 103도에서 16시간 동안 대기 오븐 가열 시켰을 때 눈에 띄게 높은 수치를 나타냈지만, 생두에 기준 방법을 사용했을 시(진공상태에서 섭씨 48도에서 72시간)에는 매우 유사한 값이 나왔다. 이 연구에서 메탄올을 통해 수분을 추출하는 방법(효과적인 그라인딩과 함께)도 테스트되었다. 분명하게 원심 분리된 용액은 적외선 흡수 기술 또는 Karl Fischer 시약으로 수분 함량 측정을 위해 사용되었으며, 대부분의 경우 평균값은 진공 오븐법이나 직접적 Karl Fischer 방법을 적용한 것 보다는 조금 높게 나왔다.

생두와 마찬가지로 오븐 공법을 이용해 얻은 결과에 영향을 미치는 여러 가지 요소들에 대한 정보를 제공하는 자료의 수는 많지 않으며, 또한 Haevecker가 언급한 것 외에는 일정 무게에 대한 접근법도 거의 없다. 섭씨 70도, 100 mm Hg 압력에서 16시간동안 진공 건조시 최적의 시간이며, 최대 24시간까지 건조시켰을 경우 굉장히 미미한 증가율을 보였다. 반면 8시간을 건조시켰을 경우 약 0.2%정도 낮은 수치를 보였다. 적외선 열을 이용한 신속건조법도 많이 쓰이는 편이며, 팬에 놓인 샘플의 무게를 연속해서 측정하는 방법과 함께 쓰인다. 다양한 오븐 공법들과 마찬가지로 더 긴 오븐 건조 시간과 관련된 허용가능한 기준 방법에 의해 기준 샘플들을 측정한 수분 함량과 비교하며, 20분 이후 질량손실에 따라 열을 중단하는 것이 가능하다. 그러나 경험에 의하면 적외선 램프의 정확한 위치에 따라 신뢰성이 떨어지며, 그리고 일반적으로 인스턴트 커피에는 별로 권장하지 않는 방법이기도 하다.

인스턴트 커피의 수분 함량이 상대적으로 낮기 때문에 유전체 및 다른 유사 유형의 수분계량기에 사용하는데 부적합하다. 그러나 적외선 반사 계량기를 이용한 측정법은 수분 함량을 측정하는데 만족스럽고 신뢰가 가는 결과를 얻어낼 수 있는 방법이라는 것이 입증되었다. 현재 커피 시장에는 상당수의 상업용 모델들이 있으며, 이것들은 측정기의 머리 아랫부분에 소량의 인스턴트 커피 샘플을 놓으면 즉시 눈금판을 읽는다. 이 계량기들은 수분 함량이 선형을 이루는 것이 발견되면 기존의 참고 방법(예를 들어 이미 기술된 진공 오븐 방법)에 따라 보정되어야 한다. 그러나 이러한 보정작업은 각 인스턴트 커피의 입자 크기 그리고 색에 따라 각각 이루어져야 한다. 적외선 반사는 근본적으로 자유 수분에서 이루어지므로, 다른 양의 결합수나 단층수를 포함한 인스턴트 커피의 종류 또한 보정 작업에 영향을 미칠 것이다. 그러나 이런 계량기들은 정기적인 품질 관리의 과정에서 때로는 필요할 때도 있다. 수분은 파장이 1.43과 1.93μm에서 후자의 경우 더 세게 흡수한다. 적외선 흡수법도 수분 함량을 측정하는데 쓰이기는 하지만, 반사기는 흡수와 반사의 상호 의존도를 기준으로 측정하는 것이며 훨씬 간편하다. 1.7 μm정도의 수분에 의한 적외선 방사는 흡수가 없는 중립 기준 파장과 비교해보았을 때, 반사기 파장에서 나오는 반사율은 수분 때문에 그 강도가 약해진다. 측정과 반사 파장의 비교는 동시에 이루어진다. 두 파장의 강도비율은 전자적으로 측정된 뒤 증폭되고 표시, 기록된다. 일반적 원칙은 1963년 Hoffman에 의해 창안되었지만 이 상업용 계량기에 여러 가지 종류의 인스턴트 커피를 적용한 결과는 Paardekooper 등 다른 사람들이 기술했다. 그들은 주어진 인스턴트 커피 유형에 대해 오직 ±0.12% 의 오븐 측정 수분함량의 표준편차로 0-8%의 범위 내의 선형 상관관계를 보고햇다. 평균 입자의 크기차이가 가장 큰 편차 효과를 갖는 경우, 검사한 모든 인스턴트 커피로 부터 합산한 자료의 편차가 더 컸으며 이 때 표준편차 ±0.25%였다.

5.2 등온 흡습 곡선 (Sorption Isotherms)

인스턴트 커피의 등온 흡습 곡선들은 몇 가지 나와있는 상태이며 주로 Hayakawa를 비롯한 여러 사람들이 내놓았다. 이들은 분무건조, 냉각건조, 디카페인커피, 로스팅 커피, 그라인딩 커피 모두를 사용한 자료를 제공하였다. 등온 흡습 곡선은 완전한 S모양이며 그림2-3과 2-4에서 잘 보여주고 있다. BET 공식을 적용함으로써 그들은 또한 본질적으로 같은 결과를 제공하는 같은 데이터를 Iglesias와 Chirife가 수행 계산하여 단층 수분함량 값도 얻었다. 표2-3은 상업용 인스턴트 커피로부터 얻어낸 결과를 보여준다. 수분 함량은 1975 AOAC 진공 오븐법에 의해 측정된다.

이 결과들은 흥미로운 사실을 알려준다. 냉각 건조를 거친 샘플들은 분무건조/덩어리로 된 샘플들 보다 더 높은 수분 흡수율을 보였으며, 이것은 단위 중량당 표면이 더 높은 표면적을 뜻하며 알갱이의 높은 다공성을 뜻하기도 한다. 인스턴트 커피에서 얻은 결과들이 다른 이유는 입자의 크기 때문이거나 건조/응집 과정에서의 일어난 변수 때문일 것이다.

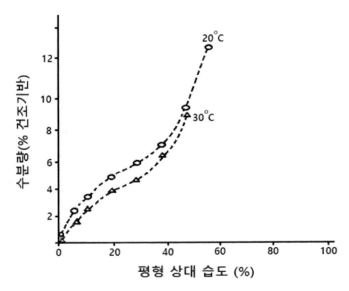

그림 2-3 동결 건조 커피의 2CTC (○) 및 30 ℃ (△)에서의 수분 함량 (% 건조 기준)과 평형 상대 습도(%)

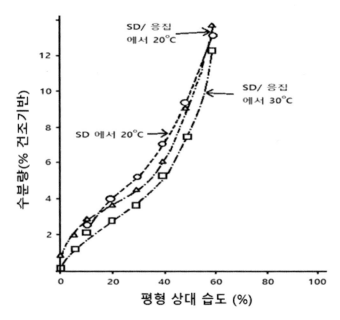

그림 2-4 수분 함량 (% 건조 기준)과 20 ℃ (○---○)의 분무 건조 커피
및 20 ℃ (▲-+-▲) 및 30 ℃ (□---□)의 분무 건조 / 응집
커피에 대한 평형 상대 습도 (%)

표 2-3 두 가지 다른 온도에서 다양한 인스턴트 커피의 단층 수분 함량

타입	단층 수분 함량(%)		초기 수분 함량(%)
	20℃	30℃	
카페인 제거전:			
분무 건조/응집	3·6	3·1	3·50
냉동건조	4·5	3·9	1·65
카페인 제거후:			
분무 건조/응집	3·5	3·5	4·18
냉동건조	5·0	4·3	0·92

    지금까지의 내용을 바탕으로 살펴보면 실제 수분 함량이 풍미, 품질의
저하 속도와 관련이 되어있다는 것은 분명하며, 분무건조/덩어리로 처리된
커피보다 냉각건조된 커피가 변화에 영향을 덜 받는다는 사실이다. 커피
의 디카페인화 과정이 인스턴트 커피의 흡수하는 성질에 직접적인 영향을
미친다는 것은 명확하지 않으며, 그보다는 오히려 전체적인 공정에서 얻

어진 특정 과립 특성을 반영한다. 따라서 인스턴트 커피에 함유된 단일층 수분 함량은 커피 추출물이 건조되어 종래의 수분 수준에 부합하는 것의 약 3~5%정도이다. 그러나 실제적으로 현저하게 다른 개별 값이 발견된 다는 것에는 의심의 여지가 없다. 그러나 Iglesias 및 Chirife는 상대습도 퍼센트와 수분 함량에 관계된 다른 방정식들이 더 나은 상관관계를 보여 주었다고 주장한다(예: Halsey나 Iglesias-Chirife 방정식등). 각각의 인스턴 트 커피에서 주어진 수분 상대습도에 대해 온도가 더 낮은 환경에서 수분 흡수가 잘 일어났다. Hayakawa 등 다른 학자들이 기온 섭씨 20도에서 1g H_2O 당 90칼로리일 때의 단층열이 흡수한 열을 계산하였다. 그는 Clausius-Clapeyron 방정식을 2개의 다른 기온에서 측정했을 때 온도가 낮은 곳에 서 더 낮은 결과를 보여주었으며, BET 방정식을 사용해서 얻은 결과값보 다 2~8배 정도 더 높게 나왔다고 했다.

5.3 융합 및 붕괴 온도

일반적으로 수분을 함유하고 있는 탄수화물 물질들은 '점착' 포인트라 는 것을 가지고 있는데, 이것은 특정한 온도에서 표면이 끈적해지는 현상 을 보여준다. 과학적 테스트로는 다소 임의적이기는 하지만, 이 온도는 탄 수화물의 수분 함량에 따라 전적으로 좌우되며, 수분 함량이 많을수록 점 착 포인트는 낮아진다. 이 연구는 여러 학자들에 의해 연구되었다. 점착포 인트는 분무건조법에서 매우 중요한데, 그 이유는 수분이 함유된 정도와 관련해서 온도가 발산되는 적절한 지점을 선택해야 하기 때문이다. 포도 당과 과당이 자당과 같은 수분 함량일 때 더 낮은 점착포인트를 갖고 있 으며, 반면에 말토덱스트린은 일반적으로 높은 편이다. 인스턴트 커피도 응집 기술을 사용하고 융합 지점이라 불리는 이와 같은 현상을 보여준다. 그림 2-5는 수 많은 탄수화물 물질의 관계를 설명한다. 다른 식료품 가루 와 인스턴트 커피의 점결성(caking)도 서로 연관된 현상이다. 상온보다 높 은 온도에서의 등온선은 해당 휴지점(break-points)을 나타낼 가능성이 있다. 점착포인트는 또한 냉각 건조법에서 흔히 말하는 '붕괴' 현상과도 관련이 있다. 일부 탄수화물을 함유한 용액들의 경우, 어는점이 매우 낮지 않은 이상 낮은 수분함량을 갖게 하는 즉각 냉각 건조가 될 수 없다.

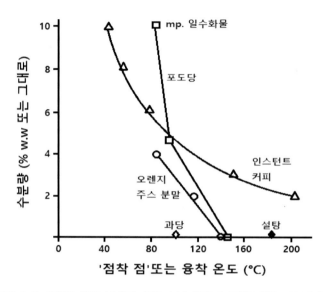

그림 2-5 다양한 식품 분말에 대한 수분 함량과 '점착 점'온도의 관계 :
오렌지 주스, ○---○; 즉석 커피, △---△; 포도당, □---□;
과당, ◇; ◆ 자당.

온도가 -30∼-40℃되기까지 충분하게 낮지 않는다면 주요 기질을 형성하는 공융혼합물(eutectic)이 다공의 구조를 무너뜨리며 점차 점성을 띄게 될 것이다. 소위 붕괴 온도는 점착포인트와 연관하여 다른 탄수화물의 운동과 병행을 이룬다. 그러나 인스턴트 커피는 상대적으로 높은 '붕괴'온도와 '점착포인트'를 가지는 경향이 있다.

6. 커피 추출물의 수분 함량

로스팅 커피에서 추출된 커피 추출 용액은 넓은 범위의 수분 함량을 가지고 있다. 집에서 흔히 내려 마시는 커피는 최대 99%(w/w), 증발과정 후에는 최소 30%까지 다양하다. 그러나 이런 추출물을 취급할 때 점도고려는 실제로 제한적일 것이다. 그러나 인스턴트 커피는 페이스트에서 액상 커피 추출물까지 다양하다.

액상 커피 추출물은 가용성 고형물과 수분 함량에 따른 물리적 혹은 물리화학적 속성들을 가지고 있으며, 또한 어떤 방법에서는 커피 가용물의 실제 조성에 따라 달라지며, 이는 로스팅 커피로부터 얻을 수 있는 가용물 생산량이나 로스팅된 색, 블렌드 등에 따라 달라지는 커피의 구성에 따라 달라지기도 한다. 이러한 특성 중 많은 부분은 가공 과정에서의 중요 변수와 직접적인 관련이 있는 반면, 알려지지 않은 커피 추출물 외에 다른 속성들은 용해성 함량을 빠르게 측정하는 수단으로 사용된다. 이 속성들에 대해 하나씩 살펴보겠다.

6.1 수분 활동도

Nemitz는 Nescafe를 포함하여 20°C에서의 표준 절차를 통해 검토했다. 여러 가지 식품들의 수분 함량과 상대 습도(활동)의 평형관계에 관한 자료들을 내놓았다. 하단부의 자료는 앞에서 언급한 등온 흡습 곡선에 관한 자료를 제공하면서 데이터는 5%에서 95%까지 전체 범위에 걸친 평형 상대 습도를 포함하고 있다. 추출 용액에 관한 자료는 그림2-6에서 잘 보여주며 또한 주로 분무건조법에서 사용되는 말토덱스트린과 자당도 비교해 주고 있다. 유사한 형태의 곡선이라는 것은 분명하다. Norrish[29]는 특히 단당류/다당류 물질의 등온 흡습 곡선 연구에 관해 연구했고 그 결과가 2진법 방정식과 잘 맞아 떨어진다는 것을 알아냈다.

$$\log \gamma_1 = \log \frac{A_w}{x_1} = K_2 x_2^2$$

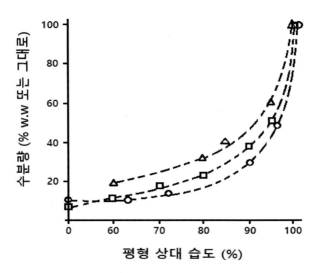

그림 2-6 다른 탄수화물 용액에 대한 수분 함량 (% w / w)과 평형
상대 습도 (%)의 관계 : □---□, 20℃에서 커피 추출물; ○---
○ 30℃에서 20 DE 말토덱스트린; △---△, 25℃에서 자당.

  참고로 Aw는 수분 활동도, y_1은 활동 계수, x_1은 현존하는 몰분율, x_2
가용성 고형물의 몰분율, K_2는 $0.434C_{12}/RT$로 주어진 특정 용액에 대한
상수를 나타낸다. 상수 C_{12}는 혼합으로 인한 자유에너지의 변화(AF^E)에 따
른 열역학적 파생값이며 (혼합의 1몰 단위) $C_{12}X_1X_2$와 같다. 실제로 등온
흡습 곡선은 대개 w/w 기준으로 수분 함량 백분율을 근거, 표기된다. 가
용성 고형물의 분자량이 알려진 경우에는 이 방정식의 목적을 위해 몰분
율을 측정하는데는 아무런 문제가 없다. Norrish는 다중 성분 혼합물도 검
토했는데, 사실상 이것들은 대부분 포도당 시럽이거나 말토덱스트린이었
다. 엄밀히 말해서, K_2와 K_3의 각각의 2진법 결과들을 알아야 하지만, 실
제로 분자 무게의 평균의 사용은 만족스러운 결과를 보여주었다. 이 분자
량은 K_2가 농도에 따라 최소로 변할 때의 것이며 다른 DE 측정값의 말토
덱스트린의 예를 들면,

분자무게=660 - 4.8DE 가 된다.

Van Lijn은 Kerkhof와 Schoeber의 말토스 용액의 실험(분자무게 342)에서 얻은 자료들이 작은 보정계수가 적용가능하지만 낮은 활동도를 제외하고는 효과가 크지 않다는 점을 제외하고는 적합한 유사한 방정식이라는 것을 알아냈다.

$$\log A_w / x_1 = K_2 x_2^2 + K x_2^3$$

K_2의 값은 -1.94이고 섭씨 20도에서는 +2.4이며, 이 값은 64 DE 말토덱스트린과 다소 유사하다.

Nemitz의 특별한 커피 추출물이 0.70 또는 그 이상으로 활동을 보이며 이것은 말토스 용액과 비슷하다는 것을 분명하게 보여준다. 정확한 곡선 맞춤 기술에는 K값과 커피 추출물에 대한 활동 분자량이 설정될 필요가 있다. 이것은 결국 말토스 용액의 값(MW=342)과 비슷하게 나올 것이며, 커피 추출물에 이렇게 높은 분자 무게를 가진 물질이 존재하는 것은 놀라운 사실이다. 그러나 커피 추출물은 단백질이나 클로로젠산 등의 매우 복잡한 다중 성분으로 이루어져 있어서 Norrish와 다른 학자들은 이런 성분 간의 상호 작용에 관한 가정이 유효하지 않을 수 있다고 했다. 액체의 등온 흡습 곡선에 미치는 기온의 영향은 미미하며, 특히 활동량이 낮을 때 일수록 더 적다. 수분 활동은 주어진 수분함량에 대해 더 높은 온도에서 더 활발히 일어난다.

$$\frac{\partial \ln \gamma_1}{\partial T} = -\frac{\Delta \bar{H}_1}{RT^2}$$

6.2 수용성 물질 성분의 직접 측정

인스턴트 커피의 경우와 동일한 커피 추출물에 있는 수용성 물질들은 거의 건조된 상태의 샘플을 증발시켜 마무리 진공 오븐 건조로 측정된다.

증발 시에 일어나는 범핑(bumping)을 막기 위해 순수 바다모래를 사용하는 완료 과정은 독일 표준에 속한다. 그러나 커피 추출물은 추출 과정이나 내리는 과정에서 생기는 커피 찌꺼기와 같은 소량의 불용해성 물질을 포함하기도 한다. 만약 측정하는 목적이 순수 가용성 고형물의 농도를 측정하기 위한 것이라면 추출물은 적절한 종이 필터에 조심스럽게 걸러져야 하며, 이렇게 해야지 가용성 고형물의 농도가 변하지 않는다. (예: 진공 여과가 아닌 것). 그러나 추출 후 몇 시간 동안 방치된 커피 추출물은 추출 후에 용해되거나 콜로이드 용액으로 용해되는 불용해성 물질이 침적될지도 모른다. 그러므로 측정은 가능한 한 빨리 하는 것이 좋으며, 그렇지 않으면 여과 과정에서 약간 다른 결과를 초래할 수도 있다. 증발 추출이나 인스턴트 커피를 다시 녹여서 얻은 추출물은 적당한 비율(순수 가용성 고형물의 경우 최대 3%)의 콜로이드 입자(사이즈 당 100 μm)를 가지고 있다. 이 콜로이드 입자들은 커피의 한 부분으로서 우연히 생긴 커피 가루들과는 다르기 때문에 인스턴트 커피에 들어있는 가용성 고형물을 측정하는 방법은 국제규격(International Standard)에 속한 100μm의 구멍 사이즈를 가진 필터를 사용하여 여과하며, 무게 측정은 아무 필터나 사용해도 무방하다. 소량의 커피 오일이 커피 추출물에 들어있을 때도 있지만 이것은 주로 다 분산되며 5 μm 사이즈의 여과지를 통해 다 걸러진다. 이렇게 측정된 용해성 커피의 농도는 비중이나 굴절률과 같은 간접적 측정법을 위한 절대적 측정법으로 사용된다.

6.3 추출물의 비중과 굴절률

커피 추출물의 용해성 물질 농도(%w/w)는 주어진 온도에서 비중과 굴절률에 모두 선형적으로 연관되어있다. 기술적 목적으로 Sivetz와 Desrosier이 인스턴트 커피의 제조과정에서 얘기한대로 표와 그래프들은 특정 범위 안에서의 관계를 보여주기 위한 것이며, 가끔 커피 종류의 추출량이나 색, 혼합 정도에 따라 조금씩 달라질 수 있다. 그러나 더 핵심적인 용어로 관계를 분석하는 연구들의 숫자는 턱없이 부족한 편이다. 커피 추출물은 주로 설탕 용액과 비교되며 이 때 Brix 측정값이 언급된다. sivetz와 Desrosier의 실험으로 얻어낸 전형적인 자료를 살펴보면 가용성 고형물이 같은 농도(% w/w)일 때, 커피 추출물이 자당 용액보다 약간 더 높은 비중과 굴절률을 보여준다. 그리고 농도가 더 진할수록 차이도 커진다. 자당 용액의 측정값은 잘 정립되어있다.

간단한 관계는 특정 범위 안에서 구성되어있다. 즉, %(w/w) 커피 가용물의 농도

$$= a(°Brix) - b$$

여기에서 a와 b는 상수들이다. 예를 들어, 자료에서 a= 0.875, b= 1이고 범위는 16-20° Brix 일 때, 20° Brix에서 16.5%의 커피 용액 농도를 얻어낼 수 있으며, 비중은 1.0700(물이 섭씨 0도일 때와 비례), 굴절률은 지표에서 1.36384이다. 약 0.2%의 농도의 차이를 계산하기 위해서는 매우 정확한 비중과 굴절률을 소수점 4번째 자리까지 구해야 한다. 더 넓은 범위의 용해성 농도에서의 관계를 알아내려면 더 복잡한 방정식이 필요하다. 게다가 비중과 굴절률 계산은 온도나 다른 절대적 값에 따라서 영향을 받는다.

6.4 점성

점성(μ)은 오스왈드 점도계(Ostwald viscometer)를 사용하여 CPS(센티포아즈)라는 단위로 측정된다. 커피 추출물의 점성은 그래프로 %(w/w)의 용액 농도와 관계가 있으며, 주어진 온도에서 후자를 로그 점성에 선형적으로 놓아 구한다. 청정수부터 시작해서 자당용액까지 최대 농도 30%까지 거의 직선에 가까운 관계를 보여주고 있다. Sivetz와 Desrosier이 커피 추출물의 자료를 제공했지만, 실제로는 추출물의 다른 혼합, 로스팅된 색상,

생산량에 따라서 결과가 달라질 수 있다. 표 2-4는 주어진 온도 섭씨 27
도에서의 자료들을 비교하여 보여주고 있다.

이 자료에서 가장 눈에 띄는 특징은 40%(w/w) 고형물 농도에서, 특히
커피 추출물에 대한 관계의 변화이다. 그러나 커피 추출물은 브룩필드타입
(Brookfield-type) 점도계의 자료에서와 같이 매우 비뉴튼(non-Newtonian)적
으로 변한다(점성은 전단 변형력과도 관계가 있다). 그러므로 커피 추출물
의 자료들은 매우 정확하게 제시되지 않는 한 별로 신뢰가 가지 않는다.

표 2-4 27℃에서 커피 추출물과 자당용액의 점도에 대한 가용성 고체의 농도.

용액	점도 (Cp) 농도 (w / w)				
	0%	10%	20%	40%	60%
자당	0.85	–	1.63	4.88	40
커피추출물	0.85	0.9	1.9	11	~500

표 2-5 점도에 대한 온도의 영향

온도	점도 (cP)가용성 고체의 농도(W/W)				
	0%	10%	20%	40%	60%
자당. 4℃	1.56	–	3.24	12	210
자당. 93℃	0.31	–	–	1.07	3.90
커피 추출물. 4℃	1.56	1.6	3.1	15	아주 높음
커피 추출물. 93℃	0.31	0.3	0.5	2	10

점성이 있는 다른 액체, 용액들과 더불어 점성은 온도 의존적이며 아래
와 같은 관계를 보인다.

$$\log \mu = a + b/T$$

여기서 a와 b는 추출물의 주어진 가용물 농도의 상수들이며 T는 °K일
때의 온도를 뜻한다. Sivetz와 Desrosier가 제공한 자료를 사용했을 때 표
2-5는 다른 농도일 때 온도가 주는 영향을 보여주며 여기는 자당이 기준

물질로 사용되었다. 이 자료들을 표2-4와 결합해보면 각각의 사례 마다 log μ 와 1/Tis의관계는 꽤 선형을 이룬다. 그러나 물의 경우, 기울기(b)는 가용성 고형물의 농도가 증가할 때 같이 증가하는 것을 볼 수 있다. 이 커피 추출물과 관련된 더 심도 있는 자료는 아직 많이 나오지 않고 있다.

커피 추출물의 경우, 단백질이나 다당류(아라비노갈락탄과 불확실한 분자무게의 매넌) 및 기타 복합체 물질과 같은 거대 분자물질들이 전체적인 점성에 영향을 준다는 것을 알 수 있다.

6.5 확산성(확산 계수)

커피 추출물에 있는 수분의 확산 계수는 인스턴트 커피를 포함한 커피 추출물 제조 시 건조 및 기본 메커니즘을 연구하는데 있어서 매우 중요하다. Thijssen과 여러 학자들에 의해 말토즈 종류인 다당용액, 20DE 말토덱스트린, 그리고 커피에 있는 수분(x_w)의 확산 계수에 의해 측정되었으며,

$$D_w = \exp\left[-A - B(1 - x_w)\right]$$
$$\log(1/D_w) = \left[A + B(1 - x_w)\right]/2.303$$

이 때 주어진 온도에서 A와 B는 상수이다. Van Lijn의 연구는 Kerkhof와 Schoeber에 의해 인용되었는데, 여기서는 온도의 영향을 포함하며, 말토즈 용액에 대한 더 포괄적인 방정식이 사용되었다.

그러나 커피 추출물에 대한 자료가 수분 농도(%w/w)의 측면에서만 가능하지만, 확산 계수와의 관계가 말토즈와 비슷하며 20DE 말토덱스트린이나 자당과는 더 다르다는 것이 분명하다.

증가하는 확산 계수에 대한 온도의 영향은 점도가 감소하는 것과 평행을 이룬다. Glasstone은 1941년 처음으로 Dμ/T의 비율이 일반적으로 온도와

무관하다고 주장했다. 확산계수의 증가는 클라시우시-클라페이론(Clausius-Clapeyron) 형태의 방정식에 의해 결정되고 Do는 표준 온도의 계수이며, ΔG는 활성화 자유 에너지를 뜻한다. 또한 이 관계는 이미 앞에 언급한 Van Lijn의 방정식에 포함되어있다.

6.6 어는점 강하

희석된 커피 추출물을 섭씨 0도 이하로 냉각시킬 때, 얼음이 형성되는 지점은 용액의 농도와 구성(혼합/로스팅 색/용액의 생산량)에 따라 몇몇 온도에서 시작된다. 이 온도에서 추출물의 수증기압은 분리된 얼음의 수증기압과 동일하다. 얼음의 분리는 용액 단계에 있는 커피 용액의 농도를 효과적으로 높여주며 어는 점을 더 낮춘다. 그리고 동결이 계속되면 시스템의 온도를 빨리 낮춰줘야 하는데, 이 작업을 할 때 잠열이나 현열의 냉각이 필요하다.

가용물 농도 최대 60% (w/w)의 커피 추출 용액에 관한 실험 자료는 그림2-7에서 위상도의 형태로 도시되어있다. 점도에 의한 문제 때문에 커피 추출물의 동결농도는 일반적으로 농도가 약 40%(w/w) 이상이 될 수가 없다. 커피 추출물에 관한 자료는 Thijssen이 인용한 Sivetz와 Desrosier, Riedel, Gane의 것들이다. 여기 나온 곡선들은 얼음이 형성되기 시작하는 온도와 농도의 사이의 평형관계를 보여준다. (농도40%(w/w)의 추출물은 섭씨 -3.5도까지 냉각시켜줘야 한다고 Riedel의 자료가 기술하고 있다.) 이것은 주로 현미경으로 관찰 된다. 그러나 Riedel은 단열적 열량측정법으로 얻은 냉각 곡선에 관한 특별한 연구를 했다. 각각의 다른 온도에 따른 발견을 엔탈피 함유량에 관한 연구 결과를 발표했다.

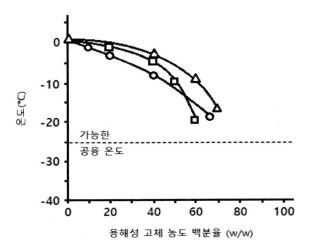

그림 2-7 추출물의 용해성 고형물 농도 (w/w) 백분율로 초기 동결의 온도
(℃)와 관련된 세 가지 커피 추출물에 대한 상 도표; ○---○,
Gane의 데이터; □---□, Sivetz와 Desrosier의 자료 13; △---△,
Thijssen 등./32 -25℃에서의 공용 온도.

　가네(Gane)가 사용한 커피 추출물은 가정에서 추출한 커피로 높은 생산
량을 취하는 일반 상업용 추출물보다 훨씬 낮은 어는점을 가지고 있는데
이것은 고분자량의 다당류와 다른 물질들을 높은 비율로 가지고 있기 때
문이다. 어는점 강하 측정법은 분자량을 측정하기 위해 다른 많은 용질에
도 사용된다. ΔT = Kn/w일 때 n은 용질의 몰의 수이며 w는 g단위의 용매
의 무게, K는 상수(=1.858, 용매1kg당 용질 1mole)이다. 이것을 이항시키면
분자량=1.858m/ΔT이 되며 ΔT는 용질 mg마다(용매1kg) 강하되는 온도가
된다. 희석시킨 용액에 관한 Gane의 자료는 분자량이 (1.858 x 100)/1.25 =
149라는 것을 알려주며, 반면에 Thijssen의 자료에 나온 분자량은 자당이
나 말토즈의 분자량과 매우 흡사하다. 동결농축의 기술적인 측면에서 볼
때 핵 형성 및 얼음 결정 성장속도에 관한 자료가 필요하다. 이것에 관한
자료는 Thijssen 및 다른 학자들이 제공하고 있다.
　동결 건조법에서는 모든 물이나 자유 수분을 완전히 냉각시킬 필요가
있다. Riedel은 이 주제에 대해 자세히 검토했는데, 얼지 않는 수분을 포
함하고 있는 모든 식료품 물질들은 섭씨 영하 40도에서 가공되었다고 한

다. 그는 이 온도에서 잠열로 인한 열의 포착이 일어나지 않았다고 한다. 또 다른 고체상은 평형도로 들어가며, 이것은 용질의 공융혼합물이 된다. 결합수를 측정하는데 있어서 동결이 불가능한 수분의 양은 중요한 요인이 된다. 동결건조법에서 수분 함량을 더 줄이기 위해서는 공융수가 가장 먼저 탈수되어야 한다. 커피 추출물도 이와 마찬가지이며, 공융 혼합물의 특징은 Riedel이 자료를 제공하고 있다.

7. 생두와 로스팅 원두의 미네랄 함량

생두가 건조할 때의 무기질 함유는 평균 4%정도 되며, 그 중 주된 요소인 칼륨(원소기호 K로 표기)은 40%정도를 차지한다. 칼슘과 마그네슘은 그보다 훨씬 더 적은 양이 포함되어 있으며 비금속 종류인 인과 황도 마찬가지이다. 그러나 넓은 범위의 미량 원소들이 낮은 ppm 수준에서 감지되며 더 많은 종류의 요소들이 있더라도 원자 흡광(또는 방출) 분석법과 같은 현대의 기술로도 감지 되지 않거나 매우 소량으로 존재한다.

회분법(ashing)을 통한 전체적인 무기질 함유 측정 자료가 수 년 동안 많은 학자들에 의해 발표되었다. Navellier34는 ASIC의 그룹이 열을 이용한 '보통 회분법(normal ashing)'을 통해 커피를 분석한 결과를 발표하였다. 이 방법은 황산이 사용되는 황산 회분법과는 대조되는 방법이다. AOAC 편람에 실린 방법은 섭씨 525도에서 커피에 대하여 재현성있는 결과를 얻기에는 너무 낮다고 결론지었다. Ferreira와 다른 학자들도 이와 비슷한 견해를 내었지만, 반면에 Clark와 Walker는 섭씨 580도에서 일정한 결과를 얻어낼 수 있었으며, 동일한 앙골라 로부스타 대해 6회 반복 측정에서 변동 계수의 차이가 ± 1.1%의 일관된 결과를 제공했다는 것을 발견했다.

일정한 무게를 얻어내기 위해서 회분법에서는 17시간 정도가 소요되었다. 생두는 우선 많은 양을 굵게 갈고, 그 중 5g의 샘플만 측정법을 위해 사용한다. 이 때 수분함량도 함께 측정된다. 보통 회분법에서 온도가 낮더라도 금속 원소들은 탄산염의 형태로 존재하며, 섭씨 790도 이상에서는 산화물이 생성된다. 다른 종류의 원소들을 위해서는 그에 맞는 온도가 적용되어야 하며, 그 중에서도 칼륨이 가장 중요하다. 다른 종류의 원두들의 결과는 표2-6에서 잘 보여주고 있다. Ferreira와 다른 학자들이 섭씨 610도를 사용한 것을 제외하고 나머지는 모두 섭씨 580도에서 회분되었다.

42가지로 특정화된 다른 종류의 원두들의 결과를 보여주는 Kroplien의 자료는 넓은 범위의 결과를 보여준다. 예를 들어, 평균으로부터 약 ±12%의 상대적인 결과 또는 ±5.5%의 변동 계수를 보여주고 있다. 그의 이러한 결과들은 정규 분포에 상당히 잘 일치함을 보여준다. 아라비카(평균 3.98%), 로부스타(평균 4.14%)로부터 통계학적으로 구별될 수 있다는 증거는 거의 없다고 보면 된다. 그러나 두 종의 건조 가공 커피는 Ferreira와 다른 학자들에 의해 제기된 습한 과정을 거친 커피보다 더 높은 평균 재 함량을 보인다. 이것은 Clarke와 Walker의 자료와 건조 그리고 습윤 공정을 거친 과테말라에서 생산된 커피에 대한 menshu의 데이터가 이를 뒷받침 해주고 있다. 143개의 앙골라 로부스타 커피를(건조한 과정을 거침) 525°C의 회분온도를 사용한 1958년 초기 연구에서는 평균 재 함량이 4.03%을 보였다. 주로 커피를 재배하는 Ambriz, Amboim, Cazengo 지역은 낮은 변동성을 가졌다. Tserevitnov와 다른 학자들은 회분온도 550도에서 상당한 데이터를 제공했지만 아쉽게도 결과는 건조한 공정을 거친 커피만 사용하였다.

1970년 AOAC의 방식(11번째 개정판)을 사용한 Clarke와 Walker의 자료를 제외하고는 생두의 황산화 재 함량에 관한 자료는 매우 소량의 자료만 이용 가능하다. 우리가 이미 예측할 수 있듯이 동일한 생두라도 보통 회분 수치보다 황산화 재 수치가 약 35% 더 높다고 한다.

표 2-6

커피 타입	정상적인 애시 함량(%db)	
	범위	평균
아라비카		
35 다른	3.48-4.46	3.98
30 습식 공정	3.66-4.39	3.93
5 건식 공정	3.48-4.46	4.11
2 콜롬비아인	4.36-4.39	4.37
6 콜롬비아인	3.82-4.09	3.95
3 브라질 (건조)	4.10-4.46	4.24
12 브라질 (건조)	4.12-4.50	4.27
3 코스타리카	3.68-4.01	3.90
1 과테말라인	-	3.58
1 케냐	-	3.66
로브스타		
6 건식공정	3.91-4.49	4.14
1 아이보리코스트(건조)	-	4.21
6 우간다 (건조)	4.30-4.54	4.39
12 앙골라 (건조)	3.93-4.33	4.17

몇몇 당국에선 보통 회분 수치보다 황산 회분 수치를 더 선호했으며, 그 이유는 황산 회분 수치가 휘발성이 낮아서 회분 온도에 훨씬 덜 영향 받기 때문이다. 그러나 이 회분법들은 불꽃광도법에 의한 칼륨과 같은 개별적 금속 측정에는 부적합하다.

로스팅 커피에 대한 데이터는 이용가능하지만 실제 회분 수치는 로스팅 된 색이나 더 정확하게는 로스팅의 건조 물질 손실에 따라 달라지며, 명시되지는 않았지만 로스팅 과정 중 소량의 황과 인을 제외하고는 미네랄 성분의 실제 손실이 예상되지는 않는다. Ferreira와 다른 학자들이 자료를 제공하고 있다.

앞에 설명한 대로, 칼륨은 보통 회분에서는 41%, 황산 회분에서는 30.5%로 가장 많은 비율을 차지하고 있다. Clarke와 Walker의 자료에서 얻은 이 백분율은 18가지의 다른 종류의 커피들에서 동일하게 나타났다. Tserevitnov와 다른 학자들이 회분 함량을 위해 동일한 12가지 종류의 원두에 들어있는 칼륨 함량을 원자 흡광 분석법에 의해 측정했음에도 불구하고 황산 회분 자료는 거의 없는 편이다.

　그들이 제공하는 결과의 범위 변동성은 약 ±13%이며, 종에 의한 특성을 명확하게 나타내지 않았다. Ferreira와 학자들은 광범위한 앙골라 로부스타 커피의 칼륨 함량에 대해 보고 했는데 이 때 12개 샘플의 평균 칼륨 함량은 1.73 %db이었으며, 이것은 건조한 공정을 거친 로부스타 치고는 약간 낮은 수치이다. 그러나 회분 수치는 41%였다. 습윤 공정을 거친 케냐산 A의 상대적 균질형(homogeneous type)에 관한 Northmore 데이터는 나이로비 경매에서 제출되었고, 이 데이터에서 칼륨 함량이 1.75 % K (db)를 웃돌며 꽤 넓은 변동률을 보여주었다(1.50-1.90%). 또한 그는 1.75 % K 이하의 수치를 나타나는 샘플들이 더 좋은 품질을 갖고 있다고 주장했다.

　Clarke와 Walker는 두 개의 논문에서 12가지 종류의 원두를 거친 녹색 커피의 칼륨 수치와 변동성에 대해서 발표했으며 이는 표2-7에 잘 나와있다. 그들은 수동식 EEL 광도계로 불꽃 측광방법을 사용하였다. 측정된 커피 샘플은 몇몇 다른 상업적 위탁 판매처로부터 온 것이다. 그들은 습윤 공정 커피와 건조 공정 커피의 평균 칼륨 함량 실제 차이가 있다고 했는데 그 이유로는 아마도 이것은 습한 공정을 처리하는 과정에서 커피를 세척하거나 숙성시킬 때 칼륨을 포함한 다른 무기질들이 씻겨져 나가기 때문일 것이라고 결론지었다.

표 2-7 생두 커피의 칼륨 함량

커피　종류	No. 결과	K % (건조 기준)	가변성 (2 x CV)
습식 가공된 아라비카			
1972 콜럼비아인 엑셀소	5	1.63	±8.4%
1974 콜롬비아인 메델린엑셀소	3	1.70	±3.0%
1974 코스타리카 SHB	6	1.68	±5.6%
1974 케냐 A/B	6	1.68	±2.2%
건식 가공된 아라비카			
1974 파라나강 NY4/5 Medium-Good	6	1.77	±5.7%
1974 산투스 NY2 Medium	6	1.88	±11.0%

건식 가공된 로브스타			
1972 우간다 기본 미체질	6	1.82	±3.9%
1974 우간다 체질 15/12	5	2.00	±2.8%
1974 아이보리 코스트 상부, II 와 III	2	1.93	–
1974 가나 FAQ	1	1.84	–
1974 시에라리온 FAQ	1	1.87	–

이 침출은 가변적일 수 있는데 이는 사용된 세척 양 때문이며, 이미 언급된 Northmore의 데이터에 의해 보여진다. 그럼에도 불구하고 주어진 종들에 관하여 토양 조건이나 땅, 뿌리 덮개, 비료의 흡수에 따라서 잔류성 변동이 있을 수 있다. 그러나 Clarke와 Walker의 자료는 다른 위탁 판매처로부터 제공받은 커피 종류에 따라 상대적으로 적은 변동성을 보이며, 이것은 수출 하기 전 커피를 혼합하는 과정에서 잘 반영될 수 있을 것이다. 예를 들어, 말린 체리 열매의 형태로 여러 지역으로부터 중앙 분제소로 들여온 건조한 공정을 거친 로부스타가 있다. 잎 분석은 커피 식물의 영양학적 상태를 측정하는데 널리 사용되어 왔지만 지역적 그리고 커피 관목으로부터 직접 측정한 생두의 칼륨 함량의 차이에 대해서는 종, 다양성, 토양 조건의 몇몇 세분 영향을 정확하게 측정하기 위해 세부적으로 연구하지는 않았다.

표 2-7은 건조한 공정을 거친 커피와 비래 습윤 공정을 거친 커피의 칼륨 함량의 차이를 보여주고 있다. 이 방법의 변동성(2x평균값의 표준편차/평균)은 ±2%로 꽤 낮게 나왔다고 보고되었다. 30가지 종류의 커피 샘플들(각 생두 공정마다 15개씩)의 변동성은 꽤 높은 ±11%가 나왔으며 이것은 회분량과 비슷한 수치이다. 다른 크기의 콩의 다른 칼륨 함량에 관한 몇 가지 자료가 있지만 결함있는 콩들, 다른 크기의 콩들에 대한 자료는 일반적으로 사용할 수 없다.

8. 인스턴트커피의 미네랄 함량

로스팅한 커피를 집에서 내릴 때 적어도 약 90%의 무기질(물론 칼륨도 포함됨)이 함께 추출된다고 한다. 심지어 인스턴트 커피에서는 더 높은 함량으로 측정된다. 예를 들어 취해진 가용물 양이나 사용된 물/커피 비율 등에 따라 정확한 수치는 달라질 수 있지만 Clarke와 Walker의 보고에 따르면 최대 99%의 칼륨 함량을 보인다고 한다. 이것은 다른 상업적 추출물에서는 다를 수 있다.

그러나 이 보고서에서 인스턴트 커피와 추출하고 남은 젖은 커피 가루의 황산회분 분포가 칼륨의 양보다 적게 나왔다. 칼륨 백분율 함량(또는 다른 무기질 성분들)과 원산지 생두 블렌드(알려진 수분함량에 사용되는 생두 무게)에서 추출한 커피 용액 수확률 간의 관계가 있을 것으로 예상된다.

$$\% \frac{\text{커피 추출물에 용해성 고형물의 무게 (db)}}{\text{사용한 생두의 무게}}$$

(로스팅 전 12% 수분 함량)

= 생두 추출 수율%

= 상수 / 가용성 커피 고형물의 % K (db)

생두 수확량 범위의 곡선 모양은 쌍곡선 모양이다. 커피 용액의 고형물 수확량이 많을수록 고형물의 칼륨 함량은 낮아진다.

[12% 수분 함량의 오리지날 생두의 % K] - [폐액 / 생두 기준 그라운드 % K]

이러한 관계는 다른 생두로부터 반상업적 실험공장에서 만든 인스턴트 커피의 많은 샘플들에 관해서 Clarke와 Walker의 2장의 종이에 제공된 그래프에서 입증됐다. 각각의 수확량에 따른 인스턴트 커피의 범위를 측정하기 위해 원산지가 동일한 원산지 생두를 사용한다면, 위에 설명한 관계가 성립될 것이며, 이 때 손실된 칼륨의 영향은 무시해도 무방하다. 실험을 할 때 산출된 양은 추출물에 들어있는 커피 용액의 무게를 기준으로 하여 측정해야 한다는 것을 명심해야 한다. 분무건조/동결건조를 거쳤거나 인스턴트 커피 제조 후, 건조된 가루의 무게는 처리 과정에서 일어나는 가변적이기는 하지만 공정 중 상당한 손실로 인해 전보다 가벼워진다. (즉 최종 수율은 약간 낮을 수 있다.) 그러나 편의상 칼륨 함량(db)은 인스턴트 커피에서 측정 될 수 있으며, 이 수치는 추출된 커피 고형물 수치와 별반 다르지 않게 나타난다.

이와 같은 관계는 가용류의 수율은 로스트된 커피의 칼륨 함량 백분율의 상수와 취해진 로스팅 커피의 무게에 의해 측정된다. 그러나 제공된 생두의 관한 이 상수는 로스팅 색, 더 정확하게는 커피의 건조물 손실정도에 따라서 달라질 것이다. 로스팅 커피의 %K(db)=생두의 %K(db)/(100-% 건조물 손실정도).

어느 쪽이든, 관계에서의 상수는 사용된 블렌드 생두에 들어있는 칼륨 함량에 따라 달라질 것이며, 이점에 대해서는 우리가 이미 보았듯이 앞에서 얘기한 변동성 (2 x CV)에서 잘 나타나며 생두의 종류에 따라 넓게는 오차범위 ±11% 정도를 보인다.

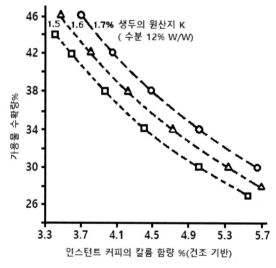

그림 2-8 12 % (w/w) 수분 함량에서 생두의 칼륨 함량 (% w/w)에 따른 용해성 고체의 추출 수율 (%)과 칼륨 함량 (% 건조 기준) 사이의 관계: □---□, 1.50 % K; △---△, 1.60 % K; ○---○, 1.70 % K.

또한 로스팅 커피의 경우 건조물 손실은3%～12% 정도의 범위를 보인다. 그림2-8은 인스턴트 커피의 칼륨 함량 백분율을 보여주며, 취해진 가용물 수확량 범위로부터 생두의 칼륨 함량 퍼센트의 결과를 도출했다.

Maier는 건조된 커피 추출물의 보통회분, 황산염 회분, 칼륨 함량의 관계에 대해서 연구했다. 가압처리 장치를 이용해 로스트 커피 기준 중량, 약 25%～52%의 범위 내 다른 추출률로 조사했다. 16개의 다른 커피 추출물을 콜롬비아산 커피에서 얻어낼 수 있었으며, 3종류의 로스팅 색과 연한/중간/진한 커피를 얻어냈다. 그리고 중간 로스팅 색을 띠는 앙골라 로부스타 커피 한 가지도 얻어냈다. 그는 이 관계를 8가지의 상업용 인스턴트 커피(콜롬비아산 중간 로스팅 4개와 앙골라산 로부스타 중간 로스팅 4개)의 추출율을 판단하는데 사용했으며, 이 예상값을 그 8가지 커피의 실제 추출율과 비교하였다. 그는 동일한 커피에 사용된 분석 방법에 대해 낮은 변동 계수를 보여주었다고 보고했다 (예: 원자흡광법을 이용했을 때 황산회분을 통한 칼륨 함량은 0.8%, 보통회분은 1.6%). 그러나 약간 분산되기는 했지만 제법 직선의 상관관계도 보였다고 한다. 예를 들어, 칼륨 함량 백분율=9.31-0.124(추출율)이며 이 때 회귀계수는 0.95였다. 변동성은 로스팅 색만 달라도 쉽게 일어났으며, 커피의 종류나 원산지가 다를 때도 마찬가지였다. 또한, 평균 0.13%, 범위 0.04-0.36%로 낮기는 했지만 추출물에 잔류하는 칼륨과 추출율의 곡선 관계도 찾아내었다. 그러나 이 결과가 그 추출물로 얻어진 모든 주류의 칼륨 함량을 포함하는 지는 명확하지 않다. 이 특정 샘플들의 평균 추출율은 45%였으며, 이 수치는 기존 칼륨 함량보다 평균 3～4% 정도의 손실이 있다는 것을 알려준다. 상업 샘플에 적용된 상관관계는 예상 추출율과 실제값에 큰 차이가 있다는 것을 잘 보여주며 이것은 매우 당연한 결과라고 볼 수 있다(칼륨측정법을 사용했을 때 절대값 +10.9 %～ 0.6%).

위와 같은 실험 결과는 용액의 산출량을 법적 제한 정책을 지지하는데 근거로 제시할 수 있는 자료로 쓰일 수 있다. 예를 들면 1977년의 EEC 지시는 원두를 바탕으로 한다. 그러나 이 관계가 인스턴트 커피의 원초적 생두 블렌드의 칼륨 함량에 관해 정확히 알 수 없으며 정확한 정보를 제공할 수 없다는 것은 명확하다. 게다가 생두 생산량의 제한한도에는 커피 추출 용액을 가공하는 과정에서 생길 수 있는 여러 가지 손실도 포함되는데, 이러한 손실들은 위와 같은 분석 방법으로는 다룰 수 없는 것들이다.

인스턴트 커피는 실제로 매우 넓은 범위의 칼륨 함량을 가지고 있다. 흥미있는 것은 Angelucci의 보고에 의하면 브라질에서 생산된 12가지 종류의 국내/수출용 인스턴트 커피의 칼륨 함량은 3.62~5.91 %db 이었다고 한다.

9. 커피의 미량 원소

Maier는 생두에서 찾아낸 33가지의 요소들을 표로 제시하여 여러 학자들의 연구 결과와 보고들을 정리 및 요약하였다. 수년 간 고해상의 분석 방법을 이용한 학자들은 크게 4팀으로 분류됐으며, 이들은 Tserevitnov와 협력 연구가들, Quijano Rico와 Spettel, Roffi와 Corte dos Santos, Ferreira와 협력 연구가들이며 이들은 앙골라산의 다양한 종류의 커피를 가지고 연구했다. 후자 2개 팀은 원자 흡수법을 이용했으며 Quijano Rico와 Spettel은 열중성자 활성법을 이용하였다. 칼륨 함량도 측정되었지만 모든 결과에서 수치가 낮게 나왔다. Ferreira와 협력 연구가들은 커피에 있는 Zn/Rb, K/Na, Cu/Mn와 같은 특정 비율의 값을 치커리 및 곡류에 있는 값과 비교하여 불량을 검출하는 수단으로 사용했다.

가장 흥미있는 것은 모든 조사단으로부터 로부스타 커피(대략 10-33 ppm)보다 아라비카 커피(대략 25-60 ppm)에 상대적으로 훨씬 더 많은 양의 망간이 함유되어 있었으며, 이 사실은 1961년 Willbaux에 의해 맨 처음 언급되었다. 커피 종에 따라 수치가 다른 것 같지만 이 차이가 생두를 가공하는 과정(건조하게/습하게)과 연관이 있는지는 확실하지 않다. 구리는

1-33 ppm 정도 존재하는 것이 발견되었으며 아라비카보다 로부스타에 더 많이 함유되어 있다고 보고되었다. 나트륨은 4-174 ppm 정도 함유되어 있다.

Ferreira와 협력 연구가들은 로스팅된 앙골라산 로부스타 커피의 미량 원소함량도 측정하였으며, 이 때 생두와 커피 추출물(섭씨 80도에서 100ml 당 1g 추출)을 모두 사용하였다. 이 자료는 생두와 로스팅 커피에 들어있는 성분 비를 계산하는데 도움을 준다. 예를 들어, 망간의 비율은 약 1/3 정도만 차지한다. Tserevitnov와 협력 연구가들의 연구에 따르면, 커피를 내릴 때 대부분 모든 칼륨이 포함되었지만 망간과 나트륨은 반 정도 밖에 포함되지 않았다고 한다.

인스턴트 커피에는 가공하는 과정에서 사용되는 설비의 금속 및 추출할 때 사용되는 물에서 추가되는 미량 원소들이 포함되어 있으며, 이 원소들은 나중에 결국 증발한다. 만약 가용물 농도가 20-25% (w/w)인 추출물이 추출기에서 생산된다면 물에 들어있던 4~5배 정도의 금속 이온이 건조된 커피 가루에 나타나게 된다. 추출 때 사용하는 물은 탈염하지 않아도 연수될 것이다. 예를 들어, 경도 400ppm의 탄산 칼슘을 가진 물이 연수화를 거치면(물에 이미 약간의 나트륨이 함유되어 있을 것이다) 184ppm의 나트륨을 가지게 되며, 결과적으로 인스턴트 커피에는 736~920ppm 사이의 Na, 또는 추출물이 농도 20% 이하에서 추출되었다면 이보다 더 많은 Na 함량을 보일 것이다. 브라질산 인스턴트 커피에 대한 Angelucci의 분석 데이터를 제외하고 공표된 분석 데이터가 거의 없다. 측정했을 때는 함량이 2.4~488.5ppm을 보였고, Quijano Rico 와 Spettel은 동결건조를 거친 상업용 콜롬비아산을 측정했을 때 820ppm의 수치를 보여주었다. 이 두 가지의 실험을 제외하고는 이와 관련된 분석 자료는 거의 존재하지 않는다.

상업용 인스턴트 커피가 그냥 내린 커피와 비교했을 때, 추출시 생두/로스팅 커피로부터 더 많은 비율의 미량 원소를 가지고 오는지는 확실히 알려져 있지 않다.

생두를 이용한 실험에서 Maier가 보고했듯이 납은 0과 0-8 ppm정도 존재한다. 인스턴트 커피에 납이 존재한다는 것은 주목할 만한 사실이며, 이것을 토대로 여러 국가에서 법적 한계를 염두에 두어 관심의 대상이다. 다른 분석 기술에 의한 논문들이 꽤 많이 나와있는 편이며, 특히 West 49는 특화된 원자 흡수장치를 이용하였다(정확도는 0.2ppm까지 내려감). 미량 금속의 효과적 회수를 포함하여 최종 측정을 위한 샘플 준비는 정확하고 신뢰할 수 있는 결과를 위해 중요할 것이다.

탄수화물

제3장

1. 생두의 탄수화물

생두는 꽤 넓은 범위의 여러 가지 탄수화물을 포함하고 있으며, 이것은 주로 다당류 종류나 낮은 분자량의 당류(단당, 이당, 삼당류)들로 세분화 시킬 수 있다. 또한 이 종류들은 환원당이나 비환원당으로 더 세분화 될 수 있다. 그러나 특히 다당류 분율에 대한 것과 당류들의 자세한 특징과 존재하는 함량에 관해서는 상충되는 보고들이 있다. 펙틴과 같은 유도 탄 수화물 물질들도 존재한다.

1.1 낮은 분자량 당류

생두에는 유리당이 존재하며, 유리당 함량은 커피 종이나 원산지에 따라 좌우된다. 아라비카생두에는 로부스타보다 평균적으로 더 많은 자당이 들어있다. 가장 최근에 있었던 분석은 1982년 Tressl과 협력 연구가들이 건조된 추출물을 트리메틸실릴레이션(분자에 한 개 또는 그 이상의 트리 메틸실을 첨가하는 것)한 이후에 GC (Gas Chromatography)기법을 이용한 것이다. 그러나 이 실험은 각 종에 따른 두 개의 샘플만을 가지고 했으며 건조된 아라비카는 8.2~8.3%, 로부스타는 3.3~4.1%db의 수치를 보였다. Trugo와 Macrae는 HPLC 기법을 이용해 아라비카는 6.1%db, 로부스타는 3.4%db의 수치를 얻었다.

더 오래된 기법을 이용한 이전의 분석들 중 하나는 Barbirolli가 실험했으며, 9개의 아라비카 샘플에 대해서 5.1~8.5%db를, 1개의 로부스타 샘플에서는 6.1%를 얻어냈다. Wolfrom외 협력 연구가들이 한 이전의 연구는 1960년에 이루어졌으며 커피 열매에 있는 단당류를 측정하였다.

Santos arabica 샘플을 이용해 80%의 수용 에탄올 추출물로부터 자당을 직접 분류해냈으며 6~7%의 함량을 얻어냈다고 보고했다. 앞서 논의된 것과 같이 다른 것들은 포함한 총괄적 보고된 수치는 매우 다양하게 나타났는데 이것은 아마도 다른 분석 기법들(양적 추출의 초기 단계도 포함)을 사용했기 때문일 것이다. 같은 종류의 커피 내에서도 변종/품종이 다르거나 열매가 익은 정도, 취급 과정이나 보관 조건에 따라 다른 자당 함량을 보일 수가 있지만 이와 관련된 자료는 많지 않다.

생두의 추출물은 환원당을 포함한 다른 당류의 존재에 대해서 밝혀졌다. 그러나 양은 매우 적으며, 스타키오스, 라피노스, 아라비노스, 마노스, 갈락토스, 리보오스, 람노오스 등은 미량이며, 글루코스(포도당)와 과당은 꽤 많은 양이 함유되어 있다고 보고되었다. 앞에서 인용된 연구에서 Tressl과 협력 연구가들은 두 개의 아라비카 샘플에서 0.030~0.038%의 포도당과 0.023~0.030%의 과당을 찾아냈다. 로부스타 커피에서는 포도당 0.16~0.18 %와 과당 0.19~0.21 %였다. 게다가 전체 환원당의 평균 함량은 아라비카는 0.1%, 로부스타는 0.5%였다. 이 모든 수치들은 건조한 상태를 기준으로 측정되었다. Barbirolli와 다른 초기 학자들은 이보다 더 높은 수치를 얻어냈지만Kroplien은 양적 박층 크로마토 그래픽 분석 기법(quantitative thin-layer chromatographic techniques)을 이용해 생두에서 각각 0.02%과 0.16%의 수치(아라비노스 당량으로 표기)를 얻어냈다.

많은 인스턴트에서 보고된 당류 존재 및 함량은 추출동안 인공물 형성 또는 저장 중 효소의 가수분해 때문일지도 모른다.

Pokorny와 협력 연구가들이 내놓은 분석은 상온에서 1년 동안 보관된 콜롬비아산 아라비카 커피 샘플을 이용했으며, 총 환원당 0.5%의 함량을 보였다. 고온(섭씨 60도) 및 고습도에서의 추후 저장에서 유리 아미노산과의 Maillard 반응에 의해 함량이 급격하게 감소되었다. 갓 수확 가공된 생두나 보관 기간을 달리한 생두에 관한 자료는 아직까지 나오지 않은 상태이다.

디카페인화 된 생두는 용제/수분의 추출방법들 그리고 이와 연관된 회수 처리로부터 다른 당류 함량을 보인다. 이것도 또한 Tressl과 협력 연구가들이 내놓은 자료에서 찾아볼 수 있는데, 디카페인화(자당으로 코팅된 활성탄을 용제로 사용하여 카페인을 제거함)후에 동일 커피 블렌드(아라비카-로부스타)를 시켰을 때 자당 함량은 약간 감소되었지만 환원당은 눈에 띄게 증가했다. (0.535%에서 2.89%로). 이와 유사하게 Kroplien도 디카페인화(방법이 명시되지 않음)하고 증기 처리(독일에서 취급되었으며 '건강용' 목적으로 제조됨)를 한 생두에서 더 높은 수치가 나왔다고 보고했다

당류의 특징이나 함량은 로스팅 커피의 맛이나 색의 형성, 그리고 다른 고분자 축합/캐러멜 생성물의 형성에 중요한 요인이 된다.

1.2 다당류

다당류는 생두에서 중요한 구성요소이며 건조한 상태에서 40~50% 정도 함유되어있다. 그러나 다당류의 함량과 특징에 대한 분석 연구는 만약 정량적인 결과가 예상되고 분리와 특성화에 대해 별다른 어려움이 없으면 상당할 것이다. 그럼에도 불구하고 다른 식물 물질에 있는 다당류의 화학적 정보는 지속적이고 실질적인 내용을 포함하고 있다. 결국 발견된 화합물 유형의 전문적인 용어와 함께 전문화된 분리/식별 절차 및 기술 개발로 이어질 것이다.

다당류는 '글리칸'이라고도 불리며, 단당류 성분에 기초하여 각기 다른 이름을 갖는다. 예로 글루코스($C_6H_{12}O_6$), 아라비노즈($C_5H_{10}O_5$)로부터 변형된 것들은 글루칸, 아라뱐이라 칭한다. 한 가지 종류 이상의 단당류로

부터 형성될 때 이것을 헤테로글리칸이라 부르며, 호모글리칸과는 반대의 개념이라고 여기면 된다. 이러한 단당류의 단위는 초기의 링 구조(ring structure)의 형태로 존재한다. 단당류들은 물 분자가 제거된 직후 서로 선형 또는 분기형으로 연결되어있고, 글루코스는 anhydro-glucopyranosic 단위로 형성하며, 아라비노즈와 같은 5탄당(pentose sugar)은 anhydro-arabinofuranosic 단위를 이룬다. 이러한 단당류 단위의 연결 종류는 중요하기 때문에 셀룰로오스의 사소한 이름도 길게 표기하게 된다. 예로 β-D-(1→4)글루칸으로 잘 표기되며, 반면에 녹말가루는 α-D- (1→4)glucan라고 표기한다. 문자 D와 α/β는 첫 번째 탄소원자에 의해 측정되는 글루코스의 입체적 배치와 우회전성 특징을 지칭하는 것이며, 1→4는 숫자가 붙은 원소의 연결 포인트를 알려주는 것이다. 더 자세한 정보를 위해서 표준 텍스트를 참고할 것을 권장한다.

'홀로-셀룰로오스'라는 용어는 엄밀히 말하자면 진짜 셀룰로오스(β-D-ghicopyranose 단위의 매우 긴 고리로 구성되어 있는 고분자)한 를 포함하며, 소위 헤미 셀룰로오스라고 불린다. 홀로-셀룰로오스라는 용어는 헤미 셀룰로오스가 다양한 용제들에 의해 제거된 후에 불용성인 물질로 지칭할 때 종종 사용된다.

이 두 가지 용어 모두 마노스(mannose)와 같은 다른 단당류에서 유래한 연결 단위에 사용될 수 있다. 식물 재료, 특히 씨앗에서 이러한 물질들은 단백질과 같은 다른 구성물이나 서로 수소결합(심지어 공유결합으로)에 의해 복합화될 수 있다.

체내에서 이 물질들은 리그닌이나 펙틴 안으로 끼어 들어갈 수도 있으며, 이것은 물질들이 세포벽 복합체의 일부인지 또는 배유의 일부인지에 따라 달라진다. 특정 다당류는 이 중에서 한 개 혹은 둘 다의 위치와 연관되며, 이것은 특정한 식물 재료의 특징을 가진다. 리그닌은 매우 불용성인 비탄수화물 물질로서, 세포벽과 연관되지만 펙틴은 주로 우론산을 기반으로 하며 탄수화물에 매우 가깝다. 다양한 텍스트, 주목할만한 참조 7 기술되어있는 것과 같다. 다양한 수성(기본과 산성) 또는 비수성 용제들은 이 물질들을 그룹별로 나눌 수 있다. 그러나 과산화염소는 리그닌과 단백질로부터 다당류를 분리시키는 이형제로 쓰이며 전자의 구조를 바꾸지 않는다. 과산화염소의 효과는 산화적이다. 커피 다당류는 몇 가지 독특한 특징이 있다. 이 사실은 1960년 오하이오 주립대학에서 Wolfrom과 협력 연구가들에 의해 밝혀졌다. 연구에 의하면 가수분해 한 이후의 단당류 구성으로는 마노스, 아라비노트, 갈락토스, 글루코스였으며, 다당류의 구성은 알려지지 않았다. 1961년 Wolfrom과 협력 연구가들은 탈지한 산토스산 생두의 일련의 추출 후 10% 수산화칼륨에 들어있는 불용성 홀로셀룰로오스 일부분으로부터 매넌을 분리한 결과를 보고했다. 가수분해한 매넌은 94%의 D-만노스와 2%의 갈락토스로 이루어져 있었으며, 이것은 건조된 생두의 5% 수량에서만 얻을 수 있었다. 매틸화 반응/가수분해에 관한 연구는 β-D-(1→4)mannopyranose 단위의 선형 사슬 구조를 설정했다. 반면 분자량(침강평형법을 사용)은 45의 고분자 정도에 일치하며, 7300으로 측정되었다. 1964년 Wolfrom과 Patin이 한 심층 연구에서 5% 수율로 셀룰로오스를 분리해낼 수 있었으며, 이것은 주로 β-D-(1 →4)glucan로 표기했다. 1965년 또 다시 Wolfrom과 Patin에 의해 수용성 laevo-rotatory 아라비노갈락탄을 분류해낼 수 있었다. 이 때 다당류 구성은 가수분해 이후 L-아라비노즈와 D-갈락토스 비율 2:5였다. D-갈락토오스가 β-(1→3)로 연결된 구조를 바탕으로 형성했다고 여겨지고 있으며, 생두로부터 얻어낸 수량은 8.5%였다. 여기서 생두에 녹말가루(예: α-글루칸)나 소량의 아라반은 존재하지 않았다. 다당류의 주요 구성분인 매넌의 존재는 아이보리 너트 매넌과 같이 커피 열매의 경도에 큰 영향을 미친다. 온도 섭씨 100도나 그 이하에서 이루어지는 분리기법은 산 가수분해(예: 셀룰로오스를 제외한 72%의 수성 H2SO4)후 다당류의 화학량을 산출해내지 못했다. 1969년에 이루어진 Pictet과 Moreau의 연구는 연관이 깊다. 그들 모두 탈지 그라운딩 커피의 추출 용매로 물을 사용했으며, 온도가 높을수록(섭씨 130도 이상) 추출된 파라반과 글락탄의 양이 더 많았다는 것을 알아내었다. 그러나 섭씨 180도 이상에서도 글루칸은 거의 추출되지 않았다.

Braunschweig 기술 대학의 Thaler와 협력 연구가들은 1955년부터 1977년도까지 로스팅 커피와 커피 추출물에 있는 커피 다당류에 관한 심도 있는 연구를 했다. 그리고 그들의 연구는 독일의 Zeitschrift fur Lebensmittel-Untersuchung und Forschung 학술지에 보고되었지만 세 개의 German in the Proceedings of ASIC Colloquia에도 크게 실렸으며 그 중 한 개는 영어로 게재되었다. 이 연구에서 다당류 성분은 직접 분리되지는 않았지만, 생두에서 추출한 단당류 구성 분석(고전 분석 기법을 사용)을 통해 유추할 수 있었다. 1967년 실험한 Thaler와 Arneth에 의해 기술된 바와 같이 이들 부분은 다음과 같다. 분쇄 생두를 탈지한 후 추출은 90%의 아세톤과 70%의 에탄올을 이용하여 저분자량 탄수화물(자당 등)과 클로로젠산을 제거하였다. 그 후, 잔여물은 찬물로 추출되었다. 이 추출물은 원심분리를 하고 과산화염소와 에탄올을 첨가 투석하여 저분자량(<5000) 불순물을 제고하였다. 침전물은 아세톤을 이용해 건조시켰으며 이렇게 해서 첫 번째로 '냉수 유분'을 얻게된다. 냉수를 이용한 추출로 얻은 잔여물은 섭씨 100도의 뜨거운 물을 통해 재추출되며, 이 후에 앞에서와 같은 과정을 통해 두 번째로 '온수 유분'을 얻는다. 그리고 여기서 나온 잔여물은 과산화염소를 이용해 직접적으로 처리되며 그 후 원심분리를 한 후 에탄올로 침전시키고 투석한 후 아세톤을 통해 건조되어서 세 번째로 'Aufschluss 유분'을 얻는다(해석하면 문자 그대로는 '깨어진', '분해된'이라는 뜻). 또 다른 용어로는 '갈락토아라반'이라고도 불린다.

잔여물은 이제 네 번째 유분인 홀로셀룰로스를 얻기 위해 건조된다. 각각의 유분들은 가수분해(74% 수성 H2SO4)되어 단당류를 수득하며, 또한 각각의 유분의 양은 정량적 여과지 크로마토그래피에 의해 측정된다. 그러나 각 유분에 포함된 백분율 중량의 탄수화물은 셀룰로오스, 아라반, 갈락탄, 매넌으로 정의된다. Wolfrom의 연구에서 실제 존재하는 다당류는 글루칸(셀룰로오스), 매넌, 아라비노갈락탄이며 후자 두 개, 특히 마지막 것은 모든 유분에 존재하는 것으로 나타났다. 첫 번째와 두 번째를 제외한 각 유분들은 다른 유분들과 구별되는 당류 구성을 가지고 있으며 이후 함께 고려되었다는 것이 주목할만한 점이다. 데이터는 표3-1에 나와있듯이 4개의 아라비카 커피(콜롬비아, 아이티, 산토스 브라질, 케냐 산)와 3개의 로부스타 커피(앙골라, 기니아, 우간다)에 대한 자료를 제공한다. 로부스타가 조금 더 높은 평균 갈락탄 함량을 보였지만 반면에 대부분의 유분에서 낮은 매넌 함량을 보였다. 셀룰로오스는 로부스타와 아라비카 모두에서 불용성 또는 홀로셀룰로스 유분에서만 존재했다.

건조된 생두 중량으로 표시한 유분의 실제 백분율 양은 Thaler에 의해 계산되었다. 하지만 각 논문에서 두 가지의 다른 결과를 도출해냈다(M. N. Clifford, private communication, 1984).

표 3-1 생두 커피에서 채취한 일부 다당류 조성

다당류	일부			
	차가운물	뜨거운물	'Aufschluss' 또는 '갈라케토-아라반'	홀로셀룰로오스
'갈락탄':				
:아라비카	52–60	53–68	66–74	13–18
로브스타	60–65	59–68	70–75	25–30
'만난':				
아라비카	12–27	9–12	0–8	62–68
로브스타	6–14	7–11	3–4	48–56
'아라반':				
아라비카	21–28	20–23	25–28	–
로브스타	26–29	22–30	20–25	5–6
'셀룰로오스':				
아라비카	–	–	–	19–23
로브스타	–	–	–	13–23

표 3-2 생두아라비카 커피에 함유된 다당류의 비율

일부	원유 다당류[a]		순수 다당류[b]	
	평균	범위	평균	범위
차가운/뜨거운 물	3.4	3.3–3.5	1.8	1.7–2.1
홀로셀룰로오스	42.1	40.7–43.0	32.0	29.8–34.2
'Aufschluss'	7.6	5.3–9.8	4.8	3.2–6.1
전체	53.1	49.3–56.3	38.6	35.3–41.2

15개의 아라비카를 이용해 '원유 다당류('Polysacchadd-Komplex')'이든지, 아니면 '순수 다당류'라는 결과가 나왔으며, 로부스타에 관한 자료는 없었다. '순수 다당류' 수치는 실제 커피 조성에서 가장 관심이 가는 부분이며 반드시 원유다당류보다 적다. 표3-2는 아라비카 커피에 대한 수치를 보여주며, 표3-3은 로부스타 커피의 수치(원유만)을 보여준다. Maier는 그가 언급한 범위 내에서 두 종류 모두 다루는 것 같이 보이지만 일반적으로 다른 학자들은 보다 더 높은 원유 다당류 수치를 언급한다. 그렇기 때문에 이 자료를 바탕으로 로부스타가 아라비카보다 총 다당류를 많이 함유하고 있는지 혹은 그 반대인지 직접적으로 밝히기 어렵다. 총 다당류 분석에서 전체 함량에 대한 다른 분석자료가 없는 것으로 공표되었다

표 3-3 일부 다른 생두로부스타 커피의 다당류 백분율 함량.

일부	원유 다당류[a]		순수 다당류
	평균	범위	
차가운/ 뜨거운 물	3.6	3.1–3.9	
홀로셀룰로오스	36.9	31.7–39.5	데이터가 없음.
'Aufschluss'	3.3	2.7–4.3	
전체	43.8	37.5–47.7	

즉 100% 추출 효율을 지닌 각각의 분획마다 개별적 당류 함량을 합산하지 않고 수행한 것이다.

개별의 순수 다당류는 Thaler와 Ameth에 의한 아라비카 커피에 대한 데이터 합산 통해 알 수 있으며, 이는 표3-4에 전체 총량 38.7%로 함께 잘 나와있다. 로부스타 커피의 유사 수치는 심층 계산 없이는 구할 수 없으며, 예상과는 달리 로부스타 커피의 순수 다당류 함량이 아라비카 커피보다 더 낮게 나온다. 케냐산 아라비카가 우간다나 앙골라산 로부스타 커피에서 얻을 수 있는 총 순수 다당류 수치와 매우 비슷하게 나오기 때문에 한 종 내에서의 결과의 다양한 변동성은 나올 수 있다는 점을 명심해야 한다. 반면 콜롬비아산 아라비카는 높은 수치를 보이며 기니아 로부스타

는 매우 낮은 수치를 보인다.

표 3-4 생두 아라비카 커피의 '순수 다당류'에서 단당류 단위의 성분 함량 의 백분율

단당류 유닛	%
아라비노오스	1.8
갈락토오스	9.3
마노스	20.8
글루코스	6.8
전체	38.7

Thaler와 Arneth가 자신들이 계산한 아라비노즈/갈락토스 비율에 대해 검토한 각각의 분획에서 실제 아라비노갈락탄이 발생하는 것을 시각화했다는 사실을 명심해야한다. 그러나 로부스타 커피의 Aufschluss 유분은 Wolfrom과 Patin이 실제로 분리해 낸 아라비노갈락탄 안에서 2:5의 비율의 값을 얻었다. 다른 10개의 실험에서는 비율이 2:3.5~4.5가 나왔다.

1.3 펙틴과 리그닌

펙틴은 여러 가지 다당류의 혼합 또는 결합으로 여겨지며, 주요 요소는 카르복시산인 갈락투론산을 기반으로한 갈락투로논이다. 커피에 들어있는 함량에 관한 정확한 자료는 부족하지만 최대 3% 정도 함유된 것으로 알려져 있다. 람노오스는 펙틴과 연관되어있는 것으로 보인다. 리그닌은 가성소다 및 황산(72%)을 이용해 식물 재료를 추출한 후 커피 섬유질이 추출되지 않은 다른 다당류 물질로 인해 오염되었을 때 섬유질 함량 분석(예: AOAC 방법 사용)에서 남아 있는 불용성 잔여물의 한 부분을 형성한다. Wolfrom과 협력 연구가들에 의해 리그닌 함량이 약 2.4%라는 것이 보고되었다.

2. 로스팅 커피의 탄수화물

로스팅동안 발생하는 탄수화물의 일부 주요변화는 밝음에서 어둠까지 로스팅 정도에 의존한다.

2.1 낮은 분자량 당류

분석은 로스팅 커피를 뜨거운 물로 추출하여 이루어지며, 이 추출물은 물에 잘 녹는 수용성이다. 자당은 로스팅 과정에서 빠르게 손실되기 때문에 아주 연하게 로스팅된 커피도 생두에 남아있는 기존 함량의 3~4% 정도만 갖고 있다. 표3-5에 나와있듯이 중간 로스팅일 때는 1% 정도 남아있으며, 진한 로스팅일 때는 자당이 완전히 다 손실된다.

다른 기본 당류들은 존재하는데, 특히 글루코스, 프록토오스, 아라비노즈는 연한 로스팅에서 진한 로스팅이 될 때 점차적으로 파괴되며 이것은 Kroplien이 증명했다. 미국에서 시판되는 33개의 상업용 로스팅 커피에서 얻은 분석(양적 박층-크로메토그래피 사용)데이터에 의하면, 글루코스 함량은 평균 0.26%, 프록토오스는 0.16%였으며, 반면에 9개의 진한 로스팅된 독일 커피는 글루코오스와 프록토오스 함량이 각각 0.3%와 0.05%였다.

표 3-5 생두 및 원두 커피의 자당 함량 및 로스팅에 알맞은 퍼센트 손실

(결과는 9%, 건조물질)

커피 종류	생두 커피	원두의 종류			
		연한	중간	진한	아주 진한
아라비카	8.46	0.25	0.07	–	–
손실 (%)	–	97.1	99.1	100	100
로브스타	7.13	0.24	0.07	–	–
손실 (%)	–	96.6	99.0	100	100

두 가지 실험의 결과에서 아라비노즈 함량은 모두 0.04%였으며 갈락토스와 만노즈와 같은 다른 당류는 0.01%정도의 수준으로 거의 감지 되지 않았다. 그러나 넓은 로스팅 범위를 포함하는 로스팅 커피와 생두와의 함량을 비교하는 자료는 많지 않다. Tressl과 협력 연구가들이 중간 로스팅한 커피를 사용해 글루코오스 함량을 측정한 결과 같은 커피 샘플에서 0.285%에서 0.07%까지 변했고, Kroplien도 아라비노즈 함량과 비슷한 0.16%에서 0.08%로 변했다고 한다.

아라비노즈와 람노오스 같은 적은 양의 당류가 로스팅 과정에서의 가수분해에 의해 생성된다는증거가 있으며, 이와 유사하게 자당의 도치로부터 로스팅 과정의 매우 초기 단계에서 일어나는 글루코오스와 프록토오스의 양이 약간 증가할 것이라는 증거도 있다. 디카페인화된 커피는 이런 여러 가지 기본 환원당의 양 증가로 인해 로스팅 과정에서 함량이 낮아진다.

2.2 다당류

생두와 마찬가지로 로스팅 커피에 있는 다당류의 관심은 로스팅된 커피와 추출되는 기법에 따라 달라진다. 다당류 함량에 관한 로스팅한 생두의 효과는 관한 연구는 Thaler와 동료 연구가들이 주로 다루었다. 동일한 추출기술들은 분유를 이용해 같은 추출 기법을 사용하였다. 그러나 로스팅 정도에 대한 추가적 매개변수가 있다. 그들의 1968, 1969, 1975년의 논문에서 로스팅 손실의 백분율을 이용해 정의를 내렸다(아쉽게도 건조한 상태가 아닌 있는 그대로의 상태를 기준으로 함). 아라비카 커피 4개와 2개의 로부스타 커피(앙골라, 아이보리 코스트)가 측정되었으며 각각 세 가지의 로스팅 상태(연한/중간/진한)로 진행되었다. 순수한 다당류의 함량에 대한 다양한 분획의 양이 보고되었으며, 평균으로 취해진 아라피카에 대하여 표3-6에 정리되어있다. 로부스타 자료는 이와 같은 형식으로 제공되지 않는다. 백분율 함량이 건조된 생두를 기준으로 표시되어 있다. 이 수치들을 비교가능한 건조 로스팅된 커피의 함량을 제공하기위해 (100-%건조 로스팅 손실)/100에 의해서 나눌 필요가 있다. 그러나 이러한 모든 수치들은 홀로셀룰로오스 분획에서 다당류의 무게에 대한 손실이 꽤 많았다는 것을 보여주며(가수분해 이후에 회복 가능한 단당류라고 확인됨), 로스팅이 많이 될수록 증가했다.

다당류의 가용성과 구조의 일부 변화들이 나타내는 다른 분획의 양에 있어 상당한 증가가 있다. Thaler의 전체적 자료에서 각 분획에서의 다당류 종류 구성 요소 성분의 변화를 보여준다.

표 3-6 일부 생두 및 원두 아라비카 커피에서 다당류의 다른 함량 백분율[a]

일부	생두	연한 원두[b]	중간 원두[c]	진한 원두[d]
차가운/ 뜨거운 물	1.8	1.7	3.5	4.0
홀로셀룰로오스	32.0	25.2	19.3	16.6
'Aufschluss'	4.8	2.5	4.2	6.4
전체	38.6	29.4	27.0	29.0

a 원본과 관련된 건조 생두 커피 비율. .
b 로스팅 손실 평균 11.55%, 있는 그대로, 아마 2-3 % db.
c 로스팅 손실 평균 14.5%, 있는 그대로, 아마 5-6% db.
d 로스팅 손실 평균 19.7%, 있는 그대로, 아마 11-13% db.

하지만 앞에서 말한 바와 같이, 묘사된 구조들이 생두/로스팅된 커피에 실제로 존재하는지는 의문이다. 측정된 4가지 커피에 대한 평균화된 아라비카 데이터에 대해 표3-7에서 제시된 모든 분획을 합산한 상이한 회수 가능 단당류의 변화를 계산하는 것이 더 효율적일 수도 있다. 이 자료는 중간 로스팅된 커피에 약 75%의 다당류만 남아있다는 것을 보여준다(단당류로 가수분해가 가능함). 로스팅 과정에서 글루코오스 단위가 가장 덜 손실되는 반면 Thaler와 동료 연구가들이 알고있는 것과 같이 아라비노즈 단위가 가장 많이 손실된다.

표 3-7 로스팅전아라비카 커피에 (단당류로 결정) 대한 다당류 보유율 계산.

단당류	순수한 생두의 양	생두 (%)	연한 원두 (%)	중간 원두 (%)	진한 원두 (%)
아라비노오스	1.7	(100)	40	40	40
갈락토오스	9.3	(100)	72	70	70
마노스	20.8	(100)	79	65	66
글루코스	6.8	(100)	87	81	90
전체	38.7	(100)	76	70	75

Wolfrom와 동료 연구가들에 의한 생두의 실제 다당류의 실험과 분리는 같은 방법으로 시도되지 않았다. 존재하는 다당류는 약간의 구조적 변화가 있긴 했지만 생두에 함유된 것과 비슷하며, 더 많은 양이 존재한다. 예를 들어, 수용성 분획에서는 더 많은 양이 감지되고 홀로셀룰로오스에서는 더 적은 양이 존재했다.

2.3 탄수화물 변형 산물

로스팅 시에 일어나는 상당한 양의 자당 그리고 다당류 물질의 손실은 '수용성 또는 불용성 또는 모두 중 어떤 물질로 전환되는지'와 같은 다른 의문점들을 갖게 한다.

그러나 자당은 녹는점인 섭씨 130도를 넘으면 카라멜화 반응을 하는 것으로 잘 알려져 있다. 특히 이 반응은 캐러멜의 상업적 제조에서와 같이 암모니아의 존재나 단백질성 물질에 의해 도움을 받는다. 이러한 변형 또는 전환반응은 로스팅 과정에서 생두에 함유된 자당 3~8%db 중량으로 발생한다. 변형은 로스팅 과정의 특징인 이산화탄소와 물의 발생을 동반하기도 한다. 로스팅 시에 생기는 커피의 건조물질의 손실은 약한 로스팅에서는 0~5%, 중간 로스팅에서는 5~10%, 강한 로스팅에서는 10%이상이 발생하며, 이 손실은 생성된 휘발성 물질과 함께 이산화탄소와 수분(생두에 함유된 일반 수분보다 많은 양)일 것이다. 그러나 아직까지 잔여 열

분해된 당분의 구성에 대해서는 잘 알려진 바가 없지만 여러 종류의 무수자당(anhydrides of sucrose)과 보다 높은 중합 물질들(polymerized substances)을 포함될 것이다. 일부 연구들은 수행되었다. 연구에서 중합의 정도는 상대적으로 낮으며 생성된 결과물들은 대부분 수용성이라는 것이 밝혀졌다. 또한 당분의 열분해는 알려지지 않은 특성의 갈색 색소의 형성을 동반하며, 이 물질 또한 수용성이라는 것이 밝혀졌다. 이와 유사한 열분해 반응은 환원당(또는 자당으로부터 형성된 물질)을 발생시키지만, 이 환원당은 커피의 다른 구성 물질인 유리아미노산이나 단백질 붕괴 물질과 같은 물질과도 반응하기도 한다.

다당류의 전환율(예: 중간 로스팅에서 일부 30%)은 꽤 복잡하며 아직까지 연구된 바가 많이 없는 편이다. 그럼에도 불구하고 우리는 내부에서 생기는 무수물 형성(글루칸으로부터 생기는 글리코산)과 소위 축합체(condensation products) 또는 복합체라고 불리는 고분자 물질의 형성을 예측할 수 있다. 순수한 다당류 물질은 백색 또는 회백색을 띄지만 그것들의 형성은 자당과 같이 색소의 형성을 동반하며, 전반적으로는 소량이지만 직접적으로 연관되어있다. 로스팅 시 생기는 이산화탄소와 물의 형성은 이러한 전환으로부터 생기는 것일지도 모른다. 단당류(셀룰로오스로부터 생기는 글루코오스)의 형성은 뚜렷한 함량으로 발생한다고 말하기가 어렵다. 로스팅한 커피에서 이러한 축합체들은 단백질/단백질 단편들, 실제로 변화하지 않는 다당류, 클로로젠산과 같은 일부 성분 및 그것들의 붕괴 물질들과 공유 결합할지도 모른다. 이런 결합 물질들은 '부식산', 또는 '멜라노이딘', '메일라아드 산물'이라고 불린다.

자당이나 다당류의 붕괴로부터 직접적으로 발생한 이 물질들의 양은 건조된 로스팅 커피를 기준으로 할 때 약 15~20% 정도를 차지하며 따라서 중요한 성분이다. 그러나 무엇보다도 용액으로부터 나온 커피 추출물 안에 존재하는 이 물질들에 관한 더 심도 있는 연구가 진행되어야 할 것이다.

3. 내린 커피, 커피 추출물, 인스턴트 커피의 탄수화물

로스팅 커피에서 추출될 수 있는 탄수화물을 포함한 가용성 고형물의 양과 특성은 인스턴트 커피 산업에 있어서 특히 중요한 부분이며, 실제로 로스팅 커피 산업에서 또한 말 할 것도 없이 중요하다. 특히 탄수화물 그리고 전체 가용성 고형물의 추출양에 영향을 미치는 많은 요인들이 있다.

Thaler의 연구에 따르면 섭씨 100도의 뜨거운 물을 사용해서 추출했을 때 강한 로스팅 커피가 약한 로스팅 커피보다 더 많은 양의 다당류를 방출했으며, 이것은 생두와 로스팅된 커피 무게를 기준으로 계산했을 때의 결과였다. 같은 섭씨 100도에서 같은 정도의 로스팅의 경우, 로부스타 커피가 아라비카 커피보다 더 많은 양의 탄수화물과 올리고당, 다당류를 더 많이 만들어냈다. 섭씨 80도~100도 사이의 물을 사용하여 가정에서 내려 마시는 커피의 경우, 로스팅 커피로부터 물질들을 완전히 추출하지는 못한다. 또한 광범위한 내리는 조건, 물/커피의 비율, 가는 입자의 커피를 자동 필터 기계를 사용해서 내렸을 경우 가용성 고형물의 추출양은 최소 15%~최대 28% 정도로 추출된다. 이 추출물에 대한 성분는 물 추출만큼 심도 있게 연구된 바가 없다.

그러나 섭씨 100도 이상의 온도와 폐쇄 가압 상태에서 추출하면 더 많은 양의 가용성 고형물을 생산해내며, 특히 그 중에서도 다당류가 많으며 단당류의 양도 약간 증가하는 것으로 나타났다.

물 추출온도가 섭씨 130도~최대 180도까지 올라가면 다당류의 함량이 눈에 띄게 증가하는 것으로 나타났다. 여기서도 마찬가지로 로부스타가 같은 로스팅 정도와 조건에서 추출했을 때, 탄수화물을 포함한 가용성 고형물을 보다 많이 생산해내는 것으로 밝혀졌다.

표 3-8 다양한 인스턴트 커피의 설탕 성분 (건조 물질%)

설탕	방법						
	TLC (31)		GLC	HPLC (7)		HPLC (13)	
	범위	평균	-	범위	평균	범위	평균
아라비노오스	0.40–2.48	0.97	0.05–0.13	0.31–1.55	0.94	1.23–2.10	1.65
갈락토오스	0.19–0.93	0.34	0.32–0.82	tr–1.08	0.27	0.44–1.79	0.86
마노스	0.12–1.05	0.35	0.00–0.26	0.11–0.16	0.11	0.31–0.93	0.54
리보스+크실로스	0.04–0.16	0.08	–	–		–	
리보오스	–		0.08–0.21	–			
글루코스	0.00–0.30	0.04	0.15–0.29	tr–0.48	0.07	0.00–1.03	0.37
프록토오스	0.00–0.48	0.14	–	tr–1.04	0.23	0.25–1.29	0.48
자당	–		0.02–0.31	tr–1.04	0.23	0.25–1.29	0.48

Thaler와 Korplien는 인스턴트 커피에서 쓰이는 상업용 추출물과 일반 커피 추출물의 당류 구성을 비교한 실험을 했다. 더불어, 추가 건조 작업까지 거친 다양한 실제 상업용 인스턴트 커피에 관한 연구는 이미 여러 학자들에 의해 진행된 바 있지만, 한 가지 아쉬운 점은 로스팅 정도나 커피 블렌드에 관한 정보, 추출양에 관해서는 항상 이용가능 하지는 않다.

3.1 낮은 분자량 당류

일반적으로 인스턴트 커피의 상업용 샘플은 적은 양의 아라비노즈, 갈락토오스, 만노오스를 포함하고 있으며, 미량의 다른 당류인 자당, 리보오스와 크실로오스도 포함하고 있다. 글루코오스와 프록토오스도 간간히 발견할 수 있지만 프록토오스는 아마도 인스턴트 치커리를 첨가하는 과정에서 생겨난 것으로 추측된다. 표3-8에는 발표된 논문의 주요 자료가 잘 정리되어 있으며, 이 실험은 현대 분석 기법을 사용하였다. 모든 당에 관하여 측정된 광범위한 수치는 연구된 샘플들간의 차이와 분석 기법간의 차이를 모두 반영하고 있다. TLC 기법은 실험 플레이트와 차후 비색법으로부터 성분들을 제거하는 과정도 포함하는 반면, GLC 기법은 유도체화를 포함하고 있다. 이 두 가지 기법 모두에서 손실들을 초래할 수도 있다. 이론상으로 HPLC 기법들은 다른 기법들보다 더 간단하기 때문에 오차가 덜 생기며, 여기에 나온 차이는 아마도 추출 과정에서의 변화때문에 생겼을 확률이 높다. ASIC Proceedings2에 발표된 자료는 따뜻한 물 추출(섭씨 50도)아 포함되어있으며, 추후 아세테이트 침전물이 생성되었다. 차후에 이 기법이 검토되고 Sep-Pak 카트리지를 이용해 침전 단계를 피할 때, 훨씬 더 높은 수치를 얻어낼 수 있었다. 이것을 근거로, 수치가 높을수록 더 정확하며 더 심도 있는 연구가 현재 진행 중이라는 것이다. 예비 연구에 사용된 7개의 샘플들은 차후의 연구에도 동일하게 사용되었지만 샘플의 범위는 더 넓어졌으며 그 결과 보다 더 높은 수치들을 얻어낼 수 있었다.

아라비노스와 갈락토오스 및 만노오스 양의 수치는 로스팅 커피에 있던 미미한 정도와 비교했을 때 상대적으로 높게 나왔다. Kroplien의 연구에 의하면 글루코오스와 프록토오스의 경우, 독일산 인스턴트 커피에서 두 물질의 수치가 연하게 로스팅된 인스턴트 커피보다 낮게 나왔다. 로스팅 커피와 이러한 인스턴트 커피의 수치를 정확하게 비교하기 위해서는 이전의 수치들에 가용성 고형물의 추출양의 분획을 곱해주어야 한다. Kroplien은 Thaler의 자료에서 나온 다당류 양의 측정법을 바탕으로 하여 계산법을 제공하는데, 이 측정법에서는 중간 로스팅된 아라비카 커피를 사용했으며 정확하지는 않을 수도 있지만 50%의 로스팅 커피로부터 추측된 평균양을 계산했다. 여기서 알 수 있는 것은 원래 적은 양이지만 원래의 '아라반' 중 61%는 추출 과정에서 아라비노즈로 가수분해 되었으며 3%만이 갈락탄이었고, 1.2%의 매넌, 0.3%의 글루칸이었다는 것이다.

그러나 실제로 아라비노즈 구성 단위(예: 아라비노갈락탄의 측쇄)가 실제 다당류의 오직 일부밖에 차지하지 않았다면 이 아라반 가수분해 수치는 아라비노즈가 처리과정에서 양이 줄어들었다는 것을 의미하며, 동시에 갈락탄 부분과 매넌, 셀룰로오스가 상대적으로 훼손되지 않았다는 것도 알 수 있다.

그 후에 진행된 같은 연구에서 Kroplien은 인스턴트 커피에서의 단당류 형성을 실험적으로 알아내었다. 그는 물 온도를 섭씨 120도에서 200도까지 20도 간격으로 올리며, 각 온도에서 1시간 동안 가압 처리를 해주는 방식을 사용하여 로스팅 및 분쇄된 커피를 연속적으로 추출해냈으며 그는 실험에서 사용된 콜롬비아, 아라비카, 살바도르 아라비카, 콩고산(자이레) 로부스타 각각의 추출양을 증가시킴에 따라 아라비노스, 갈락토오스, 만노오즈의 양의 변화가 점진적으로 증가함을 입증했다.

예를 들어, 섭씨 160도에서 가압하여 추출했을 때 살바도르 아라비카의 누적된 양은 로스팅 커피에서 46%의 가용성 고형물을 얻었으며, 이 추출물의 건조기준 중량으로 아라비노즈/갈락토오스/만노오즈의 양은 각각 1.28/0.38/0.31%였다. 반면에 동일 온도의 로부스타를 추출했을 때 60%의 가용성 고형물, 각각 1.50/0.25/0.17%의 양을 얻었다. 비록 이러한 가공유형은 대량의 커피 추출물에 대한 대략적인 모의 실험으로만 볼 수도 있지만, 상업용 커피에서 측정된 수치와 다소 유사하게 나온 것으로 알려져 있다. 추출 온도가 섭씨 120도일 때, 아라비노즈는 0.2% 정도 존재하는 것으로 밝혀졌지만 갈락토오스와 만노오즈는 찾을 수 없었다. 이 결과는 상업적관례로 추후 분무건조/동결건조법을 거친 액상 커피 추출물로부터 얻어졌다. 건조하는 과정에서 어떤 변화가 일어나는 지에 대해서는 아직 밝혀진 것이 없지만, 분무건조 과정에서 조건이 열악했다면(고온에서 장기적으로 노출된 경우) 아마 메일라아드 반응으로 인해 약간의 감소가 일어날 것이라고 추측된다. 이와 유사한 경우는 액상 우유를 건조시키는 과정에서도 찾아볼 수 있다.

3.2 다당류

개별 탄수화물류 분획에 대한 연구는 다른 용제와 물을 사용해 추출하는 방식에 의한 인스턴트 커피의 분획에 의해 성취된다. Pictet에 따르면, 수용성 아세톤(90%v/v)을 사용하여 추출했을 때 두 가지의 확연히 구분된 종류를 얻어낼 수 있다고 한다. 첫 번째 종류인 (A)는 수용성이며 전체 고형물의 29~37%를 차지하고, 두 번째인 (B)는 물에 불용성으로 2.7~7.5%만을 차지한다. 세 번째 종류인 (C)는 전체 고형물의 32~41%를 차지하며 이후에 에탄올(70% v/v)을 사용하여 추출된다. 네 번째 종류는 유기 추출물의 잔류물이며 수용성이고 전체 고형물의 22~31%를 차지한다. 종류 (A)는 아주 적은 양의 당류를 포함하며 주로 카페인, 클로로젠산, 단백질, 무기질로 이루어져있다. 종류 (B)는 주로 갈락토오스, 아라비노즈, 글루코스의 중합체로 이루어져 있다. 갈락토오스, 만노오즈, 아라비노즈로 구성된 올리고당은 종류 (C)의 주요 구성 물질이다. 수용성 잔류물인 (D)는 갈락토오스, 만노오즈, 아라비노즈로 형성된 가장 많은 양의 다당류를 포함하며 중합도 범위는 15~25 정도이다. 또한 여기에는 약간의 무기질, 단백질, 미량의 클로로젠산의 들어있다.

내린 커피와 커피 추출물의 다당류는 섭씨 100도를 넘지 않는 뜨거운 물을 이용한 추출 방법으로 생성되며, 냉/온수를 사용한 분획에 관한 Thaler 자료로 평가될 수 있다. 완전히 추출한 중간 로스팅 아라비카의 경우, 생두 중량 기준으로 했을 때 약 3.5%의 다당류(로스팅 커피의 경우에는 이것보다 좀 더 높음)가 포함되어 있으며 이 다당류는 주로 아라비노즈, 갈락토오스, 만노스로 구성되어있다.

더 높은 수율 커피 추출물 및 인스턴트 커피에 있는 다당류에 관한 주요 연구는 Thaler와 협력 연구가들이 또 실험했으며 두 개의 주요 논문에 이미 보고된 바 있다. 그 중 두 번째 논문에서, 그들은 로스팅 커피의 '기술적 실험 공장(technical pilot plant)' 추출에 의해 얻어진 더 많은 양의 추출물에 들어 있는 다당류의 성분 대해 보고했으며 이전과 마찬가지로 아라반-갈락탄-매넌-셀룰로오스에 대해 측정했다. 이 실험에서는 두 가지의 커피 종류를 사용했는데 한 가지는 콜롬비아산 아라비카 중간 로스팅 (명시되지 않은 수분 함량도 포함하여 로스팅 손실 17%)이며, 나머지 한 가지는 앙골라산 로부스타(마찬가지로 로스팅 손실 18.7%)이다. 추출 조건들은 명시되지 않았지만, 섭씨 100도에서 로스팅 커피 무게를 기준으로 38.0%(아라비카), 39.5%(로부스타)의 명시된 추출량을 가진 샘플들을 포함했다. 그것은 100도에서 추출한 것 치고는 다소 높게 나온 것이라는 것을 알 수 있다.

다른 3가지 종류의 커피의 자료도 나와있는데, 최대 추출양인 53%(아라비카), 58%(로부스타)를 얻었다. 추출물들은 황산으로 가수분해되었으며 단당류는 종이 크로마토그래피를 통해 정량된 다음, 예상되는 당류 만노오스 및 갈락토오스 그리고 글루코오스 및 아라비노오스에 대하여 효소분석법을 통해 정량화하였다.

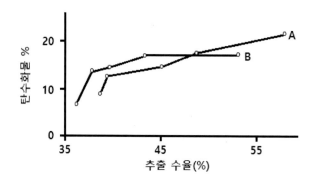

그림 3-1 원두의 추출 수율 : (A) 로부스타; (B) 아라비카. * 원두 기준 탄수화물 (%).

멜리타(Melitta) 필터에서 1:25의 비율로 끓는 물을 이용해 제조된 샘플들(탈지된 로스팅 커피)은 탈지화된 로스팅 커피를 사용했지만 꽤 높은 추출양인 36.4%(아라비카), 38.8%(로부스타)를 얻었다고 명시되었다. 가정에서 내린 아라비카 커피는 로스팅 커피 중량에 관해 탄수화물 함량이 7.45 %db(여기에는 이미 당류가 포함되어 있음)이지만, 이전 연구에서 로스팅 콜롬비아산 커피를 냉/온수로 추출한 자료에서는 4.8%만 나왔다고 보고되었다. 그러므로 이 실험으로 얻은 값이 잘못 측정되었거나 아니면 이 결과에 맞는 부연 설명이 필요하다는 것은 명백하다.

이렇게 얻은 결과는 맨 처음 측정된 추출물의 탄수화물 함량(전체 단당류)을 도표화 되었으며, 건조된 로스팅 커피 무게당 백분율로 가용성 고형물의 명시된 상응 추출량에 대입하여 나타냈다. 아라비카의 경우를 보면 추출양(일부 18%)이 43.6%까지 올라감에 따라 탄수화물 양이 증가하는 것을 보여주었으며 이 값은 추출양이 53%일 때까지 일정했다. 반면 로부스타 커피는 추출량 58%일 때 다당류가 계속적으로 방출됨을 알 수 있었다. 이렇듯 실험실 추출물의 다소 변칙적인 특성은 그림3-1과 같이 그래프로서 명백해지며, 이러한 결과를 생략하면 합리적으로 직선이 생성되기 때문이다.(로부스타의 경우)

아라비카 커피에 있는 각각의 다당류에 관해 추출양이 최대 40%일 때 매넌 보다 갈락탄이 더 많이 포함되어 있는 것으로 나타났으며, 그 이상 추출하게 되면 그 때부터는 매넌의 양이 더 많아져서 53%일 때 두 물질의 양이 비슷해졌다. 로부스타 커피의 경우도 이와 비슷하긴 하지만, 58%까지 매넌보다 갈락탄의 양이 더 많다는 것이 조금 다르다. 이 두 종류의 커피에서 글루칸의 양은 항상 낮고 아라반은 낮은 수준으로 유지되지만 아라비카 추출물이 많아졌을 때 아라반의 양도 1.4%도 약간 높아졌다. 그러나 이 아라반의 수치는 단당류 상태로 이미 존재하는 아라비노즈를 포함하고 있으며 아라반만 구별하여 측정한 값은 아니다. 또 다른 예외적인 특징은 실험실에서 섭씨 100도에서 추출된 커피가 상대적으로 더 많은 양의 아라반을 가지고 있으며, 같은 온도지만 기술적 실험 공장법을 이용한 추출물에서는 거의 찾아볼 수 없었다.

Thaler는 추출된 다당류의 일부가 멜리어드 산물과 어떤식으로도 결합되어 있음을 고려했으며, 특히 높은 분자량을 가진 다당류가 결합했다고 했다. 따라서 이 연구에서 그는 커피 추출물을 처리하기 위해 과산화염소를 사용했으며 이것을 투석한 뒤, 세척하고 건조한 고분자 다당류를 침전시키기 위해 9배의 에탄올을 첨가한다. 그리고 정량적 평가를 위해 가수분해 하기 전에 무게를 잰다. 이와 같은 침전물은 변환된 다당류(단당류는 함유되지 않음)를 여전히 함유하고 있었다. 고분자 탄수화물이라고도 불리는 이 다당류는 아라비카 커피 추출물에 존재하며 일반적으로 총 다당류 함량의 절반 이상을 차지한다. 반면 로부스타의 경우, 추출양이 적은 경우에 함량의 절반 정도를 차지하지만 추출양을 늘리면 낮았던 고분자의 비율이 급속히 증가하는 것으로 나왔다. 그러나 각 커피에 있는 두 가지의 고분자 종류의 구성은 비슷한 것으로 알려져 있다.

이 연구에서 다당류를 추가 분리는 이산화 염소 처리, Fehling의 용액을 첨가한 후 침전물의 정량적 평가 및 메탄올-아세틱 산을 이용하여 처리의 과정을 따라 진행된다. 이러한 침전물들은 주로 아라반이 포함되지 않고 매넌(아라비카에서는 5%의 갈락탄, 로부스타에서는 12%의 갈락탄과 함께 존재함)만 있는 것으로 나타났다. 정량적으로 흥미로운 사실은 아라비카 추출물에서는 추출양에 관계없이 다당류의 일정한 방출을 보인 반면 로부스타 추출물에서는 추출양이 많아질수록 다당류 생성양도 증가했다. Ara 와 Thaler는 매넌의 증가율은 로스팅 정도와 관계가 있다고 설명했다. Wolfrom과 Anderson이 아라비노갈락탄-(갈락토)-매넌-글루칸에 대해서 재연구했음에도 불구하고, 실제 존재하는 다당류의 정확한 구조에 대해 확실한 이해가 없는 상태에서 이 연구 결과를 해석하게 되면 잘못된 결론을 도출해낼 수도 있다.

그들은 인스턴트 커피에 있는 알려지지 않은 원천의 실제 다당류를 분리한 것에 대해 보고했으며 이것은 아라비노갈락탄을 얻기 위한 과정에서 추출양은 5%만이었다. 당류의 비율은 2:25 (중합도 15)로 나왔고 이것은 생두로부터 얻은 수치(2:5의 비율)와 매우 달랐다. 그 이유는 이미 논의된 것과 같이 아마도 인스턴트 커피를 가공하는 과정에서 사슬에서 아라비노즈 단위를 끊어냈기 때문일 것이다. 이렇게 결합이 깨지는 이유는 추출동안 나타나는 약산성 조건이기 때문일 것이다. 또한 매넌도 분리되었는데 예상했던 10~15%와 달리 아주 소량인 1% 정도 나왔고, 중합도 10~13일 때 극소량인 갈락탄도 동반한 것으로 나타났다. Thaler는 특히 아라비노즈가 생성되는 것은 확실하지만 가수 분해가 추출 과정에서 생기는 것은 아니라고 한다.

3.3 탄수화물 변형 산물

추출 과정에서 다당류만 추출되는 것이 아니라 2.3절에서 이미 논의된 탄수화물 변형 물질도(유색/색소가 들어간/무색) 함께 추출된다고 이미 앞에서 언급한 바 있다. 섭씨 100도나 그 이상에서 수성 추출하는 방식은 거의 연구된 것이 없지만 확실한 것은 추출양이 증가할수록 이 물질들의 함량도 증가한다는 것이다. 그 양은 추출양과 탄수화물 양의 차이를 통해 추측할 수 있으며, 둘 다 로스팅 커피 무게를 기준으로 한다. 또한 이와 함께 섭씨 100도에서는 다른 가용화된 물질들은 물과 함께 완전히 추출될 수 있기 때문에 추출된 '단백질'의 양도 예측가능하다.

섭씨 100도에서 추출한 물을 이용한 추출이나 커피를 이와 같은 물질들을 반드시 포함하며 특히 갈색이거나 갈색 색소를 가진 물질들이 많이 포함된다. 캬라멜라이제이션된 자당 물질도 쉽게 용해될 것으로 예측된다.

분자 크기에 따라 다양한 정도로 분리하는 젤-필터레이션 기술은 커피 추출물에 있는 고분자 용해성 물질의 특징을 밝히는데 도움이 되는 유용한 도구이다.

Streuli는 1962년 세파텍스 G-25를 사용하여 자외선 흡광체를 사용하여 로스팅 커피 추출물을 3가지 종류로 분류하였다. 첫 번째 종류는 고분자 물질(4000초과)로 구성되어 있으며 색이 짙다. 두 번째는 '멜라노이듬' 물질과 함께 트리고넬린과 카페인으로 구성되어있고, 반면 마지막인 세 번째 종류는 낮은 분자량이며 매우 높은 양의 클로로젠산을 내포하고 있다.

Feldman과 협력 연구가들은 Sephadex G-25을 이용해 크로마토그래피 분류 작업에 대한 결과를 보고했다. 이 방법은 Streuli와 비슷했지만 자외선 흡광체가 아닌 굴절률 모니터를 사용하였다. 첫 번째 종류인 고분자 지역은 갈색 복합체를 포함한 여러 가지 물질을 보여줬지만 분해는 거의 없었다. 전형적인 크로마토그램은 그림3-2에서 잘 보여주고 있다.

Sephadex G-50을 이용해 같은 기술을 사용할 수 있지만 우선적으로 나

일론 가루를 사용한 컬럼 크로마토그래피에 의한 두 가지 종류로 분류해야 한다. Maier와 협력 연구가들은 콜롬비아산 커피 추출물은 더 세분화한 7가지 종류로 분류했으며, 유사하게 산토스 추출물은 탈지 로스팅 커피커부터 얻어냈다(로스트 손실 19.5%). 이 때 섭씨 90도에서 커피:물의 비율을 1:9였고 추출했을 때 29.8% 추출양을 생산했다(무지방 기준). 페놀이 없으며 낮은 분자량 물질의 종류에서 갈색 복합체(물리적으로 둘 다 분리될 수 있음)를 가진 갈락탄매넌(MW 5000~10000)과 중합된 물질(MW5000~50000)을 찾아볼 수 있었다. 가수분해 된 후자물질은 만노오즈, 갈락토오스, 아라비노즈로 구성되어 있었으며 대략 분자 당 6~12 아미노산 잔류물을 가지고 있었다.

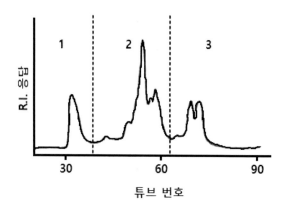

그림 3-2 Sephadex G-25 컬럼에서 산토스 커피 추출물의 크로마토 그래피 분리.
영역 1. 고분자량 영역; 영역 2. 확산성 결정체 (삼각체 및 카페인); 영역 3. 흡착 물질 (클로로젠산).

펩타이드도 분류되었지만 발색성 그룹의 특징이나 변형된 탄수화물의 크로마토그래픽 위치 결정에 대한 것은 밝혀지지 않았다.

Sephadex G-25를 이용해 젤-필터레이션 방식으로 얻어낸 로스팅 커피의 추출물의 세 가지 종류 중 한 가지는, 주로 모형 시스템과 유사한 자당의 카라멜라화를 통해 주로 형성되었다고 알려져있다.

Rostock 대학의 Mucke와 협력 연구가들이 일련의 논문에서 커피 부식산의 양적 추산과 분리에 대한 내용이 실려있다. Sephadex G-25을 이용해 커피 추출물을 분류하면 과망간산염으로 인한 산화한 결과, 로스팅 커피에서 이 불분명한 물질이 16.3% 들어있으며 인스턴트 커피에는 14.5%가 들어있고, 이 물질의 4 가지 특징은 다음과 같다.

1. 암모늄 염이 분리됨으로서 불용성 납염 형성
2. 철과 철이온을 통한 킬레이트화의 수용력.
3. 철 이온을 감소시킴
4. 알칼리 가수분해에 따른 페놀 방출

인스턴트 커피에서 얻어낸 부식산에는 3.5∼4.2%의 질소가 들어있었고, 그 중 1/3은 가수분해 이후에 아미노산에 들어있었다. 또한 수많은 클로로젠산 분해 산물, 특히 카페인 산과도 연관되어 있는 것을 찾아볼 수 있었으며, 그 뿐 아니라 알칼리 압력 가수분해를 통해 배출될 수 있는 10가지의 다른 페놀 물질과도 연관이 있었다.

현대 컬럼 충진(column-packing)물질은 젤-필터레이션을 위해 개발되었으며, 이것은 기계적으로 안정적이기 때문에 고압에서도 작업 입자로 사용될 수 있다. 짧은 시간 내에 결과를 얻을 수 있으며 대부분의 경우 해상도가 매우 향상된 결과를 제공한다. Trugo는 로스팅 정도의 함수로서 TSK PW 4000 컬럼을 사용하여 커피 액상 추출물(섭씨 50도에서 커피/물의 비율 1:10)의 분자량 변화에 대해 연구하기 위해 사용했다. 굴절률 검출기(refractive index detector)를 컬럼 용리액을 관찰하는 용도로 사용했을 때, 크로마토그램 값이 생두와 로스팅 커피의 고분자량 지역(>2.5 x 10)과 낮은 분자량 지역(∼ 10^3) 사이의 큰 차이를 보여주었다. 로스팅 커피의 전자의 양은 확실히 증가했지만 로스팅 강도가 세질수록 양이 감소했다. 중간 지역은 로스팅 커피의 샘플에서 더 복잡한 패턴을 보여주었다. 동일한 용리액에서 가시기 탐지기를 420nm에서 사용했을 때, 색소가 있는 물질이 확인되었다. 반면에 예상했던 대로 생두에서는 색소 물질을 거의 찾아볼 수 없었으며, 로스팅 커피에서는 모든 고분자량 범위에 걸쳐서 퍼져있는 것으로 나타났다.

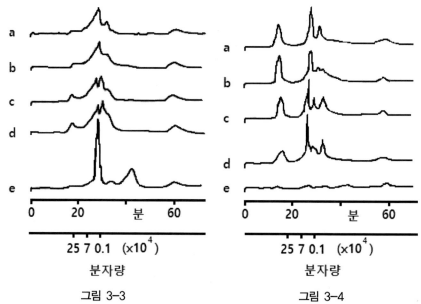

그림 3-3
굴절률 측정 기능이있는 TSK PW4000 칼럼의 생두 및 원두 로부스타 커피 추출물의 Gel -투과 크로마토 그래피 (a) 매우 강한, (b) 진한, (c) 중간, (d) 약한 (e) 생두.

그림 3-4
420nm에서 측정한 TSK PW4000 칼럼의 생두 및 원두 로부스타 커피 추출물의 Gel -투과 크로마토 그래피 (a) 매우 강한, (b) 강한, (c) 중간, (d) 약한 (e) 생두.

325nm에서 감지했을 때는 상대적으로 간단한 패턴을 보였으며, 반대로 굴절률에 의한 탐지 또는 420nm에서 감지했을 때 로스팅 이후에서만 나타나는 분자량 2.5×10^5 이상에서는 그 어떤 피크도 감지 되지 않았다. 이 결과는 페놀 화합물(클로로젠산)들은 로스팅 과정동안 고분자 형성에 참여한다는 것을 알려준다. 고분자 물질(2.5×10^5 이상)은 로스팅 정도에 따라 증가하는 것으로 나타났지만 로스팅 정도가 심하면 다시 감소했다. 로부스타에 들어있는 고분자량 물질이 아라비카에 있는 것보다 열적으로 안정하다는 몇 가지 증거가 있다. 325nm 감지에서 나타나는 대부분의 피크들은 280nm에서도 유사한 모양과 분포도로 또한 감지되지만 일반적으로

더 작다. 280nm에서 흡수한 카페인은 컬럼에 강하게 남아있으며, 60분 후에만 용출되고 젤-필터레이션 장치에서 수행되는 것뿐만 아니라 흡수도 가능해진다. 로스팅 커피의 물 추출물에서 280nm에서 감지되는 고분자량 물질 발견했다. 아마 이 파장에서 흡수하는 요소들이 변형된 가용성 물질 또는 변형되지 않은 다당류와 함께 중합 반응에 참여하거나 물리적으로 붙어있다는 것을 암시해준다.

젤-필터레이션은 인스턴트 커피의 분자량 개요의 연구에도 사용되었다. 이 연구에서 사용된 샘플들은 로스팅 커피의 물 추출물에 있는 고분자량 물질(약 2.5 x 10) 양과 대략 비슷한 수치를 보여주었다. 클로로젠산과 카페인에 있는 양의 차이와 관련된 것을 제외하고 주요 차이점으로는 양이 작고 아라비노즈, 만노오즈, 갈락탄과 같은 단당류의 양이 다양하다라는 것이다. 위에 언급된 양은 이미 논의된 HPLC 기술을 통해 정확하게 수량화될 수 있다. 고분자량 다당류 종류 물질은 아직 이 방법으로 수량화되지 않았는데, 그 이유는 구체적인 분자량 범위의 덱스트란을 제외하고는 일반적으로 기준 물질들을 이용할 수 없기 때문이다. 이 연구에서 언급된 초고분자량 물질들은 생두부터 분리된 순수 다당류에 대한 가능성보다 훨씬 크며, 여전히 로스팅 커피 안에서도 존재한다. 유리당이든지 생두내에서 결합되었든지에 상관없이 다당류의 분자량은 아직 알려지지 않았으며 섭씨 180도에서 수분 추출 온도 사용에 의해 수용액으로 추출되는 다당류에 대해서도 알려진 바가 없다. 이와 같은 고분자 물질들 사이의 결합적 특징에 관한 추가적 정보는 요소(urea)와 같이 수소결합으로 인한 응집을 제거되는 해리 용매를 사용한 젤-필터레이션을 반복적으로 사용하여 얻을 수 있다.

4. 커피 탄수화물의 물리적 특징들

많은 다른 물질들과 마찬가지로 탄수화물은 흡착 위치에서 휘발성 물질들 결합을 위한 수용력을 가지고 있으며, 이것은 Maier에 의해 커피의 다른 물질들과 탄수화물에 대해 특정 기준 물질과 함께 연구한 바 있다. 다양한 커피-흡착 기질에 의한 알려져 있는 휘발성 커피 향 화합물 결합은 관심의 대상이다. 휘발성 물질의 흡착은 가스-크로마토그래피 방법을 이용해 단기내에 평가 할 수 있지만 최대 혹은 평형 정도는 밀폐 컨테이너나 건조기를 사용한 중량 측정 방법으로 얻어야만 한다. 비가역적으로 잡힌 휘발성 물질의 양의 측정은 이전에 평형 샘플을 실온이나 다른 온도에서 고진공 처리해서 다 비운 후에 측정할 수 있다.

표3-9는 로스팅 커피와 건조된 커피 추출물을 포함한 여러 가지 고형 음식 물질에 흡착된 에탄올 에 대해 Maier가 얻어 낸 결과를 제공한다.

표 3-9 커피 및 기타 식품에 에탄올의 흡착.

생산	건조 물질이 mg / g 단위로 흡착된 양		
	한시간 후	평형	실온에서의 탈착
원두 커피	16.7	50	2.9
커피 추출물	3.1	3	0.0
셀룰로오스	9.2	98	24.5
녹말	1.0	208	–
펙틴	2.3	115	0.0
카세인	5.2	290	35.4
무지방 우유(파우더)	4.4	216	9.7
풀 크림 우유(파우더)	6.2	202	9.2
오브알부민	2.6	230	37.6
딸기 분말	5.2	19	0.0

자료에는 헥산이나 아세톤과 같은 휘발성 물질에 대해서도 있다. 커피 추출물은 로스팅 커피보다 훨씬 낮은 양의 휘발성 물질을 흡수한다. 그러나 로스팅 커피는 꽤 많은 양의 커피 오일(~15%)을 포함하고 있으며, 여

기에서 흡착은 용해성에 의해 대량 흡수가 일어난다. 커피 오일 자체는 이와 같은 휘발성 물질들을 대량 흡수하는 것으로 나타났다. 즉시 건조된 인스턴트 커피에 들어있는 커피 오일의 수준은 낮지만 종류가 다양하다. 흡수는 가루 물질의 조건에 따라 달라지며, 그 조건이란 가공되는 방법에 따라 달라지는 다공성이나 입자 크기 등을 얘기한다. 이 현상은 다른 방법들로 건조된 인스턴트 커피의 등온 흡습 곡선 그리고 특별히 가공된 건조 옥수수 시럽 고형물의 가수 분해물의 높은 에탄올 흡수에서 입증된다.

Maier는 또한 Thaler가 제공한 고수율 (36%, 42%, 53%)인 3개의 분무 건조 커피 추출물에 대해 평형 흡착 양과 5개의 휘발성 물질인 피리딘, 에탄올, 디아세틸, 에틸아세트, 아세톤의 분배 계수를 측정했다. 피리딘과 에탄올 모두 추출양이 많아질수록 흡착양도 증가했으며 피리딘의 휘발 화합물은 더 높은 흡착 수준을 보였다. 결과들은 또한 가스-크로마토그래피 방법을 이용해 총 다당류의 함량에 관해 이 동일 휘발성 물질들의 분배 계수가 측정되었고, 고분자 화합물, 다당류는 따로 측정되었다. 분명한 것은 다당류의 양이 많을수록 휘발성 물질의 흡착 수용도가 훨씬 컸다. 게다가 이 연구에서 피리딘과 아세톤의 흡착양은 선택된 커피의 구성 요소에 대해 측정되었다(매넌, 글리신과 만노오즈로부터 생성된 마이야르 생성물, 카페인 산, 퀸산, 카페인). 인스턴트 커피안에 약 1~2% 존재하는 두 가지의 커피 산과 마이야르 생성물은 피리딘에서 꽤 높은 결합력을 보여주었지만, 매넌은 이 두 가지 휘발성 물질 모두 동일한 높은 수준으로 흡수했다.

커피 추출물을 건조시킬 때의 휘발성 물질의 흡착의 중요성에 대해서는 의심이 가며, 특히 동결건조법을 사용할 때 더욱 그렇다. Rey와 Bastein은 휘발성 물질의 흡착이 중요하다는 것을 인식했으며, 이 물질들은 동결건조 입자나 면의 외부 층에서 발견된다는 것을 알아냈다. 그러나 Flink와 Karel은 말토즈 용액과 propane-2-ol을 사용한 모형 실험에서, 동결건조 이후에 휘발성 성분들이 원래 있었던 층에 진하게 남아있으며 다른 층에서는 발견되지 않았다는 것을 알아냈다. 이 연구가들의 주장에 따르면, 휘발성 화합물들에 대한 '마이크로 지역'을 가능하게 하는 매트릭스 물질의 특징이 동결건조법에서 중요하다고 한다. 매트릭스 물질은 비정질로 유지되어야 하며 점성 유동을 할 수 없어야 하는데, 이것은 온도나 수분 함량에 따라 달라지게 된다. '붕괴' 온도는 이 온도 이상이면 면이나 입자에 있는 어느 층로부터 휘발성 화합물이 날라갈 수 있고 '거품' 현상을 동반할지도 모른다. 이러한 붕괴 온도는 과일 주스에 들어있는 글루코오스나 프룩토스와 같은 단당류의 경우 꽤 낮다고 알려져 있으며, 고체 농도 25%일 때 꽤 낮은 섭씨 영하 40도이다. 반면 다른 종류의 다당류의 붕괴 온도는 커피 추출물 고체 농도 25%일 때 섭씨 영하 20도로 훨씬 높으며, 각각의 경우에서 더 낮은 수분 농도를 가질 때 비례적으로 높은 온도를 보인다. 변형된 다당류를 포함한 다당류의 함량이 높을수록 우수한 휘발성 잔류를 위한 동결건조가 훨씬 쉽다. 왜냐하면 상대적으로 다당류의 함량이 높을수록 동결된 층들이 유지되는데 필요한 온도가 있기 때문이다.

Thijssen과 협력 연구가들은 분무건조법과 더불어 동결건조와 공기건조법에 대한 선택적확산(selective diffusion)의 개념을 정립하였으며, 여기에 여러 가지 논문에서 발췌한 기술적인 실험들의 증거를 바탕으로 사용하였다. 한 마디로 요약하자면, 외부 층들의 농도가 증가함에 따라 물의 증발과 함께 일어나는 휘발성 물질의 손실은 휘발성 요인이 아닌 확산 요인에 의해서 측정된다는 것이다. 높은 고형물 농도에서 휘발성 물질들의 확산은 물의 확산보다 훨씬 적기 때문에, 수분이 증발이 발생하는 속도에 따라 휘발성 화합물은 완전히 건조된 상품에서 더 많이 남아있게 된다. 이와 상대적 확산 비율은 다른 농도에서 용액의 점도에 영향을 주는 분자량 요인들에 의해 결정된다. 분자량이 높을수록 점도도 높아진다. 특히 추출양이 많은 경우에 커피 추출물에 있는 고분자량 물질들의 존재는 휘발성 물질을 보존하는데 좋은 영향을 준다. 다당류는 순수한 상태일 때 꽤 낮은 농도에서 점성이 꽤 높은 것으로 알려져 있다. 예를 들어 다양한 다당류 검의 용액이 있다. 여러 가지 농도에서의 커피 추출물의 점성에 관한 자료는 나와 있기는 하지만, 커피 추출물이나 그에 따른 복합 파생물에 들어있는 각각의 다당류에 관한 연구는 그리 많지 않다. Voilley와 Simatos

는 분자량 증가함에 따른 동성 고분자 화합물들을 기반으로 한 동결건조에 남아있는 휘발성 화합물들의 보유에 관한 유익한 효과를 입증했다. 흡수나 흡착 영향들은 건조 과정의 후반부에 일부 영향을 끼치며, 이 영향을 간단한 확산율 변화로부터 구별하기가 어렵다. 그러나 그 이후에 보관하는 과정에서 휘발성 물질의 손실은 중요하지만 실제로는 밀폐 용기의 사용에 의해 통제된다.

5. 탄수화물 측정

커피 및 그 제품과 같은 복합적인 물질들에 들어있는 탄수화물의 측정은 상당한 어려움이 있으며, 이 물질들이 주는 문제를 해결하려는 시도는 아마 여러 가지 결과들을 가져올 것이다.

액상 커피 추출물을 검사하지 않는 한, 성분들은 일반적으로 수용액에서 처음 발견된다. 정확한 정량화를 위해 완벽한 회수하는 것은 필수적이며, 이는 매우 어려운 작업이다. Fehling의 부족 특이성과 같은 환원당이나 적정 종말점(titration end-point)의 일반적 목적 측정 방식들은 색이 짙은 용액을 사용할 때는 정확하게 측정하기가 어렵다. 아세트산납을 첨가(단백성 물질의 제거를 위해)하면 투명해지는 에탄올성 추출물이 생기며 이는 종이 크로마토그래피를 이용하여 추출할 수 있다. 아닐린-수산염, 벤지딘-삼염화아세트산 또는 요소 염산 시약을 이용해 시각화되었다. 유사한 방법으로, Florex와 Celite 통관 크로마토그래피의 혼합을 이용해 시료를 정제한 후 종이 크로마토그래피를 사용하였다. 박층 크로마토그래피(TLC)는 Kroplien이 사용한 개발법이었으며, 그는 단당류 측정에 사용하였다. 또한 Thaler도 이와 비슷한 기술을 사용하였다. 크로마토그래피에 앞서 광범위하고 시간 소모적 샘플 정제 과정임에도 불구하고 필요하다.

이 과정에는 필수적으로 컬럼 크로마토그래피로 구성되며 목탄-폴리아미드, 양이온 교환 통관과 음이온 교환 컬럼을 사용한다. 당분들은 연속적인 컬럼들로부터 용출되며, 4-아미노벤조산과 함께 형성된 당분 파생물들의 농도계를 거쳐 TLC를 통해 분석된다. 보다 빠른 효소 산화 방법들로 사용되며, Thaler와 Pictet과 Moreau가 특정 당분들의 다양한 탈수소효소들이 이에 해당됐다.

당분함량의 정량화하는 용도인 가스-용액 크로마토그래피(GLC)를 사용할 때, 당분들은 실란제에 의해 유도된다. 이 추출물들은 수성 에탄올 추출법을 통해 얻어내며, 이온 교환 크로마토그래피에 의해 세척된다. 최근에는 고성능 액상 크로마토그래피(HPLC)가 커피 상품과 함께 기술되었다. HPLC는 유도체가 필요없다는 이점이 있다. 하지만 특히 낮은 자유당 함량이 아닌 고분자 물질을 함유하는 추출물을 측정할 때 이 기술의 사용에 있어서 몇가지 제한점이 있다. 당분 측정을 위한 HPLC에 가장 널리 사용되는 컬럼 물질로는 수성 아세토니트릴의 이동상(mobile phase)과 함께 쓰이는 Spherisorb Amino와 같은 극성결합 물질이다. 이러한 조건에서는 어떠한 단백질성 물질도 컬럼(이것은 또한 약한 음이온-교환기이다)과 결합할 것이며, 어떠한 다당류도 이동상에서 침전될 것이다. 둘 중 어느 것이든, 컬럼의 효율성을 심각하게 저하시킬 것이다. 그러나 당분 측정을 위한 HPLC의 주요 한계점은 굴절률 감지기의 상대적으로 낮은 민감성이다. 그렇기 때문에 농축된 커피 추출물이 반드시 준비되어야 하며, 이는 간섭 화합물의 문제점을 악화시킨다. 자외선 검출기는 낮은 파장에서 사용될 수 있지만 여전히 낮은 민감도와 간섭 문제를 갖고 있다.

그러나 질량 검출기의 사용으로 인해 향상된 측정이 이루어졌다. 질량 검출기의 작동은 빛 산란을 이용한 용질 분자 감지를 기반으로 하고 있으며, 이 과정은 분무화(nebulisation)와 크로마토그래피 용매(수성 아세토니트릴과 같은)의 증발 이후에 처리된다. 이것은 굴절율 검출기 보다 더 좋은 두 가지의 이점을 갖고 있다. 우선은 이 방법이 더 민감하고, 두 번째로는 다른 방법으로 가능하지 않은 기울기 용리(gradient elution)가 가능하게 한다. 이 검출기는 다른 음식물에 들어 있는 당분과 지방 측정에 사용되기도 했다.

기울기 용리를 사용하면 예를 들어 글루코오스와 자당을 동시에 분리시킬 수 있으며 라피노스와 스타키오스 같은 올리고당을 더 많이 보유할 수 있게 해준다. 또한 등용매 용리(isocratic elution)와 비교했을 때 시간도 더 단축시킬 수 있다. 질량 검출기를 사용하는 HPLC를 적용해 얻은 당류(일반 혼합과 인스턴트 커피) 분리의 예들이 잘 나와있다. 더 민감하기 때문에 질량 검출기는 크로마토그래피를 사용 할 때 더 묽은 샘플 추출물을 사용해도 되며, 따라서 샘플을 정화시킬 때도 더 편리하다. 특히 당분 측정에서 샘플 정화는 크로마토그래피 상(실리카나 역상 물질)의 정화 카트리지의 이점으로 향상되었다. 분석할 때 시간을 상당하게 단축시켜 줌으로써 더 효과적인 샘플 정화가 가능해졌고, 이 과정은 샘플 추출물을 Sep-Pak C 카트리지를 통과시키는 방법에 의해 가능하다. 분자량 개요 연구에 효율적인 젤-필터레이션 크로마토그래피는 복합물질을 분리하는데 쓰이며, 맨처음에는 Sephadex (G-25 또는G-50)나 Bio gel을 사용하였다.

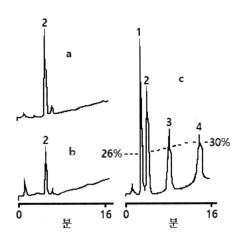

그림 3-5 HPLC에 의한 올리고당의 분리

칼럼 : Spherisorb-5- 아미노 (150 * 5mm i.d.).
용제 : 아세토 니트릴 및 T5ml / min의 물 구배.
검출 조건 : 감쇠량 * 1, 광전 증 배관 * 2 및 증발 온도 90°C로 설정된 질량 검출기.
(a) 생 아라비카 커피, (b) 생 로부스타 커피 및 (c) 표준 혼합물의 크로마토 그램.

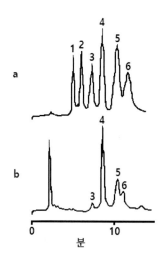

그림 3-6 HPLC에 의한 단당류의 분리.

컬럼 : Spherisorb-5- 아미노 (250 * 5mm i.d.).
용매 : 아세토 니트릴 / 물 (84 : 16 v / v),
　　　1-5 ㎖ / min.
검출 조건 : 감쇠량 * 1, 광전 증 배관 * 2 및 증발 온도
　　　　　70T로 설정된 질량 검출기.

(a) 표준 혼합물 및 (b) 인스턴트 커피의 크로마토 그램.
　1. 리보스;　　　　　2. 크 실로 오스;
　3. 아라비 노스;　　 4. 과당;
　5. 포도당;　　　　　6. 갈락토스

　　최근에는 기계적으로 안정한 컬럼-충진 물질들이 가압 조건하 작은 입자들로 사용되도록 상업적으로 개발되었다(예: HPLC와 함께). TSK PW 4000 통관을 한 가지 예로 들 수 있는데, 이것은 앞에서 언급한대로 생두와 로스팅 커피 액상 추출물, 인스턴트 커피 용액 연구에 사용되었다. 이러한 추출물은 미공 필터(0.45 ㎛)를 통한 거름 과정이 거의 필요하지 않다. 실제 크로마토그래피는 한 가지 컬럼만을 사용하지만 (길이 약 300 또는 600mm x 안쪽 지름 8mm), 향상된 분리 결과를 보여줄 것이다. 이렇게 얻어낸 분리는 Sephadex를 사용하는 것보다 더 나으며, 게다가 분석 시간도 매우 많이 단축된다(일반적으로 30~60분). HPLC 검출기도 공기 방울이 생기지 않고 적절한 용제가 흐르기 때문에 별 어려움 없이 사용할 수 있다.

　　다당류의 정량적 측정을 할 때, 처음에 단당류 구성성분으로 가수분해된다면 유사한 과정이 적용될지도 모른다. 이 때 사용되는 통상적인 시약은 72%(V/V) 수성 황산용액이다. 다당류의 존재에 대해서는 물론 구체적으로 확인할 수는 없다. 그러나 이 가수 분해물질에 GLC나 HPLC 기술이 사용되었다는 연구는 없다고 한다. 특히, 고해상 젤-필터레이션을 사용할 경우, 다당류 각각의 구성물질을 분리시킬 수 있다고 추측된다. 이것들

은 차후에 가수분해 후 기계적 크로마토그래피 기술을 이용해 당류 구성의 면에서 특정화 시킬 수 있다. 또한 당분 단위들이 어떻게 연결되었는지에 대한 구조적 정보를 제공하기 위해 유도체화로 이어질 수도 있다. 이런 당분 성분 측정은 커피 용제나 수성 추출물뿐만 아니라 생두나 로스팅 커피에도 적용될 수 있다. 일반적인 과정은 우선 이 원두들은 매우 미세하게 그라인딩하는 것이며, 그 다음에 석유 에테르를 용제로 사용하는 Soxhlet 추출을 통해 탈지시킨다. 클로로젠산과 같은 다른 물질들과 함께 낮은 분자량 당분들은 제거하는 것이 일반적이며, 산 가수분해 이전에 70 ~80%(v/v) 알코올과 함께 추출한다.

효소 기법은 다당류의 선택적 절단 및 당류 구성성분 측정에 사용된다. 커피 제품에 들어있는 다당류에 대한 자세한 특성화는 연구에 필요하다.

질소 함유 성분

제4장

1. 서론

커피는 화학적인 측면에서 볼 때 가장 복잡하고 가장 흔히 볼 수 있는 식품 필수품 중 하나이다. 생두에 매우 넓은 범위의 다른 화학 화합물이 들어있어서, 최종 상품을 만들려면 커피 가공의 모든 단계에서 이 화합물들은 반응하고 상호작용한다. 이 복합체 혼합물을 이해에 있어 두 가지 주요 문제들로 인한 어려움을 겪는다. 첫 번째는 이 화합물들은 감각적 중요성을 갖지만 매우 극소량이라는 점과 두 번째는 과정에서 수많은 상호작용들이 고분자량 중합 물질을 형성하여 구조적으로 특징짓기 어렵다는 점이다. 그럼에도 불구하고 고분자 물질은 내린 커피의 최대 50%까지 차지하며, 물리적 특성들뿐 만 아니라 향을 유지하는데 있어서 매우 중요하다. 이러한 분석적인 문제들은 질소 함유 성분을 고려하는데 있어 쉽게 나타난다. 따라서 예를 들어, 휘발성 질소 헤테로고리(volatile nitrogen heterocyclic) 화합물들은 ppb 수준 이하로 존재하며, 내린 커피에 존재하는 갈색 색소나 착색 물질은 갈색 반응의 고분자량 물질이 대부분을 차지할 것이다(멜라노이딘).

'질소 함유 성분'이라는 용어는 무기/유기 질소를 포함한 모든 성분에 엄격하게 적용되어야 한다.그러나 이 장에서는 알카로이드, 니코틴산을 가진 트리고넬린, 아미노산과 단백질 이렇게 세 가지 물질에만 중심을 두게 될 것이다. 다른 주요 질소 성분에 대해서는 다른 장에서 논의될 것이다. 따라서 휘발성 질소 성분은 향 성분 그리고 지방-가용성 질소 함유 화합물과 함께 다뤄질 것이다. 예를 들어 하이드록시트립아미드는 지질과 관련이 있는 제 6장에서 고려될 것이다. 질소 함유 성분 내 그리고 다른 화합물 그룹 사이에서의 분류는 임의적이다. 한 가지 이상의 부분에서 물질을 포함시키기 위해서는 물질간의 상호 작용에 대해 알아볼 필요가 있으며, 그 예로는 아미노산과 당분의 반응이 있다.

2. 알칼로이드(카페인)

　퓨린 고리 시스템은 평소에 여기 저기에 많이 존재하고 있지만 퓨린 자체는 거의 찾아보기가 힘들다.

퓨린

　그러나 메틸화된 디옥시퓨린은 1,3,7-디메틸-2, 6-dioxopurine 또는 1,3,7-트리메틸크산틴으로 존재하며, 이것은 우리에게 '카페인'이라는 이름으로 알려져있다. 사실 1,3-디메틸크산틴(테오필린)과 3,7-디메틸크산틴(테오브로민)의 미량원소가 발견되기도 했지만, 커피 안에 들어있는 가장 중요한 크산틴 알칼로이드이라고 보고됐다.

카페인

　카페인은 백색 물질로서 섭씨 236도에서 녹지만 이것은 178도의 훨씬 낮은 온도에서 승화되므로비교적 중요하지는 않는다. 수성 용액으로 결정화를 통해 얻어낼 때, 카페인은 수화상태로 얻을 수 있으며, 최근까지도 카페인 한 분자당 물분자 하나를 포함하고 있다고 알려져있었다. 그러나 훨씬 최근 연구들에서 4/5의 수화물과 6.95%수분이있다는 것을 알아냈다. 더 온도를 올리면(섭씨 140도), α- 에서 β-카페인으로 상변환이 일어나는데, 이것은 X 레이 회절을 통해 발견됐다. 카페인은 보통 물에 잘 용해되지만(섭씨 40도에서 4-6 %(w/w)) 얻을 수 있는 정확한 수치는 측정 조건에 따라 달라질 수 있다. 섭씨 52도 이상의 무수 카페인은 수성 용액과 접촉할 때 안정적이며, 반대로 52도 이하에서는 수화 상태일 때 안정적이다. 그러나 상호 전환은 그리 빠르지 않은 편이기 때문에 이 전환 온도(섭씨 52도)를 포함한 여러 범위 온도에 걸친 가용성을 측정하기 위해서는 정확한 방식으로 실험을 시작해야 한다. 보고된 넓은 범위의 가용성은 시금까지 평가되지 않은 상호 전환을 통해 설명될 수 있을 것이라고 학자들은 제안하고 있다.

　카페인은 고온에서 상당한 수용성을 가지고 있으며, 이것은 '염기중첩 (basestacking)'에 의한 응집체 형성 때문이다. 이 효과는 표4-1에 가용성 자료에 잘 나타나있다. 표4-2에서 볼 수 있듯이 카페인은 상대적으로 낮은 온도에서도 넓은 범위의 유기용제에 잘 녹는다. 이 용매들 중에서 대다수가 디카페인화에 사용되지만 주로 디클로로메탄(메틸렌 클로라이드)

이 가장 널리 사용된다. 또한 초임계 이산화탄소에도 잘 녹으며 이 용매는 메틸렌 클로라이드 잔여물의 독성을 고려하여 최근에 와서야 디카페인화에 사용되기 시작했다. 이렇게 클로라이드화된 용제들 및 초임계 이산화탄소에서의 카페인의 실제 가용성은 결정형성과 카페인의 수분 함량에 따라 좌우된다

표 4-1 물에 함유된 카페인 용해도

온도 (℃)	용해도 (g/100 g H$_2$O)
0	0.60
15	1.00
20	1.46
25	2.13
30	2.80
40	4.64
50	6.75
60	9.70
70	13.50
80	19.23

표 4-2 유기 용매에서 카페인의 용해도

용매	온도(℃)	용해도 (g/100g 용매)
95% 수성 에탄올	25	1.32
에탄올	25	1.88
에틸 아세테이트	18	0.73
메탄올	25	1.14
아세톤	30.5	2.32
벤젠	18	0.91
사염화탄소	18	0.09
클로로폼	17	12.9
에테르	18	0.12
석유 에테르	15-17	0.03
트라이클로로에틸렌	15	0.76
다이클로로에틸렌	15	1.82
톨루엔	25	0.58
다이클로로메테인 (메틸렌클로라이드)	33	9

카페인은 불안정한 염을 형성하는 매우 약염기이다. 아세트산으로부터 나온 아세테이트는 쉽게 휘발되고 상대적으로 희석된 산과 알칼리에서 안정적이지만, 다른 커피 구성물질들과 함께 일렬의 복합 물질을 형성할 수도 있다(예: 클로로젠산이나 다핵방향족). 사실 이 특성은 다른 식료품으로부터 얻은 다핵 방향족의 선택적 추출에도 또한 사용되었다.

2.1 생두, 로스팅커피, 인스턴트 커피의 카페인 함량

생두의 카페인 함량은 다양하며, 특히 품종의 차이가 중요한 요인이다. 그러나 같은 종들 내에서도 넓은 범위의 수치를 얻을 수 있다. 표4-3에 나와있는 자료는 범위가 왜 넓은지에 대해서 보여주고있다. 로부스타 커피는 일반적으로 전체 평균 수치 2.2%db보다 높은 카페인 함량을 보여주고 있는 반면, 아라비카는 약 1.2%db 이다. 상업용으로는 덜 중요한 종류인 리베리카(평균 수치 1.35%db)와 아라부스타 하이브리드(평균 수치 1.72%db)에 대한 자료도 보고된 바 있다. 아프리카와 아시아에서 재배되는 Paracojfea 커피 종은 매우 낮은 카페인 함량을 보여주며, 이것은 이종번식법을 사용한 새로운 유전자 조합에 대한 가능성을 열어주며, 낮은 카페인 함량(0.2%)의 잡종도 개발 가능하다(자바와 아이보리 해안). 그러나 현재까지 이러한 잡종들은 상업 시장에 아주 미미한 영향을 미쳤는데, 그 이유는 커피의 품질이 너무 낮았으며 일반 디카페인 과정을 통해 제거된 카페인이 상업적 가치를 가지고 있기 때문이다. 이러한 종류의 식물 육종의 시험는 카페인 함량 측정을 할 때 매우 정확하고 세심한 분석적 방법을 요구하며, 최근 다른 커피 종류에는 다른 방해 물질을 갖고 있기 때문에 이런 분석 방법의 종류가 특히 특이성 측면에서 적합하다. 생두의 카페인 함량을 조절하는데 있어서 환경적이나 농업적인 요인보다는 유전 변이들이 훨씬 더 중요한 요인으로 여겨진다. 또한 특히 칼륨, 인산염, 마그네슘, 칼슘이 들어있는 비료들이 카페인이나 클로로젠산 함량에 영향을 미치지 않는 것으로 보고 되었으며, 최종 분쇄 커피의 색상에도 또한 영향을 미치지 않는다.

생두를 로스팅 할 때 원두의 온도가 올라가게 될 것이며, 외부에서 오는 열과 발열성 화학 반응을 통해 원두의 온도가 섭씨 200도 이상까지 올라간다. 이 온도는 카페인의 승화점을 초과하는 온도이므로 상당한 손실이 발생할 것으로 예측할 수 있다. 그러나 실제로 그런 손실은 상대적으로 많지 않으며, 로스팅을 강하게 하지 않은 이상 거의 드물게 몇 퍼센트 이상의 손실이 발생한다. 실제로 로스팅 동안에 생두의 무게가 최대 20%나 그 이상까지 줄어들기 때문에(약 10%수분과 10% 건조물), 건조한 로스팅 상태를 기준으로 했을 때 실제 카페인의 백분율 양은 최대 약 10%까지 증가한다. 카페인의 이런 보통 정도의 손실에 대한 이유는 복잡하지만 두 가지의 주요 기여 요인들이 열매 안에서의 압력 증가와 외피를 통한 증발의 확산이 잘 일어나지 않는 결과로 인해 카페인의 승화점을 올리는데 기여를 할 것이다. 카페인은 또한 원두에서 흔히 생기는 약산성인 조건의 결과로 염을 형성하며, 이것은 로스팅동안에 증가한다. 그러나 이 염은 상대적으로 약하기 때문에 빨리 분해되며 이에 따라 승화 과정에 거의 영향을 주지 못한다.

온도에 따라 물에 있는 카페인의 가용성도 함께 증가하며, 인스턴트 커피의 상업적 제조에 사용되는 조건 하, 영국 에서 판매되는 상업용 커피 샘플 13개를 HPLC로 측정한 결과 2.8-4.6%의 범위의 수준인 인스턴트 커피분말을 생성하기 위해 거의 모든 카페인은 추출된다. 이 수치들은 로스팅 커피로부터 얻은 가용성 고형물의 양과 블렌드 모두에 의존적일 것이다. 브라질산 인스턴트 커피 분말은 일반적으로 다소 낮은 수준을 함유하고 있다. 이론상으로, 추출될 로스팅 원두에 들어있는 카페인 함량을 알고 있는 상태에서 최종 분말에 있는 함량을 측정할 수 있다면, 로스팅 커피로부터 가용성 고형물의 양을 추측하는 것도 가능할 것이다. 이와 같은 접근법은 카페인의 완벽한 추출과 이에 따라 다당류 및 다른 고분자 물질과 같은 다른 가용성 부류의 점진적 추출을 가정한다.

표 4-3 생두 커피의 카페인 함량(% db)

결정 방법	커피 조사	결과				
		유형	샘플 No.	평균값	범위	SD
Kum-Tatt	charrier's 수치를 사용한 편집	아라비카	좁은 범위	1.2	0.9-1.4	–
			극단적 범위	–	0.6-1.9	–
		로브스타	좁은	2.0	1.5-2.6	–
			극단적	–	1.2-4.0	–
–	편집(인증되지 않은 사리에)	아라비카	–	–	0.9-1.2	–
		로브스타	–	–	1.6-2.4	–
kogan 외.	전세계 모든 상업 샘플	아라비카	36	1.19	0.96-1.40	–
		로브스타	7	1.88	1.56-2.16	–
	편집	아라비카	–	1.20	–	±0.20
		로브스타	–	1.90	–	±0.20
		리베리카	–.	1.35	–	–
Kum-Tatt (D'Ornano modified)	모든 앙골라 커피	아라비카	8	1.32	1.21-1.45	–
		로브스타	26	2.42	2.18-2.72	–
Kum-Tatt (D'Ornano modified)	카메룬 로브스타 (5개의 다른 소재지)	로브스타 (건식 공정)	10	2.21	작은	–
		로브스타 (습식 공정)	30	2.19	작은	–
Kum-Tatt (D'Ornano modified)	아이보리 코스트의 유전자형 컬렉션 커피, 마다가스카르 및 카메룬	아라비카 I.C.	144	1.22	0.84-1.52	–
			76	–	0.72-1.57	–
			383	1.20	0.77-1.90	–
		M.	130	1.16	0.58-1.69	±0.18 (gaussian)
		C.	34	1.35	0.90-1.89	–
	브라질 재배 품종 (Bourbon, Caturra 및 Mondo Novo)		–	–	0.80-1.20	–
	로부스타 (Canephora)					

			n	mean	range	±
		I.C. (클론)	163	2.51		±0.41
		var. Quillou	–	2.76	1.16–4.0	
		var. 로부스타		2.44		
		M. (클론)	681	2.14		±0.32
Kum–Tatt	아이보리 코스트 아라부스타	아라부스타	7	1.72	1.47–1.83	–
Kum–Tatt	카페인이 낮은 종류의 커피 또는 하위 종류	커피				
		C. 유게니오이데스	–	–	0.23–.051	–
		C. 라세모사	–	–	0.50–1.20	
		마스카로코피아	–	–	일반적으로 없음	–
		파라코피아	–	–	없음	

이와 같은 예측은 또한 예를 들어 무기질 물질과 같은 다른 가용성 부류에도 시도된 바 있다. 하지만 여기서 시작 물질 수준의 넓은 가변성은 결국 최종 제품에서의 분석물 값을 거의 예측할 수 없다는 것을 의미한다.

가능한 독성 영향과 카페인의 바람직하지 못한 생리적 영향에 관한 우려가 깊어지면서, 전 세계 커피 수출 시장에서 디카페인화된 생두에 대한 수요 증가가 약 8~10% 증가했으며, 이 중 대다수는 미국과 서유럽으로 판매된다. 가장 일반적으로 사용되는 방식은 염소처리한 탄화수소(디클로로메탄)이나 다른 유기 용제(에틸 아세테이트)를 생두로부터 직접적으로 카페인을 추출하는데 사용하며, 이전에 생두를 수분 함량이 40%가 되도록 스팀처리한다. 추출은 느리게 진행되며 반연속적이거나 회분식으로 처리된다. 후자의 경우, 여러 가지의 추출물이 만들어지며 각각 1~2시간 정도 소요된다. 용제는 최종적으로 생두로부터 제거되며 마지막 미량 원소들도 마지막에 15PPM 이하로 내려가도록 몇 시간 동안 강하게 스팀을 해줘 제거한다. 이 원두들은 그 후에 원통/유동 바닥/진공 건조기 안에서 더운 공기에 의해 건조된다. 디카페인화 된 열매는 보호하는 왁스층이 없어져 산화로 인해 빠르게 변색될 수 있다. 원두의 소량만이 로스팅이나 그라인딩을 위해 판매되며, 주로 미국에서 대부분이 디카페인화 인스턴트 커피를 위해 직접적으로 가공된다. 디카페인화의 다른 대안 방법들은 직접적으로 뜨거운 물을 사용하며, 이 물은 유기 용제 또는 초임계 이산화탄소로 카페인 제거 후 재활용된다. 사용되는 공정과 관계없이 많은 상업용 제품들은 0.1~0.2%범위를 갖고 있지만, 디카페인 인스턴트 커피의 카페인 함량은 일반적으로 0.3% 미만이어야 한다(유럽에서는 법적으로 제한함).

카페인은 무취이지만 매우 쓴 맛을 가지고 있다. 그것들의 카페인 함량에 따른 내려진 커피의 쓴맛의 특성과의 상관관계를 밝히기 위한 몇 가지 시도가 있었지만 거의 성공하지 못했다. 사실, 이제까지의 연구 결과를 보면 카페인은 쓴맛을 내는데 상대적으로 적은 비율(10%)을 차지한다고 나왔다. 쓴맛에 기여하는 다른 물질들의 특징에 대한 이해가 별로 없으며, 특히 고분자량 갈색 물질의 감각적 속성에 대해서는 거의 정의되어있지 않다. 감각적 특징과 화학적 구성 사이의 상관관계는 평가하는 사람이 구별하고 정확하게 특정 감각적 기여를 수량화 할 수 있는 능력에 달렸다. 이와 같은 경우에 평가자들은 쓴맛과 페놀 화합물에 의해 야기되는 수렴성과 같은 연관된 속성을 구분할 줄 알아야 하며, 주로 복합적 관능 속성은 긴밀히 연관된 속성들 간이 결합된 영향일지도 모른다.

2.2 카페인의 심리적 영향

커피, 그 안에 들어 있는 카페인은 인체에 광범위한 심리적 영향을 끼친다. 이 들 중 일부는 쉽게묵인할 수 있겠지만 특정 심리적 효과는 잘 기록되어 있고, 개인마다 카페인에 대한 반응이 매우 다양하다는 것은 확실하다.

섭취를 한 후에 카페인은 바로 흡수되며 신진대사를 일으킨 뒤 메틸크산틴 파생물질로 소변에 체내배출된다. 혈장 카페인 농도의 상승은 위장 함량에 따라 달라지지만, 빈 속에 한 잔 또는 두 잔의 차나 커피를 마신 양인 150~160mg의 카페인이 소화되었을 때, 25~30분 후에 혈장 농도가 최대치를 기록한다는 연구 결과가 있다. 카페인이 주는 주요 심리적 영향은 중추 신경계를 자극한다는 것이며, 이 자극과 관련하여 효과의 대부분은 행동적으로 나타난다. 뇌의 전기적 활동량의 변화를 동물들을 통해서 알아봤는데 실제로 섭취되는 양보다 훨씬 높은 투여량(몸무게 1kg 당 50mg)에서만 일어났다. 그 반면, 훨씬 낮은 투여량(몸무게 1kg당 2mg)에서 쥐의 행동 변화를 발견했다고 보고된 바 있다. 카페인은 지적 활동을 증가시키는 것과 연결되어 왔지만, 이것은 주체가 피로하거나 무기력할 때만 눈에 띄게 나타나는 것도 밝혀졌다. 유사하게, 카페인은 '수면을 지연시킨다'라는 것과도 연관되며, 실제로 이것을 뒷받침 해주는 근거도 있지만 개인에 따라 너무 큰 차이가 있다. 카페인은 심장 박출량의 증가 그리고 혈관의 근육을 이완시키는 등 심혈관계에도 영향을 준다. 이러한 영향은 주체가 카페인 250mg을 섭취 했을 때 직접적으로 나타났다. 그러나 같은 양을 반복적으로 섭취(7일 동안 하루에 3번)하자 혈압의 증가가 멈췄다. 적용된 과정의 메카니즘은 확실하지 않다. 과다한 커피 섭취가 위궤양의 발생과 연관이 있다는 명확한 근거자료는 없지만, 카페인이 위산분비를 증가시키며 커피섭취는 궤양 환자들에게는 추천되지 않는다.

카페인의 독성 영향은 심리적 영향보다 덜 정의되어있다. 사람에게 주는 독성 영향을 치사량을 투여함으로서 알 수도 있으며, 사람에게 치사량은 약 10g 정도이다. 심혈관에 해로운 영향도 다량의 카페인을 투여한 쥐로 통해 보고되었지만, 사람의 건강에 주는 영향은 덜 명확하다. 관상동맥 심장 질환과 커피 섭취에 관한 연관성에 대한 조사를 목적으로 하는 연구로부터 상충되는 결과가 나타났다. 이와 유사한 연구가 커피와 암의 연관성에 대해서도 이루어졌다. 쥐를 대상으로 실험할 때 커피나 카페인 용액만이 유일하게 분석될 액체원이었다. 이런 실험들은 커피(카페인) 섭취와 간, 폐, 췌장에 생기는 종양과 직접적인 관련이 없다는 것을 알아냈으며, 복용량과 이와 관련된 기형 유발 효과는 발견되지 않았다.

2.3 카페인 측정

카페인은 커피 상품에서 가장 자주 측정되는 물질이며, 이를 분석하기 위한 측정법은 지난 25년 동안 매우 크게 변화하였다. 적용된 기존의 방법들은 클로로폼 추출물에 있는 카페인의 중력장 변화 측정법을 기반으로 하거나 아니면 Kjeldahl 과정에 의한 유사 추출물 내에 있는 알칼로이드 질소의 측정법을 기반으로 하고 있다. 소위 매크로 Bailey-Andrew 방법이라고 불리는 이 방법은 마이크로 Bailey-Andrew 방법을 위해 단순화 됐으며, 이것도 여전히 알칼로이드 질소의 측정법을 기반으로 하고 있다. 이것은 몇 년 동안 분석의 공식적인 방법으로 여겨져 왔으며, 신뢰할 만한 분광법의 개발이 달성될 때까지 이 흐름은 변하지 않았다.

카페인은 자외선 지역(물에서 λmax 272 nm, 클로로폼에서 276 nm)에서 강하게 흡수하며, 이것이 무수한 분광법의 기초를 제공했다. 간단한 수성 추출은 사용할 수 없는 매우 복잡한 추출물을 생성한다. 유사한 클로로폼 추출물은 현저하게 청결하지만 여전히 276 nm에서 흡수하는 방해 물질을 가지고 있다. 이 방해 물질의 양은 컬럼 크로마토그래피를 통해 줄어들 것이며 다양한 과정들이 적용되었다. 이 과정들은 알칼리와 산-셀라이트 컬럼을 사용하는 Levine의 측정법, Kum-Tatt의 알루미나 통관 정화에 포함된다. 또한 이 방법들은 산-셀라이트와 알루미타 컬럼, 알칼리 상태에서 초기 추출을 사용하는데 있어 수정되었다. 수정 절차들은 D'Ornano 외 협력 연구가들, Kogan 외 협력 연구가들에 의해 공표되었으며, 모든 것들은 컬럼 크로마토그래피 정화 이후에 분광 측정을 기반으로 진행되었다. 이런 모든 정화 과정에도 불구하고, 276 nm 에서의 흡수의 직접적인 측정은 아직도 배경 간섭(background interference)을 하고 있다. 이것은 아마도 부분적으로 백그라운드를 교정함으로써 극복될 것이고, 최대치(주로 λmax ± 20 nm)에서 최소 등거리의 평균 흡수값을 빼서 구할 수 있다. 이와 같은 베이스라인 교정은 많은 시간과 노력을 쏟아서 얻어내는 Bailey-Andrew 방법으로 얻어낸 값과 매우 흡사하다.

수정된 (기선 교정된) Levine 방법은 맨 처음 1965년에 디카페인 상품에 적용되었고, 그 다음에는 매년 모든 커피 제품에 대한 추가 정제가 이루어졌다. 이 방법은 현재 모든 커피 샘플에 사용하는 ISO 방식의 기초를 형성했지만 재현성은 디카페인 샘플에서 더 좋게 나온다. 동일한 과정은 British Standard로 적용되었다.

앞에 언급한 방법들의 상대적으로 열악한 특수성이 결국 향상된 크로마토그래피 방법의 개발을 불러왔으며, 이것을 통해 수량화하기 전에 모든 다른 물질들로부터 카페인을 분리된다. 이 기술들 중 가장 간단한 것은 박층-크로마토그래피(TLC)이지만, 반사 측정을 위한 장치가 있지 않으면 수량화하기가 어렵다. 가스-크로마토그래피(GC)는 몇 가지 방법들의 기초를 형성하였는데, 다른 방법들과 긴밀히 연관된 정확한 자료를 제공한다. GC의 특수성은 평행 불꽃 열 전자검파기(parallel flame thermionic detector)나 알칼리 불꽃 이온화 검출기(alkali flame ionisation detector)와 같은 질소 선택 검출기(nitrogen-selective detector)를 사용함으로써 그 특성이 더 향상되었다.

카페인 측정을 위한 더 추가된 종류의 크로마토그래피 방법은 HPLC이다. 카페인은 역상 시스템을 사용하는 액상 크로마토그래피에 의해 잘 처리되며 강한 자외선 발색단을 함유하고 있기 때문에 쉽게 감지될 수 있다. 다양한 방법들이 공표되었으며, 모두 매우 유사한 크로마토그래피 조건을 사용하지만 샘플 제조 과정에 따라 다르다.

쉽게 성취될 수 있는 분해의 예로 그림4-1에서 잘 보여주고 있다. 특별한 경우에는 크로마토그래피 조건은 트리고넬린과 카페인이 동시에 측정될 수 있도록 선택된다. 샘플 제조에서 아세트산납에 관한 간단한 정화와 고분자 물질을 제거하기 위한 여과등의 간단한 분류법을 포함한다. 비록 아주 작은 자료가 기록되긴 했지만(6개의 복제 분석들), 오차 범위 ± 2.4%의 계수는 카페인을 위한 방법을 위해 인용되었다. 더 적은 갯수의 논문에는 대안 액상 크로마토그래피 기술에 대해 기술하며, 여기에는 예를 들어 이온 교환기나 겔-여과등이 있다.

예를 들어 품질관리에서 많은 양의 샘플들에 관한 빠른 결과를 얻어야 하는 상황일 때는 완전 자동화 시스템은 상당한 이점을 준다. 이상적으로 이와 같은 시스템은 모든 추출과 분석 단계들을 다룰 수 있어야 한다.

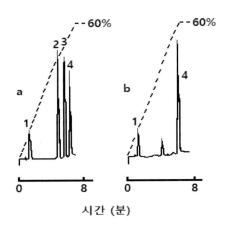

그림 4-1 Spherisorb-5-ODS-2 (150 x 5 mm id) 및 구배 용출
(0-01 5m 구연산염 완충액 (pH 6-0)에서 0-60 % MeOH)을 사용하는
(a) 표준 및 (b) 인스턴트 커피의 크로마토 그램. :
1. 트리고넬린; 2. 테오브로민; 3. 테오필린; 4. 카페인 검출 272 nm; 유속 2 ㎖ / min.

하지만 실제로 대부분의 시스템은 일부 샘플 준비(분류 작업)를 필요로 하며, 최종 추출과 측정만이 완전 자동으로 이루어진다. 이런 시스템의 한 예로 이전 것을 제거하며, 과망간산염으로 처리된 수성 커피 추출물은 클로로폼으로 재추출되고 276 nm에서 흡광도를 기록한 자동 분석기를 기에 기초한다. Sloman이 이 방법을 사용하여 얻어낸 자료는 초기의 AOAC 방법(마이크로 Bailey-Andrew)과 우수한 일치를 보이지만 디카페인 샘플에서 조금 더 높은 수치를 보였다. 오차범위 ±4-5%의 전체적인 계수는 품질 관리의 목적에 쓰기 적절하지만, 디카페인화된 몇 가지 샘플의 경우에는 ±7%까지 증가한다.

초기의 분광측정법은 방해 물질을 제거하려고 많은 주의를 기울일 때 신뢰성있는 분석 자료를 내놓기 위해 쓰인다. 카페인 측정을 위한 분광법

기술로 얻어낸 수치는 파생 분광법을 사용함으로써 향상될 수 있다. 이것은 수학적 유도체화를 이용해 배경 간섭의 기여를 감소시킬 수 있는 강력한 기술이다. 이와 유사하게, 적외선 분광법과 가까운 반사율은 카페인이나 다른 성분들을 동시에 측정하는데 사용될 수 있다. 두 가지 기술 모두 상당한 개발과 검증을 요구한다. 현재로써는 크로마토그래피 방식들이 커피 상품에 들어있는 카페인을 측정하기 위한 가장 믿을만한 방법을 제공하며, HPLC는 그 중 가장 적절한 방식이다.

3. 트리고넬린

퓨린 알카로이드와 더불어 대다수의 다른 질소를 기반으로 한 물질들이 커피 안에 함유되어 있다고 보고되었다. 이 물질들은 대략 두 그룹으로 나눠진다. 로스팅 온도에서 본질적으로 안정적인 물질과 휘발성 물질이 생기도록 쉽게 분해되는 물질이다. 첫 번째 그룹의 주요 요소들은 암모니아, 베타인(N,N,N-trimethylgiycine), 콜린이다. 이 물질들은 미량으로 생두에 들어있으며, 주로 0.1%미만의 양으로 존재한다. 하지만 로스팅 과정에서 레시틴이 분해된 결과로 인해 콜린의 양이 증가하며 1%까지 수치가 올라갈 것이다. 두 번째 그룹은 트리고넬린과 세로토닌 아미드이다.

트리고넬린   세로토닌 아미드

히스타민에 대한 초기 보고는 아직 확인되지 않았다. 5-hydroxytryptamides 로 알려져 있는 세로토닌 아미드는 주로 원두의 표면 왁스층에서 주로 발견되며 디에틸에테르나 석유 에테르와 같은 소수성 용제를 통해 생두에서 추출된다. 이 화합물들은 6장에서 다른 지방 성분들과 함께 다루도록 하겠다. 트리고넬린은 열적 분해 제품들은 감각이나 영양학적인 면에서 모두 중요하기 때문에 상당한 관심을 받고 있다.

트리고넬린은 수성 에탄올로부터 결정화 되었을 때 무색 결정(녹는점 130℃)으로 얻어질 수 있다. 또한 녹으면서(섭씨 218도) 분해될 때 무수물의 형태로도 얻을 수 있다. 이것은 쌍성이온 공식에서 추측할 수 있듯이 물에서 잘 녹지만, 클로로폼이나 디클로로메탄과 같은 유기 용매에서 거의 녹지 않는다.

트리고넬린은 카페인과 비교했을 때 매우 낮은 독성을 가지고 있으며, 쥐에게 실험한 결과 치사량은 1KG당 3g이었다. 그리고 낮은 심리적 활동과 중추 신경계에 영향을 주며, 담즙 분비와 장운동에도 영향을 미친다. 그러나 각각 활동에 관한 상당한 변화로는 내린 커피 소비로부터 실현가능함을 넘어 1kg당 20~400mg의 투여량에서만 관찰할 수 있었다.

트리고넬린은 내린 커피의 품질에 직접적인 영향은 거의 주지 않으며, 카페인보다 1/4정도 가량에 해당하는 약한 쓴 맛을 가지고 있다. 또한 함량도 매우 적다. 그러나 열 분해 제품에서 커피안에 그것들의 존재는 중요하다.

생두에서 발견되는 트리고넬린의 양은 커피 종에 따라 다르다. 아라비카 커피는 약 1.0%, 로부스타 커피는 0.7%, 리베리카는 0.25%db를 가지고 있다. 그러나 표4-4에 나와있는 자료에 의하면 종내에서도 상당한 차이를 보여준다. 분석 방법에서의 차이점도 이 수치를 얻어내는데 영향을 주었을 것이다.

트리고넬린은 로스팅 과정에서 빠르게 분해되며 50~80%정도 손실된다고 보고됐다. 분해의 정확한 정도는 로스팅 시간과 온도에 의해 크게 좌우된다. Hughes와 Smith에 의한 초기 연구에 의하면, 고온에서 (섭씨 230도) 매우 빠른 분해가 있었으며 로스팅 과정에서 초기 트리고넬린의 15%만이 남아있었다고 한다. 그보다 조금 더 낮은 조건(섭씨 180도)에서는 손실의 초기 속도는 낮았지만 15분 후에는 증가했으며, 45분 후에는 최종적으로 60% 정도를 손실했다고 한다. 이런 결과는 선별적인 크로마토그래피 방법을 사용한 일련의 연구에서도 똑같이 확인이 되었다. 그림 4-2는 전형적인 아라비카와 로부스타 커피를 이용한 로스팅 시간(공기 온도 섭씨 205도)함수에 대한 트리고넬린의 손실 비율을 보여주고 있다. 최종 손실 비율(85%와 90%)도 비슷하지만 중간 정도의 로스팅 손실은 분명히 차이가 있다. 이 차이가 나온 이유가 분명하지는 않지만 아마도 원두를 통한 열전도의 차이간 반영되었기 때문이다.

표 4-4 생두 커피의 트리고넬린 함량 (%db)

결정 방법	커피 조사	결과				
		유형	샘플 No.	평균값	범위	SD
−	Streuil과 Thaler 의 편집; 상업 샘플	아라비카	−	1.0	0.6−1.2	−
		로부스타	−	0.65	0.3−0.9	−
		리베리카	−	0.25	0.24−0.28	−
−	문헌 편집	아라비카	−	−	1.0−1.2	−
		로부스타	−	−	0.60−0.75	−
kogan 외.	전세계 상업 샘플	아라비카	36	0.99	0.88−1.27	−
		로부스타	7	0.60	0.32−0.83	−
−	편집	아라비카	−	1.0	−	±0.14
		로부스타	−	0.45	−	±0.19
		리베리카	−	0.25	−	−
−	중앙 아메리카 아라비카	아라비카	7	1.08	0.97−1.15	−
Slotta 및 Neisser	다른 지역의 상업용 샘플	아라비카	5	1.08	1.03−1.20	−
		로부스타	2	0.67	0.64−0.71	−
		리베리카	5	0.25	0.24−0.27	−
카페인 제거 후 UV 베이스라인 보정	카메룬 로부스타의 다른 위치 5곳	로부스타 (건식 공정)	10	0.685	0.60−0.70	작은
		(습식 공정)	30	0.685		

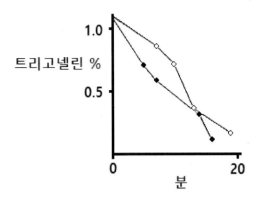

그림 4-2 205 ° C에서 로스팅 동안 트리고넬린 분해.
CL 아라비카 (과테말라) 커피; 로부스타 (우간다) 커피

생두를 로스팅 할 때 트리고넬린으로부터 생성된 로스팅 커피에 있는 니코틴산이 발견됨에 따라, 이 변형은 특정 로스팅 샘플에 대하여 니코틴산에 따른 트리고넬린의 비율을 가지고 특정화될 수 있다. 사실, Kwasny와 Werkhoff가 이 비율의 로그(log)는 건조 무게 로스팅 손실과 선형적으로 연관되어 있다고 했으며, 이론상으로는 분석 자료로부터 로스팅의 정도를 평가하는 방법의 기초를 제공하게 된다.

로스팅 과정에서 영향을 받지 않은 남아있는 트리고넬린은 커피를 내릴 때 완전히 추출될 것이며, 포함된 정도에 따라 커피의 쓴 맛에 미미한 영향을 줄 것이다. 비슷하게, 인스턴트 커피를 제조하는 과정에서 남아 있는 모든 트리고넬린은 추출되고 그 결과 상품들이 넓은 범위의 함량을 가지게 된다. 영국의 상업용 인스턴트 커피를 조사한 결과, 트리고넬린의 함량은 0.94~1.699%였으며, 평균은 1.35%db였다. 이렇게 상대적으로 높은 값은 커피가 약간 중간 정도로 로스팅 된 커피콩으로부터 제조되며 여기에는 높은 함량의 트리고넬린이 있다는 것을 암시한다.

로스팅 과정에서 분해되는 트리고넬린에 관해 특히 Viani와 Horman가 지대한 관심을 보였다. 모형 반응에서, 그들은 트리고넬린을 밀봉된 튜브에 넣어 섭씨 230도에서 약 15분간 가열했다. 클로로폼으로 추출한 후에 얻은 제품은 비휘발성 성분들은 박층 크로마토그래피, 휘발성 물질은 가

스-액상 크로마토그래피로 분석하였다. 니코틴산, N-methylnicotinamide, methylnicotinate은 비휘발성 부류로 확인되었고, 일부 29가지의 물질은 휘발성으로 확인되었다. 그림4-3과 같이 여기에는 12개의 피리딘, 4개의 피롤, 9개의 두고리 화합물이 포함된다. 이 물질들 중 9개가 커피 향으로 확인되었다.

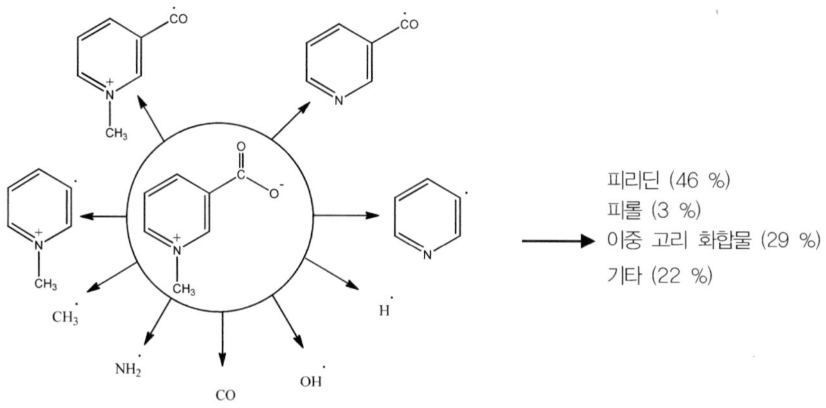

피리딘 (46 %)
피롤 (3 %)
이중 고리 화합물 (29 %)
기타 (22 %)

그림 4-3 트리고넬린과 생성 된 생성물의 1 차 열 분열.

모형 실험에서 상대적으로 많은 양이 형성되었음에도 불구하고, 다른 물질이 존재하지않는 이유로는 주된 열 분해 제품(자유 라디칼)들의 대부분이 트리고넬린의 분해 물질이 아닌 탄수화물과 같은 다른 커피 구성 물질과 우선적으로 반응하기 때문이다. 예를 들어, 두 고리 화합물들은 커피 향에서는 찾을 수 없었으며, 이 물질은 더 높은 함량으로 존재하는 다른 커피 물질들과 반응하기 전에 2개의 자유 라디칼의 상호작용을 통해 형성되기 때문이다. 이 물질들에 대해서는 7장에서 논의될 것이다.

3.1 트리고넬린 측정

커피에 있는 트리고넬린을 측정하기 위한 초기 방법들은 용액의 침전물이나 차후의 측정법을 기반으로 하고 있다. 예를 들어 요오드 착물 또는 요오도 비스라우트 산염 복합체(an iodobisrauthate complex)가 있다. 브롬화시안을 사용한 트리고넬린의 알칼린 가수분해를 기반으로 한 비색법을 개발하고자 하는 시도가 있었지만 성공하지 못했다. 다른 비색법들과 자외적 흡광법을 기반으로 한 방법들은 이미 보고된 바 있지만 이 모든 방법들은 현재 크로마토그래피 기술로 대체되었다. 이 중에서 가장 간단한 방법은 종이-크로마토그래피이며, 이것은 카페인과 트리고넬린을 동시에 측정할 수 있게 해준다. 이 개발 이후에, 화합물들은 묽은 염산을 이용해 종이에서 용리되며 자외선 흡광법을 이용해 265 nm에서 정량화된다. 최근 몇 년간 이러한 동일 분석은 HPLC를 통해 더 편하게 이행되었으며 이온 교환기나 역상 시스템을 이용했다.

둘 중 어느 방법이든지 간에 품질 관리면에서든, 자세한 연구 프로그램을 위해서든 꽤 신뢰있는 양적 자료를 제공한다. 그러나 그것들은 크로마토그래피 분석 이전에 샘플 정화를 반드시 해야 하기 때문에 시간 소요가 많이 된다.

핵자기 공명(nuclear magnetic resonance)을 기반으로 한 대체 방법이 제안되었지만 커피 고형물들은 D_2O에 용해되어야하며 이것은 결국 커피를 내린 후에 증발시킨 뒤 다시 용해시켜야 한다는 것을 의미한다. 이 방법은 한 분자의 2개의 위치에서 나온 양성자로부터 발생한 9.15 δ인 방향족 일중항의 수량화를 기반으로 한다. 이렇게 얻은 자료는 기존 방법을 사용한 방식과 비교되지만 이 방법을 일반적인 용도로 채택하기에는 쉽지가 않다.

4. 니코틴산

4.1 생두, 로스팅 커피, 인스턴트 커피에 있는 양

니코틴산은 생두에서 매우 소량으로만 찾아볼 수 있으며, 100g당 1.6~

4.4mg 정도 들어있다. 이렇게 낮은 양에서 비타민은 생리학적으로의 중요
도가 아주 미미하거나 거의 없다. 그러나 로스팅 시, 트리고넬린의 점진적
탈메틸화로 인해 양이 증가한다.

트리고넬린   니코틴 산

＋ 기타 제품

    트리고넬린이 니코틴산의 전구체라는 증거로는 주로 전자의 손실과 로
스팅 동안 후자의 형성 사이 비례로부터 기인한다. 그러나 트리고넬린의
손실과 니코틴산의 형성 사이에 분명한 관계가 있지만 매우 적은 비율의
저하된 분해된 트리고넬린만이 니코틴산으로 나타난다. 그림4-4에 있는
자료를 보면 상대적으로 중간 정도인 로스팅 기간(건조물 손실은 최대
10%) 동안, 이 특정 아라비카 커피의 샘플이 트리고넬린 함량(생두에서
1.09%(건조 물질)을 85% 정도 잃지만 니코틴산 함량은 1.2mg%에서 겨우
14.9mg%로 증가했다(건조물). 이 뜻은 분해된 트리고넬린의 1.5%만 니코
틴산으로 변했다는 것이다. 다른 제품들의 대부분은 피리딘이나 피라진과
같은 휘발성이다. 니코틴산의 형성은 가열하는 시간보다는 온도에 더 많
은 영향을 받는다. Hughes와 Smith의 보고에 의하면 니코틴산의 형성은
섭씨 160도 이상에서만 눈에 띈다고 한다. 게다가 훨씬 높은 온도인 섭씨
220도를 초과하면 비타민의 양도 또한 줄어든다고 한다.

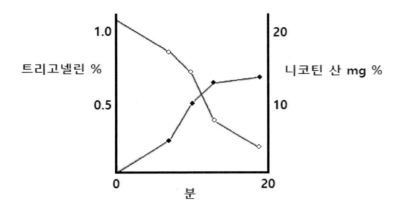

그림 4-4 아라비카 (과테말라) 커피의 경우 205 ℃에서 로스팅 중 트리고넬린
(○)의 분해 및 니코틴산의 관련 형성 (●).

이러한 경우에 아마도 한 번 형성된 비타민은 불안정하며 후에 분해된
다. 이 효과는 니코틴산의 양은 다양한 로스팅 조건을 따를 때, 관찰될 수
있다. 그림4-5에서는 로스팅은 무게 손실 40%db를 초과할 때까지 계속되
었는데, 이 조건은 용인가능한 커피를 제조하는 조건들을 훨씬 초과하는
것이다.

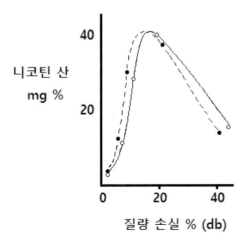

그림 4-5 엄격한 로스팅 조건 하에서 니코틴 산 형성:
●아라비카 커피, ○로부스타 커피.

여기서 로부스타와 아라비카의 니코틴 산의 최대 양은 무게 손실이 약 20%db일 때 일어난다. 니코틴산의 형성은 아라비카 샘플에서 더 빨리 일어나며, 이것은 생두에서의 트리고넬린 함량이 더 높았던 것과 일치한다. 커피 종류 간 유효한 비교가 이루어져야 하는 경우, 최대 값의 양쪽에 있는 급격한 기울기는 로스팅 조건을 정확히 정하는 것이 얼마나 중요한 지를 보여준다. Adrian에 의해 공표된 자료의 비교에서 니코틴 산의 함량의 수치의 범위는 13~25였으며 평균은 18이고 로스팅 중에 증가되었다. 비록 로스팅 자체가 니코틴산의 최종 양에 중요한 영향을 미치는 요인이지만 이것만 고려해서는 안된다. 다른 성분들과 마찬가지로 여러 가지 종류의 생두 안에 있는 니코틴산의 양의 차이가 있기 때문이다. 유전적인 차이와 연관된 변화 요인을 제외한 다른 발표된 자료들은 거의 없다.

사용된 생두 처리에 관한 특징은 로스팅 상품에서 니코틴산의 최종 농도에도 영향을 미칠 것이다. 건조한 공정 과정을 거치는 것이 습한 공정을 거친 아라비카 커피보다 더 높은 형성 수치를 나타냈다는 증거가 있다. 그러나 이러한 공정의 조건들은 생두의 크기에 영향을 주며, 결국 이것은 차례로 열 침투에도 영향을 주고 결과적으로 니코틴산이 생성되기 때문에 공정 조건이 직접적인지 이차적 영향을 주었는지는 판단하기가 어렵다.

커피의 지각 품질과 니코틴산 함량 사이에 상관관계는 없는 것 같으며 실제로 이렇게 되는 것에 대한 분명한 이유가 없다. 그러나 디카페인화되고 추후 로스팅 된 샘플들을 비교했을 때, 니코틴산의 최종 수치에 관하여 상당한 감소가 있었다(약 35%). 트리고넬린은 이와 같은 용제에 녹지는 않지만 아마도 사용된 클로로젠화 용제의 작용에 의해 생두에 있는 트리고넬린이 부분적으로 없어졌기 때문일지도 모른다. 수성 디카페인화가 사용된 경우에는 트리고넬린의 손실이 더 클 것이다. 니코틴산은 고온에서 물에 잘 용해된다. 따라서 커피를 내릴 때나 인스턴트 커피를 제조할 때 전반적으로 추출된다. 물론 이것은 비타민이 결합되지 않은 상태에서 존재한다고 가정해야 한다.

4.2 커피에 있는 니코틴산의 영양학적 중요성

100g당 10~40mg의 니코틴산을 가지고 있는 로스팅 커피는 이 비타민의 중요한 공급원으로 여겨야 한다. 유사하게, 인스턴트 커피도 동일하게 여겨져야 하며, 내린 커피 한 잔에는 로스팅이나 분쇄커피에 있는 양과 유사한 정도의 비타민이 함유될 것이다. 그러나 이것은 비타민이 생물학적으로 가능할 때만 그렇다. 커피 추출물을 쥐에게 주었을 때, Teply와 Pier는 고전적인 분석 기술로 측정한 결과, 니코틴산의 효과가 일정했다고 보고했다. 더 직접적인 실험이 실행되었는데, 이것은 커피 한 잔과 별개로 성인에게 니코틴산 없는 식이요법을 제공한 실험에서 니코틴산 대사 산물이 순수 비타민을 섭취했을 때와 동일하게 소변에 포함되어 나왔다. 따라서 커피에 있는 니코틴산은 생물학적 전환에 모두 이용한 것이다. 커피 한 잔에서 파생될 수 있는 니코틴 산의 양은 많은 요소들, 특히 사용된 커피 종류 및 양에 의존한다. 미국 스타일인 연한 로스팅, 약한 로스팅으로 준비된 커피 한 잔은 약 1mg의 니코틴산을 포함하고 있을 것이며, 이탈리아 스타일인 진한 로스트부터 강한 로스트로 내린 커피는 2~3mg을 포함할 것이다. 니코틴산의 하루 섭취 권장량은 18mg이기 때문에 커피는 매우 중요한 공급원으로 봐야한다.

4.3 니코틴산 측정

커피에서 찾아볼 수 있는 니코틴산은 trigonelune의 형성으로부터 예상되는 자유 형태(free form)로 우세하게 존재할 것이며, 이것은 생물학적 가능성에 있어 자료와 부합하다. 그러므로 니코틴산은 뜨거운 물을 사용해 커피 제품으로부터 쉽게 추출되어야 하며, 이는 수용성이다. 그러나 대다수의 분석적 방법들은 추출 동안 산 또는 알칼리성 가수분해를 사용한다. 니코틴산은 산성조건 하에서는 비교적 안정적이지만, 알칼리성 조건에서는 트리고네린의 탈 메틸화가 인위적으로 추출물 내에 비타민의 보다 높은 양을 초래한다. 위의 것이 합리적임에도 불구하고 특정 조건, 특정 커피 샘플에서 산 가수분해가 측정된 니코틴산의 양를 증가시킨다는 논문학적 증거가 있다. 즉, 비타민이 자유 형태로든 결합 형태로든 둘 다 존재한다는 것이다. 그러나 이런 결론은 미생물학적 분석으로부터 얻은 자료를 기반으로 한 것이며 산 추출법은 니코틴산의 결합을 자유롭게 해주는 것이 아닌 미생물의 성장에 영향을 주는 다른 요인들을 파괴할 것이다.

니코틴산 측정에 사용되는 초기 방법들은 브롬화시안으로 인한 분해 p-aminoacetophenone과 비색 반응을 이용한 분해를 기초로 하고 있다. 이 방법이 커피에 적용될 때, 방해요인들을 제거하는 작업이 꼭 필요하며 이것은 과망간산염 산화를 통해 성취될 수 있다. 다른 방법들에서 다양한 여백 과정을 추천하는데, 이것은 추출물 내 불활성 착색 성분들 또는 착색 화합물을 생성하기 위해 브롬화시안과 반응 또는 착색제와 반응하는 물질로부터 간섭을 피하기 위해서이다. 상대적으로 구체적이지 않은 이런 비색 분석법들과 더불어 미생물학적 분석에 관해 많은 관심이 쏠리고 있다. 이 방법에서는 니코틴산과 합성되지 않는 미생물들이 선별되며, 니코틴산이 없는 배지에 첨가된 비타민의 다양한 양이 도식화된다. 커피 추출물의 다양한 수치들은 같은 방법으로 사용된 다음, 기존 곡선과 비교, 추론된다. 혼탁법이나 산성 물질 대사 산물의 적정과 같은 미생물의 성장률을 측정하는 간단한 방법을 보유하고 있을 필요가 있다. 또한 미생물에 적용 가능한 형태로 커피 추출물 안에 존재한다면, 비타민만 분석 대상이 될 것이다.

락토바실러스 플란타룸은 가장 일반적으로 사용되는 시험 유기체지만 락토바실러스 커세이(casei)도 많이 쓰인다. 락토바실러스 아라비노서스가 시험 유기체로 권장되었으며, 이것은 합성 배지와 함께 사용될 수 있다. 미생물학적 방법들은 이 방법으로 얻은 결과들이 음식에 있는 비타민의 수치와 더 많이 연관되어 있다는 점에 있어서 매력적이다. 그러나 미생물의 성장은 커피 추출물에 있는 다른 요소들로부터 영향을 받을 지도 모르며, 이것이 실험 방법을 구상할 때 고려해야 할 사항이다.

크로마토그래피 방식들은 이런 문제들을 보완하기 위해 개발되었지만, 모든 요소로부터 오는 문제들을 해결하는 것은 어렵다. 초기 방법들은 종이 크로마토그래피를 이용했으며 이에 따라 분리된 비타민의 용리와 methyl-p-aminophenol을 사용한 비색법, 또는 시아노겐 브롬화물/벤지딘 시약을 사용한 시각화 처리를 해야한다. 다양한 박층 기술이 공표되었으며, 향상된 해상도임에 불구하고 정량화에 관련된 문제들은 개선되지 않았다. 이 문제들은 고성능 액상 크로마토그래피를 사용함으로써 어느 정도까지는 개선될 수 있으며, 이 기술은 원래 여러 가지 식료품에 들어있는 니코틴산을 측정하기 위해 적용되었지만 커피에는 최근에 와서야 사용되기 시작했다. 가장 큰 문제는 동시간에 충분히 깨끗한 추출물, 분석에 적절한 농도를 얻어내는 것이다. 이 문제를 가장 간단히 해결할 수 있는 방법은 아마도 Sep-Pak 카트리지를 이용하는 방법일 것이다. 이것에 대한 예시가 그림4-6에 잘 나와있다. 로스팅 과정과 수많은 다른 화합물의 형성 과정에서 니코틴산이 증가했다는 것을 보여준다.

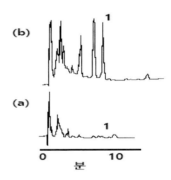

그림 4–6 (a) 생두 및 (b) 진한 아라비카 (과테말라) 커피에서 니코틴산 (1)의 HPLC 측정. pH 7에서 8 % (v / v) 메탄올을 함유하는 0.01M 테트라 시트르산 수산화물 및 0.01m 테트라 부틸 암모늄 하이드 록 사이드; 검출, 자외선 (254nm).

이 특별한 경우에서, 니코틴산 피크는 이온쌍 생성에 의해 크로마토그램의 상대적으로 선명도 있는 부분으로 옮겨갔다는 것을 알 수 있다. 페어링 작용제(pairing agent)가 없는 상태에서 니코틴산은 공극 부피(void volume)내에서 다른 화합물과 함께 용출되었을 것이다. 이 방법은 인스턴트 커피에 함유된 니코틴산의 양에 관해 두 가지 방법인 HPLC와 미생물학적 방법으로 얻은 두 자료를 비교하는데 사용되고 있다. 일반적으로 이 두 가지 자료를 비교했을 때 일치하는 부분이 많았지만, 몇 가지 샘플들은 HPLC 자료에서 얻은 값이 더 높게 나왔다. 이 샘플들 안에 방해 물질이 들어있다는 증거는 없지만, 이는 확인되지 않았고 또한 미생물학적 분석과 관련하여 동일 샘플에도 방해 물질이 들어있을 가능성이 있다. 이 부분에 대해서 더 많은 연구가 필요한 상황이며, 화학적, 미생물학적, 크로마토그래피 중 사용된 방법을 입증하기 위해 여러가지의 개선된 측정 방법의 개발도 필요하다.

5. 단백질과 유리아미노산

여러 가지 식품 시스템에 들어있는 단백질의 함량과 특징에 대해서 많은 관심을 받았다. 그렇기 때문에 커피에 함유된 단백질에 대한 연구가 활발히 일어나지 않고 있다는 것은 새삼 놀라운 일이다. 아마도 이것은 부분적으로 더 복잡하고 어려운 분석이 필요하기 때문일지도 모르지만 얻어낸 자료를 해석하기 어렵다는 점이 보다 관련이 있다. 예를 들어, 총 질소 측정을 기반으로 한 조단백질(crude protein)의 수치는 엄격히 제한된 값이다. 왜냐하면 이 안에는 다른 질소성 물질도 들어있으며, 이 다른 화합물들의 양을 알고 있는 경우에는 측정 전에 물질들을 제거하거나 미리 계산에 의해 모든 이들의 기여를 고려한 순수 단백질 질소의 값을 얻어내야 하기 때문이다. 특이성과 정확성의 관점에서 단백질 측정에 가장 신뢰할 수 있는 방법은 주로 아미노산 분석법을 기반으로 한다. 그러나 이러한 분석법들은 아미노산을 분리, 정량화하기 이전에 단백질을 가수분해해야 하는 과정을 필요로 한다. 생두와 같이 가공되지 않은 식료품들의 경우에 단백질은 세포질안에 결합되지 않은 형태로 대부분 존재하거나, 세포벽에서 다당류와 결합한다. 그 결과 가수분해 후에 형성된 아미노산들은 실제 존재하는 단백질의 진정한 척도이다. 로스팅을 할 때, 이 단백질들은 변질되고 낮은 분자량 물질을 생성하기 위해 분해된다. 게다가 일부 단백질들은 탄수화물이나 페놀성 물질들과 반응한다(마이야르 반응). 이러한 복합체는 추후에 가수분해 할 때 아미노산을 생성하기 위해 파괴될지도 모르지만 로스팅 커피에 단백질이 함유되어 있다는 것은 사실이다. 가수 분해와 아미노산 분석을 통해 얻어낸 자료는 오직 가수분해 후 아미노산을 생성하는 화합물들을 추정하는 데만 사용할 수 있다.

단백질로 결합된 아미노산과 더불어 생두에는 유리 아미노산도 들어있다. 로스팅을 할 때, 휘발성/비휘발성의 복합 물질을 만들기 위해 이들이 분해되거나 다른 성분들과 결합된다. 이러한 휘발성 물질들 중 대부분은 중요한 방향 성분이며 따라서 유리 아미노산의 함량은 향과 직접적인 연관이 있고, 이것은 로스팅 커피의 품질과도 관련이 있다. 또한 자유 아미노산은 단백질 결합 물질보다 훨씬 낮은 함량을 갖고 있지만, 유리 아미노산이 광범위한 반응 종들에 더 쉽게 접근할 수 있기 때문에 중요하다.

5.1 단백질

생두에 들어 있는 단백질의 여러 가지 함량이 보고된 바 있으며, 이것은 질소 측정을 기반으로 하거나 그 양에 6.25를 곱해서 얻어낸다. 비단백질 질소성 물질이 기여가 없으면 조단백질의 수치를 13~16%db를 나타냈다. 더 실제적인 수치는 카페인-질소로 교정했을 때 10~12.5%, 카페인-질소와 트리고넬린-질소로 교정했을 때 8.7~12.1%로 나타났으며 평균값은 약 11.5%db였다. 이렇게 얻은 낮은 수치는 아미노산 질소 수치에 6.25를 곱했을 때 아미노산 분석법의 결과와 일치했다. Thaler와 Gaigl가

이 과정을 통해 아라비카(5개), 로부스타(2개), 리베리카(1개)를 각각 실험했을 때 실제 단백질의 수치는 약 8.7~9.7%db가 나왔으며, 아라비카는 9.2%db로서 9.5%db인 로부스타의 값과 매우 유사하게 나왔다. 아라비카와 로부스타 커피에 있는 단백질 함량에 큰 차이가 있다는 연구 결과는 아직 없다. 단백질 함량을 아미노산 구성성분의 무게의 합산으로부터 직접적으로 계산될 수 있음에 왜 6.25를 곱하는지는 확실히 알 수 없다. 가수분해 과정에서 작은 비율인 아미노산이 분해되기 때문에 이 값은 아마 약간 낮게 나올 것이다.

생두에 들어있는 단백질은 수용성(알부민), 비수용성 물질로 구성되어 있으며, 총 수용성 단백질의 반을 차지하는 알부민은 희석된 나트륨 수산화물(1%)이 추출 용매로 사용되었을 때 그 양이 약간 증가할 것이다. 그러나 실제적 증가는 커피의 종류에 따라 달라진다. 수용성 단백질을 트리클로로초산을 이용해 침전시킨 후 이 여과된 액체에 상당한 아미노산이 여전히 남아있다(6N HCl를 12시간 동안 끓이고 산가수분해 이후의 분석). 이것은 펩티드와 초기 마이야르 물질(SchifTs 기준)과 같은 낮은 분자량 물질들이 존재한다는 것을 보여준다. 유리 아미노산도 감지되겠지만, 아주 미량이라고 추후 연구에서 밝혀졌다. 알부민 부류의 아미노산 개요가 총 단백질의 것과 매우 흡사한 것은 주목할 만한 사실이며, 메티오닌의 수치의 상당한 차이 빼고는 모두 흡사했다.

표4-5에서는 브라질산 아라비카 커피의 자료이며 총 단백질량은 9.57%로 나와있다. 학자들의 추측에 따르면, 메티오닌 수치가 다른 이유는 아마도 샘플의 가수분해 과정에서 파괴되었기 때문일 것이라고 한다. 여기에 적용된 조건들은 아미노산의 불안정성과 양립될 수 없으며, 설폰에서의 메티오닌의 이전 산화가 보다 정확한 측정을 가능하게 할 것이다. 수용성 알부민 부류는 분자량 개요에 의하여 특성화 되어있다. 투석 실험법은 아주 제한된 정보만을 제공했는데, 그 이유는 존재하는 단백질의 대부분이 투석 물질로 사용될 수 있는 분자량의 범위(최대 14000, 5%의 트리클로로젠초산으로 침전된 질소의 70%는 투석 불가)를 초과하는 높은 분자량

을 갖고 있기 때문이다. 다른 허용치를 가지고 있는 Sephadexes를 사용하는 젤-필터레이션도 사용되었으며 254mn에서의 용출액의 흡광을 관찰함으로써 개요를 얻었다.

표 4-5 브라질 아라비카 커피에서 단백질과 알부민의 아미노산 구성요소.

아미노산	비율	
	총 단백질	알부민
알라닌	4.96	4.94
아르기닌	5.57	5.25
아스파트 산	10.02	10.60
글루탐 산	19.16	18.54
글리신	6.39	6.01
히스티딘	2.45	1.88
이소루신	3.76	3.46
루신	9.84	9.25
라이신	6.9	6.22
메테오닌	2.3	0.42
페닐알라닌	6.59	6.77
프롤린	6.37	5.86
세린	5.23	5.34
트레오닌	3.56	3.19
티로신	4.85	3.59
발린	4.93	5.17
트립토판	—	1.47
암모니아	2.23	2.09

이 파장은 단백질에 대해 선택적이지 않으며 비 단백질 물질로 인한 피크가 관찰된다. 컬럼에는 단백질 표준으로 보정되지 않았으며, 개요는 복합체 형성과 흡광 효과로 복잡하다는 것을 분명히 알 수 있다. 가장 가치 있는 정보는 전하의 영향이 제거된 소듐 도데실 설페이트의 존재 하 젤-전기 영동법(gel-electrophoresis)을 통해 얻어낼 수 있었으며, 단백질은 분자량과 관련하여 이동한다. 이 기술은 단백질의 대부분이 높은 분자량인 150,000을 가지고 있다는 것을 보여주었다. 감소 과정에서 분자량 10,000~30,000

사이의 더 많은 물질들이 관찰되었으며, 이것은 단백질이 시스틴 교량을 통해 여러 가지 연결 고리로 구성되어 있다는 것을 암시한다. 등전점전기영동(Isoelectric focusing)은 등전점 조절은 5.7~6.3 사이의 등전점을 갖는 많은 단백질 물질들에 대해 밝혀내었다. 낮은 수치를 가진 다른 성분들은 완충제 시스템에서 요소와 같은 해리하는 물질 포함시 제거되는 것과 같이 클로로젠산/단백질 복합물로 인하여 낮은 값을 가졌을 것이라고 여겨진다.

생두를 로스팅하는 과정에서 적용되는 높은 온도는 존재하는 단백질에 아주 큰 영향을 미칠 것으로 예상된다. 단백질에서 일어나는 변화는 연관된 분석적 기준에 따라서 정도가 달라진다. Kjeldahl에 의한 질소X6.25로 측정되는 조단백질의 변화는 매우 적으며 이것은 예를 들어 트리고넬린의 분해와 같은 휘발성 질소 물질의 형성 때문일 것이다.

표 4-6 생두 및 원두 커피의 아미노산 질소 및 총 단백질(% db).

	아미노산 질소			총 단백질		
	생두	원두1	원두2	생두	원두1	원두2
아이티 (아라비카)	1.63	1.25	1.16	10.19	9.04	8.76
콜롬비아 (아라비카)	1.55	1.27	1.15	9.69	9.24	8.70
앙골라	1.61	1.15	0.94	10.07	7.16	5.86

유사한 방식으로 총 단백질량을 계산할 때, 아미노산 질소가 사용되면 로스팅의 효과는 더욱 분명해진다. 아미노산 질소의 손실 및 총 단백질 손실은 로스팅 정도에 따라 달라지며 로스팅이 강하게 되면 50%도 넘지만 보통은 20~40% 정도라고 보면 된다. 표4-6에 Thaler와 Gaigl이 실험한 세 개의 커피 샘플을 이용하여 각각 다른 조건에서 로스팅 했을 때의 효과가 나와있다. 이 때 일어나는 변화에 대한 더 자세한 정보는 생두 그리고 로스팅 샘플의 가수분해한 아미노산 분석법 자료로부터 알 수 있다.

모든 경우에서 예상되는 것과 같이 각 아미노산의 절대적인 양이 감소했지만 상대적 안정성에서는 눈에 띄는 차이를 보여주었다. 이것에 대해서는 표4-7에 자료가 나와있다. 로스팅 과정에서 증가하는 아미노산은 더 안정적이며 여기에는 알라닌, 글루타민, 글리신, 류신, 페닐알라인, 발린 등이 포함되어 있다. 이와 반대로 온화한 로스팅에서도 감소한 아미노산은 온도에 민감하다고 볼 수 있으며 여기에는 아르기닌, 시스틴, 세린, 트레오닌 등이 포함되어 있다. 이 연구에서 유리 아미노산과 결합된 아미노산 사이의 구별은 없었으며, 안정성에서 보인 차이는 아마도 특정 아미노산이 열분해될 것이라고 예상될 때, 자유 형태로 우세하게 존재하기 때문일 것이다.

표 4-7 가수 분해 후 생두 및 원두 커피의 아미노산 구성요소 (전체 단백질%)

아미노 산	아이티 (아라비카)			콜롬비아 (아라비카)			앙골라 (로브스타)		
	생두	원두1	원두2	생두	원두1	원두2	생두	원두1	원두2
알라닌	4.91	5.97	5.48	4.75	4.76	5.52	4.87	6.84	7.85
아르지닌	4.72	0.00	0.00	3.61	0.00	0.00	2.28	0.00	0.00
아스파르트 산	10.50	9.07	9.02	10.63	9.53	7.13	9.44	8.94	8.19
시스테인	3.44	0.38	0.34	2.89	0.76	0.69	3.87	0.14	0.14
글루탐산	18.86	20.86	23.29	19.88	22.11	23.22	17.88	24.01	29.34
글리신	5.99	6.86	7.08	6.40	6.71	6.78	6.26	7.68	8.87
히스티딘	2.85	1.99	2.17	2.79	2.27	1.61	1.79	2.23	0.85
이소루신	4.42	4.75	4.91	4.64	4.76	4.60	4.11	5.03	5.46
루신	8.74	9.95	11.19	8.77	10.18	10.34	9.04	9.65	14.12
라이신	6.19	2.54	2.74	6.81	3.46	2.76	5.36	2.23	2.56
메티오닌	2.06	2.32	1.48	1.44	1.08	1.26	1.29	1.68	1.71
페닐알라닌	5.79	6.75	6.05	5.78	5.95	6.32	4.67	7.26	6.82
프롤린	6.58	6.52	6.96	6.60	6.82	7.01	6.46	9.35	10.22
세린	5.60	1.77	1.26	5.88	2.60	0.80	4.97	0.14	0.00
트레오닌	3.73	2.43	1.83	3.82	2.71	1.38	3.48	2.37	1.02
티로신	3.54	4.31	3.54	3.61	4.11	4.35	7.45	9.49	8.87
발린	5.50	6.86	3.31	8.05	6.93	8.05	6.95	10.47	9.49

내린 커피와 커피 추출물, 인스턴트 커피에 들어 있는 단백질 함량에 관한 정보는 상대적으로 적은 편이다. 가수분해 할 때 단백질이 아미노산

을 배출시키기는 하지만 로스팅을 할 때 생두에 들어 있는 거의 모든 단백질은 변질되어 비수용성으로 변하며 추출물에 쉽게 같이 포함되지 않을 것이다. 그러므로 인스턴트 커피에 들어 있는 질소의 대부분은 비단백질 질소이며 이것을 감안했을 때 실제 단백질 함량을 얻어낼 수 있다. 영국의 13개의 상업용 인스턴트 커피에 관한 간단한 연구에서, 단백질 수치은 0.6%~5.6%db로 평균 2.24%db을 나타냈다. 이 수치는 단백질을 5%(v/v) 트리크로로겐산을 이용해 침전시킨 후 비단백질 질소 수치로부터 간접적으로 얻어졌다. 이 값이 총 질소와 비단백질 질소 수치 간의 작은 차이를 기반으로 하고 있으므로 상당한 실험 오류가 발생할 수 있다. 이 수치들은 산가수분해 후 아미노산 분석법으로 인해 확인해야할 필요가 있다.

5.2 효소

생두에 들어있는 단백질, 혹은 적어도 일부 비주류 단백질들은 그들의 효소활동을 통해 특정 지어질 수 있다. 로스팅 과정에서 존재하는 단백질은 효소 활동의 총 손실을 초래하며 변질되고 분해된다. 생두에서 일어나는 효소 활동에 관한 초기 논문들에는 리파아제, 프로타아제, 아밀라아제, 카탈라아제, 페록시다아제 시스템을 감지가 포함되어 있다. 이것은 특정 효소 활동과 감각적 속성의 연관성을 알아보기 위해 시도된 연구이지만, 커피 안에 있는 다른 화학적 구성물들이 전체적인 개요를 파악하는데 어려움을 준다. 최근에 로부스타 커피의 폴리페놀 산화 효소의 활발한 활동과 상대적으로 낮은 품질의 연관성을 알아보려는 실험이 이루어지고 있다. 이와 유사하게, 건조한 공정을 거친 브라질산 커피(최상의 커피인 Soft부터 Rio까지 분류됨)의 품질과 폴리페놀 산화 효소 활성간의 연관성에 관한 연구가 발표된 바 있다. 폴리페놀 산화 효소의 활동이 높은 특정 조건에서 클로로겐산의 산화 물질은 전기 영동 패턴(electrophoretic pattern)에서 차이를 만들어내는 단백질과 결합할 수 있으므로 이것은 커피 종류를 구별하는데 도움을 준다.

트리크롤로겐산 침전법이나 SDS 겔-전기영동법을 통해 밝혀진 바와 같이 수용성 단백질의 분자량 개요에서도 차이점은 발견되었으며 이것은 프로타아제 활동 변화와 관련이 있을지도 모른다.

생두에 있는 폴리페놀과 더불어 몇 가지 다른 효소들이 존재한다는 것이 발견되었으며, 여기에는 말산염 탈수소효소(malate dehydrogenase), α-galactosidases, 산성 포스타파제(acid phosphatase), β-fructofurano- sidase, β-galactosidase, β-glucosidase, 카탈라아제가 포함되어있다. 또한 가수분해물이거나 산화물로서, 파치먼트에 있는 원두의 점액과 관련된 수많은 다른 효소들도 들어있다(예: 펙틴에스타라아제, 갈락투로나아제, a-갈락투로나아제, 페록시다아제, 폴리페놀 옥시타아제). 여러 가지 경우에서, 생두의 화학 구성요소에 미치는 이 효소의 영향은 잘 알려져 있지만 음료 품질에 미치는 영향은 불분명하다.

5.3 색소

로스팅 커피의 색소/착색 물질은 여전히 구성 물질 중에서 가장 덜 연구된 부분이다. 이 화합물들은 자당(생두의 5~10%)의 카라멜라이제이션, 그리고 아미노 물질과 환원당의 축합반응으로부터 생성된 것이다. 갈색 반응에 있는 반응 전구체는 유리 아미노산과 당분 또는 관능기가 여전히 반응 한다면 단백질과 다당류로 결합되어 있을 것이다. 이 결과로 얻은 색소들은 고분자량 성분과 결합되어 매우 복잡한 범위의 색소 물질을 생성해낸다. 이것은 생두에 함유되어 있는 클로로겐산과 트리고넬린과 같은 존재하는 다른 반응성 성분의 관여로 더 복잡해진다.

이러한 커피의 색소/착색 물질을 구별해내기 위한 여러 가지 시도가 있었지만 그 중 어느 것도 물질들의 작용 특성에 관해 완전히 이해하는데 성공하지 못했다. Maier와 협력 연구가들이 사용한 방법은 그 중에서 부분적으로나마 이해하도록 도움을 주었다. 그림4-7에서는 이 분리의 첫 번째 단계에서 내린 커피에서 추출된 수용성 에테르 물질들은 폐기되었다. 로스팅 커피의 에테르 추출물은 그 자체로 색을 가지고 있지만 총 색소 중에서 아주 적은 양만 포함하고 있다. 그 후 수용성 물질은 폴리아미드 컬럼에 적용된 뒤 물질이 물에 용해 되었는지 아닌지에 따라 분리된다. 물로 용출된 물질들은 N1이라고 지칭되며, 수성 암모니아에 용해된 흡수된 물질들은 N2라고 지칭된다. 수성 암모니아는 알칼리 탈착을 위해 사용되어 용해된 물질들이 증발에 의해 바로 회수될 수 있도록 해준다. 덜 반응성있는 염기는 다른 물질과 반응하는 암모니아로부터 다른 복잡한 상황도 피할 수 있게 할 수있다. 하지만 이것은 더 복잡한 분리 방법을 필요로 한다. 두 가지의 종류의 Nx과 N2는 Sephadex G-25상에서 분리되며, Nx는 다시 3가지 종류(N1IA-N1III)로, N2는 9가지 종류로 나눠지며 9개 중 3개는 용출(N2IA, N2IB, N2IC)되고 나머지 6개는 컬럼에 남아있는다 (N2II). 이렇게 얻어 낸 부류들은 순수한 물질들은 아니지만 그 안에 포함된 물질들 중 몇 가지는 확인이 되었다. N1I은 갈락토매넌을, N1II는 트리고넬린, 카페인, 당분, 유기산제, 아미노탄, 펩타이드를, N1III는 히드록시메틸 푸르푸랄을, N2IA 중합체는 결합된 갈락토오스와 만노오즈를, N2II는 클로로젠산을 포함하고 있다. 각 종류별로 색의 농도는 다르며, 고분자량(N1I, N2IA)과 저분자량(N1III)은 짙은 갈색인 반면 중간인 종류(N1II, N2IB, N2IC)는 색이 더 옅었다.

이 색이 있는 물질은 꽤 많은 덩어리들이 들어있었지만, 사실상 얼마만큼의 물질이 착색되었는지는 알 수 없다. 아마도 아주 적은 양의 색소들만이 훨씬 많은 양의 무색 물질과 관련되어있다. 이 결합에 관한 속성은 잘 알려지지 않았다. 예를 들어, 색소들은 다른 고분자 물질들과 공유결합하거나 로스팅 과정에서도 변하지 않는 단백질과 다당류와 약한 결합(수소결합)을 할 것이다. 더 많은 정보는 요소와 같은 해리 용매를 이용한 젤-필터레이션을 통해 얻을 수 있다.

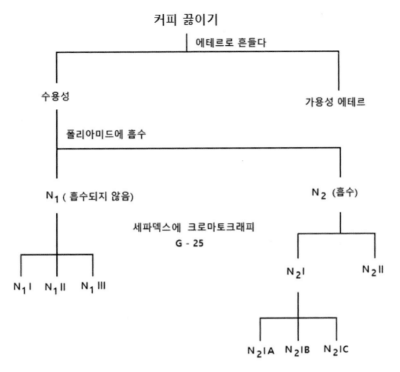

그림 4-7 수성 커피 추출물에서 멜라닌 색소 분획.

착색된 부류의 가시 흡수 스펙트럼은 별 특징이 없으며 물질을 구분하는데 있어서 기초를 많이 제공하지 않는다. 반면에 자외선 스펙트럼은 트리고넬린과 카페인과 같은 다른 커피 물질을 확인할 수 있게한다. 갈색 색소를 형성하는데 있어서 아미노산과 당분의 직접적인 관여는 종류들을 더 자세히 분석함으로써 알 수 있다. 예를 들어 종류 N1I은 만노오즈와 갈락토스(거의 갈락토매넌)와 아라비노즈와 아미노산 Asp, Gly, Pro, Leu/Ile, Val, Tyr, Ala and Glu 을 포함하고 있으며, 이 물질들은 가수분해 이후에 확인이 되었다. 이와 유사하게, Thaler와 Gaigl은 종류 N2IA에 관한 연구에서(가수분해 이후에 분석함) 결합된 아미노산이 존재한다는 것을 알아냈으며, 이 경우에 아미노산의 개요가 총 멜라노이딘과 thaler와 gaigl에 의해 측정된 로스팅 커피의 개요와 비교되었다. 이 패턴들은 글루타민산과 같은 주요 아미노산과 비교 했을 때 각각의 경우에서 매우 흡사하게 나왔으며, 이것은 로스팅 커피에서 멜라노이딘과 N2IA의 주요 구성 물질이다. 갈색 색소에서 회수된 아미노산은 전체 유기 질소의 약 25% 정도를 차지한다. 비록 아미노산이 마아야르 물질로부터 회수될 것이라는 것을 기대할 수는 없지만, 이를 통해 다른 질소성 물질이 개입할 수도 있다는 것을 예상할 수 있다.

색소/착색 물질 형성에서 아미노산의 개입은 잘 알려져 있지만, 아직 확실하지 않은 것은 유리/결합 아미노산(단백질)의 상대적 중요성이다. 유리 아미노산이 조금 더 잘 반응하는 것으로 여겨지며, 실제로 N-termiaal 아미노산과 리신 또는 아르기닌만이 갈색 반응에 개입한다. 이는 유리 아미노산 그룹을 가지고 있는 것으로 밝혀졌다. 그러나 멜라노이딘의 총 유기질소 함량은 유리 아미노산 질소와 관련하여 설명될 수 없었다.

Maier이 기술한 것과 유사한 방법이 다른 학자에 의해 채택되었는데 젤-여과가 주요 기법으로 사용되었다. 따라서 Feldman과 협력 연구가들은 Sephadex G-25만을 사용하였고 Wewetzer은 더 높은 분별 범위인 Sephadex G-200와 Sephacryl S-200을 사용했지만 겨우 2개의 종류만 얻어낼 수 있었다. '부드러운'젤의 분해능을 개선하려는 시도가 계속됨에 따라, 고압의 조건에서 작은 입자 크기의 젤-여과 장치를 이용해 분류작업이 이루어졌다. 이로써 얻은 분리물은 다소 실망적이었지만 여러 가지 파장을 이용해 컬럼 용출액을 모니터링한 결과, 유색 종류를 형성하는 여러 가지 커피 구성 물질의 역할에 대한 더 자세한 정보를 도출해 낼 수도 있다는 것을 알아냈다.

전기 영동법도 멜라노이딘을 연구하는데 사용되었고, 종이 전기 영동(2개 밴드)에서 얻어진 분리는 4개의 밴드가 얻어질 때 폴리 아크릴 아미드 젤을 사용함에 의해 향상될지도 모른다.

5.4. 유리아미노산

생두에 들어 있는 유리 아미노산은 아마도 내린 커피의 최종 맛을 결정하는데 가장 중요한 영향을 미치는 그룹일 것이다. 내린 커피의 맛에 적은 함량이 관여한다. 이들은 약 0.15~0.25% 정도 존재하며, 사용된 조건에 따라 로스팅 강도가 셀 때 파괴된다. 맛의 풍미를 형성하는데 중요한 역할을 함에도 불구하고 생두에 있는 이 물질에 대한 분석과 최종 품질과 함량에 관한 연관성은 거의 중요하지 않다.

생두에 있는 각 유리 아미노산의 수치는 Barbiroli와 Walter및 협력 연구가들에 의해 측정되며 Maier가 편집하였다. 이 편집본은 수치의 매우 넓은 범위를 다루고 있으며, Tressl과 협력 연구가들에 의한 최근 연구에서 더 가치 있는 결과를 제공하였다. 이 결과는 표4-8에 아미노산 종류에 따라 나눠져서 나와있다. 로부스타 샘플들은 모든 아미노산 측정값에서 더 높은 함량을 보여주었지만, 글루타민산의 경우에는 아라비카 샘플이 50% 정도 더 높게 나왔다. 디카페인화 과정(여기에서는 자당이 코팅된 활성 탄소를 사용)이 아미노산을 28%정도까지 감소시키는 것으로 나타내며, 반대로 환원당의 양은 증가했다고 이 논문에서 발표되었다.

일부 특정 아미노산의 존재는 커피 종류를 구별하는 방법으로 사용되어 왔다. 피페콜산은 로부스타가 아닌 아라비카에서만 발견되었지만 β-alanine와 같은 다른 이색 아미노산을 기준으로 한 분류법은 별로 확실하지 않았다.

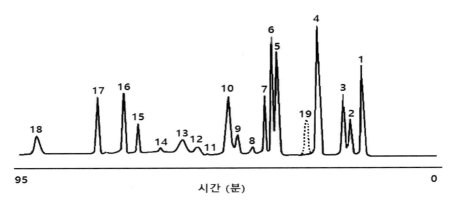

그림 4-8 녹색 아라비카 커피의 산 가수 분해물의 아미노산 분석.
110 Carlo Erba 아미노산 분석기. 피크 할당 : 1. 아스파라긴산; 2. 트레오닌; 3. 세린; 4. 글루탐산; 5. 글리신; 6. 알라닌 (피크는 또한 산 가수 분해 조건 하에서 파괴되지 않는 시스테인의 작은 잔기를 포함 함); 7. 발린; 8. 메티오닌; 9. 이소 루이 신; 10. 류신; 11. 알려지지 않은; 12. 티로신; 13. 페닐알라닌; 14. 알려지지 않은; 15. 라이신; 16. 히스티딘; 17. 암모니아; 18. 아르기닌; 19. 프롤린 (440 nm에서 검출 됨).

표 4-8 생두 커피의 유리 아미노 산 (g/kg)

	아미노 산	로부스타		아라비카		혼합물	
		I	II	III	IV	A	B
산 및 하이드록시 아미노 산	아스파라긴 산	0.73	0.89	0.51	0.50	0.39	0.75
	아스파라긴	0.84	0.89	0.51	0.52	0.33	0.00
	글루탐 산	0.85	0.74	1.12	1.57	0.47	0.69
	트레오닌	0.10	–	0.05	0.06	0.04	0.06
	세린	0.46	0.38	0.32	0.32	0.17	0.24
	프롤린	0.44	0.40	0.35	0.32	0.25	0.30
'Strecker-active' 아미노 산	글리신	0.25	0.22	0.08	0.07	0.10	0.08
	알라닌	0.90	1.08	0.55	0.54	0.35	0.38
	발린	0.25	0.18	0.13	0.01	0.10	0.13
	이소루신	0.17	0.12	0.08	0.06	0.05	0.07
	루신	0.29	0.17	0.12	0.07	0.08	0.12
	페닐알라닌	0.41	0.36	0.16	0.18	0.08	0.22
	타이로신	0.16	0.15	0.07	0.05	0.06	0.11
염기성 및 복 소환 아미노산	아미노 부틸산	1.02	1.15	0.68	0.25	0.43	0.58
	라이신	0.17	0.13	0.06	0.04	0.06	0.09
	히스티딘	0.06	0.05	0.04	0.04	0.01	0.03
	3-Me-히스티딘	0.06	0.06	0.05	0.05	0.01	0.03
	트립토판	0.51	0.46	0.18	0.11	–	0.20
	아르지닌	0.23	0.20	0.09	0.06	0.11	0.12
전체 아미노 산		8.0	7.8	5.3	5.25	3.25	4.5

분석할 때 가장 흔히 사용되는 방법은 종이-크로마토그래피(2차원) 혹은 종이-크로마토그래피와 전기 영동법을 혼합해서 사용한다. 더 정확한 정량적 자료는 이온교환 분리법을 사용한 아미노산 분석법으로 얻어낼 수 있으며, 닌하이드린을 이용해 유도체화 후 정량화시키는 작업을 먼저 해주어야 한다. 고속 분석기를 사용하여 얻는 분리작업의 예는 그림4-8에서 잘 보여주고 있다. 이 경우에는 아미노산 이외에도 확인되지 않은 많은 미량 물질들을 볼 수 있을 것이다.

양적 자료가 요구되는 경우에 생두에서 유리 아미노산을 분리해 내는 것은 특히 어렵다. 대부분 이것은 지질의 예비 제거와 수성 알코올을 이용해 유리 아미노산을 추출하는 작업을 우선적으로 해주어야 한다. 다른 대안법은 더 강력하고 효율적인 용제를 사용하는 것이 있지만, 여기에서는 아미노산을 분리하기 전에 앞서 추출물에서 단백질과 다른 고분자를 침전시킴으로써 제거해야 한다.

로스팅 시, 유리 아미노산은 매우 심하게 분해되어 로스팅이 끝난 상품과 커피 음료에서는 아주 미량 원소만을 찾아볼 수 있다. 아미노산은 간단한 열분해만으로도 분해되거나, 다른 물질과 상호작용 할 수도 있다(예: Strecker 반응에서 a-diketones 또는 마이야르 반응에서 환원 탄수화물). 이 제품중 상당수는 휘발성이며 중요한 방향 특성을 가지고 있다. 실제로 총 방향 휘발성 물질의 대부분이 직/간접적으로 생두에 있는 아미노산으로부터 발생된다. 로스팅 과정에서 일부 아미노산들은 단백질로부터 떨어져 나와 분해되는데 유리 아미노산과 결합(단백질)된 아미노산의 상대적인 중요성은 아직 불확실하다. 아미노산이 방향 전구체로써 어떤 역할을 하는지는 7장에서 더 자세히 알아보도록 하겠다.

클로로젠산

제5장

1. 서론 및 간단한 역사

소량의 유리 퀴닌 산이 생두에서 발생한다. 보다 많은 양의 퀴닌산은 에스테르의 형태로 생기며, 이것은 일반적으로 클로로젠산(CGA)로 알려져 있다. 이 물질에 대해 맨 처음 설명한 사람은 Robiquet과 Bourton이다. 이 학자들은 커피에 있는 생리학적으로 활발한 물질들을 찾아내는 과정에서 생두 안에 들어있는 녹색의 산성의 물질을 염화 제2철로 분류해냈다. 그 당시에, 이 발견은 커피 안에 갈산 잔여물이 있다는 것을 보여주는 증거라고 보았다. 지금은 커피산의 잔류물이 이와 비슷한 반응을 나타냈다는 것이 알려졌다.

1844년에 Rochleder는 생두에 있는 카페인이 납염과 함께 침전될 수 있는 산과 결합할 수 있음을 관찰 했다. 황산과 함께 침전시킴으로써 재생된 유리산은 암모니아와 더해져서 노란색을 띈다. 1846년에 Rochleder는 또한 이 노란색의 암모니아성 용액이 산소에 노출될 경우 녹색으로 바뀐다는 것을 알아냈다. 그는 유리산에 대해 $C_{16}H_9O_8$이라는 화학식을 제안했다.

그 다음 해에 Payen은 생두의 3.5~5% 정도를 구성하는 결정성 칼륨 카페인 클로지네이트(crystalline potassium caffeine chloroginate)성분을 분리해냈다. 이 논문들에서 처음으로 '클로로젠산'이라는 용어를 사용하였으며, 이것은 알칼리성 산화일 때 녹색 색소의 형성을 묘사하고 있다. 여기서는 $C_{14}H_8O_7$이라는 화학식을 제안했다.

Gorter(자바 Buierzorg에 있는 농림부 커피 연구소)에 의하면, 1903년에 Griebel이 녹색빛이 도는 흰색의 클로로젠산 결정의 녹는점이 섭씨 202~3°C인 것을 보고했다. 또한, 순수 흰색 결정의 녹는점은 섭씨 206~7°C였으며, 이 때의 화학식은 $C_{32}H_{38}O_{19}$을 제안했다. 낮은 온도에서의 알칼리성 가수분해를 통해 카페인산과 퀴닌산을 같은 몰의 양으로 얻어낼 수 있었다. 이러한 관찰을 제안된 실험식과 일치시키기 위해, Gorter는 카페인 산과 퀴닌산과 결합시켜 두 개의 분자로 구성된 헤미클로로젠산(그 중 한 개는 물 분자로 인해 손실됨)을 만들어 낸 뒤 거기서 클로로젠산을 얻어내야 한다고 제안했다.

1920년에 Kiel 대학의 Freudenberg는 타닌산 분자 효소가 클로로젠산을 카페인산 및 퀴닌산을 같은 몰량으로 가수분해 했다는 것을 알아냈다. 1932년 Berlin 대학의 Fischer와 Dangschat은 클로로젠산이 3-caffeoylquinic 산 이라고 추정했는데 이유는 다음과 같다.

1. 클로로젠산은 아세트산 무수물과 함께 가열될 때 락톤을 형성하지 않으므로 C-3 히드록시기가 차단되고;
2. 클로로젠산이 디아세톤 유도체를 형성하고, C-1, C-4, C-5 히드록시 그룹이 유리화 된다.
3. 비누화에 의한 메틸화 이후에 클로로젠산이 3,4-디메틸카페인산과 1,4,5-트리메틸퀴닌산을 만든다(락톤으로 분류됨). 그 결과 C-1, C-4, C-5 히드록시 그룹이 유리화 된다.

현재 IUPAC 권고에 의하면 3-CQA는 5-CQA로 지정되어 있다.

1950년 Barnes와 협력 연구가들이 출판한 논문에는 5-CQA만이 생두에 있는 클로로젠산을 구성하는 물질은 아니라고 발표했다. 이 연구가들은 이소클로로젠산(isochlorogenic acid)이라는 용어를 사용하였으며, 이는 3-CQA 가 락톤과 평형을 이룬다고 제안했기 때문이다. 그러나 이것은 나중에 잘 못된 것으로 밝혀졌다.

그 이후 15년 동안 전통적인 방법과 새로운 방식의 크로마토그래피 및 분광 방식을 혼합하여 클로로젠산 종류의 분류/확인/합성하였으며, 이 중 에서는 앞에서 언급한 이소클로로젠산의 구성물질인 세 개의 diCQA도 포 함되어 있다. 이 실험에는 Corse와 동료들(캘리포이나 알바니, USDA), Deulofeu와 동료들(코네티컷주 뉴헤이븐, 농업 실험소), Haslam과 동료들 (영국, Sheffield 대학), Scarpati와 동료들(Rome 대학), Sondheimer(뉴욕, 시 러큐스, Syracuse 대학)이 많은 공헌을 하였다.

표 5-1 클로로젠 산의 일반적 명칭.

일반 명칭	소개	흐름 해석	노트
반드 510	Sondheimer	4-CQA(Scarpati 와 Esposito)	
크로젠 산	Payen	CGA (귀닌 산 에스테르, 모든 것을 포함하는 일반적 용어)	
크립토 클로로젠 산		4-CQA(Scarpati 와 Esposito)	
시나린(e)	panizzi 외.	1.5-diCQA (Panizzi 와 Scarpati)	제한된 아티초크 (Cynara scoiymus).
			1.3 diCQA를 추출하는 동안 불안정하고 쉽게 변한다. 원래 할당 된 1.4 diCQA는 추출 중에 형성 될 수 있으며 원래 Barnes 외
하우쉬드의 물질	Barnes 외.	3-CQA 락톤 (Ruveda 외)	
이소 클로로젠 산	반즈 외.	커피콩 diCQA (Scarpati 와 Guiso[12]) 와 CFQA (Corse 외)	제안 된 3-CQA 와 그 락톤, 나중 Uritani 와 Miyano 는4-CQA를 제안했다
이소 클로로젠 산	Scarpati 와 Guiso	이소 클로로젠 산의 개별	두 그룹의 과제는 완전히 일치하지 않는다
a, b 와 c 협정	Corse 외.	구성요소를 참조	접두어는 모든 것을 포괄하는 일반 용어와 구별하기 위해 사용되었다 (위 참조)
n-클로로젠 산	Maier 와 Grimsehl	5-CQA	
			CQA와 diCQA가 불충분하게 정의 된 혼합물 (Hermann)
네오 클로로젠 산	Corse	3-CQA (Scarpati 와 Esposito)	
유사 클로로젠 산	Uritani 와 Miyano	최근 사용하지 않음	

일반적으로 전통적인 방법들은 다양한 모노아실(monoacyl) CGA를 확인하는데 성공했지만, diCQA를 확인하는 과정에서는 어려움을 겪었다. 특히, 퀴닌산 잔여물에 과옥소산염 산화(periodate oxidation)를 추가했을 때 다소 혼란스러운 결과를 가져왔으며 (이에 대한 예시는 Barnes와 동료들, Panizzi와 Scarpati, Scarpati와 Guiso, Corse의 실험을 참고하면 된다.), 1950년과 1960년 사이에 출판된 논문들은 일부 오해할 소지를 가지고 있다.

2. 클로로젠산 명명법

이 기간 동안에 현재까지 사용되는 혼란스러운 명명법이 사용되었다. 사용된 명명법에 대해 이에 대한 결과는 표5-1에 나와있다.

명명법 목적을 위해 퀴닌산과 클로로젠산은 사이클리톨(cyclitol)로 불린다. 이 시스템에서 자연적으로 발생하는 퀴닌산의 이성질체는 그림5-1과 같이 1L-1 (OH), 3,4,5-테트라히드록시사이클로헥산 카르복시산이다. 앞에 나온 배열에서 카르복시 그룹과 C-4,

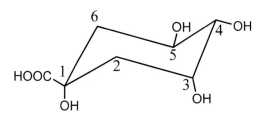

그림 5-1 퀴닌 산의 구조

C-5 히드록시 그룹은 수평을 이루며, C-1과 C-3은 축을 이룬다. 일반적으로 C-5 히드록시기를 고리의 평면 위에 두고 다른 것들과은 아래에 그리고/또는 역방향으로 번호를 매기는 것이다.

생두에 들어있는 클로로젠산(CGA) 복합체가 몇 가지의 그룹으로 나눠져 있다는 것이 요즘의 일반적인 견해이며 그림5-2와 같이 이것은 각각 3개의 이성질체로 이루어져 있고, 이들은 아실화된 잔여물의 개수를 기준으로 한다.

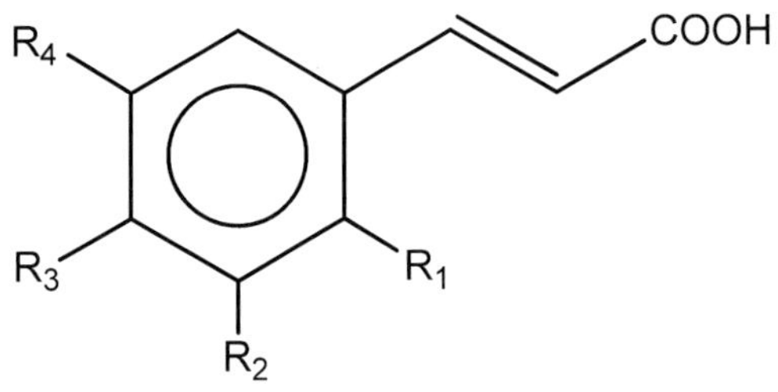

그림 5-2 천연 및 합성 클로로 젠 산과 관련된 아실화 잔기의 구조.

R_1	R_2	R_3	R_4	
H	H	H	H	신남 산
OH	H	H	H	$o-$ 하이드록시신남 산
H	H	OH	H	$p-$ 하이드록시신남 산
H	OH	OH	H	카페 산
H	OCH$_3$	OH	H	페룰 산
H	OH	OCH$_3$	H	이소페룰 산
H	OCH$_3$	OH	OCH$_3$	시나픽 산

갈릭 산은 다음 히드록실화 패턴을 가지는 벤조산이다.

R_1	R_2	R_3	R_4
H	OH	OH	OH

이 장에서는 저자가 다음 IUPAC 일관성있는 약어를 도입한 원두 클로로젠산에 대해 주로 다룬다.

CQA	카페오일퀴닉 산
DiCQA	디카페오일퀴닉 산
FQA	페로릴퀴닉 산
CoQA	p-쿠마로이퀴닉 산
CFQA	카페오페로릴퀴닉 산

다른 퀸산 에스테르는 천연 또는 합성적으로 만들어진 것으로 알려져 있으며, 이것들은 클로로젠산의 근본적 연구 중 대다수에서 특징으로 했기 때문에 일부 상호 참조가 작성될 것이다.

CiQA	신나몰퀴닉 산
GQA	갈로일퀴닉 산
iFQA	이소페로릴퀴닉 산
oCoQA	o-쿠마로이퀴닉 산
SQA	시나포일퀴닉 산

모든 경우에는 IUPAC의 일관된 번호 접두어가 일련의 특정 구성원을 명시하기 위해 디-, 트리-, 테트라-가 함께 사용된다.

3. 화학 합성

클로로젠산의 합성은 매우 복잡하다. 뒤에 소개될 각각의 단계는 상대적인 단순성과 양호한 수율을 기준으로 선택되었다.

모든 방법은 산 염화물을 퀴닌산 유도체와 축합시키는 과정을 포함하고 있다. 또한 산 염화물의 자가 축합(self-condensation)과 같은 원치 않는 반응을 방지하기 위한 보호가 필요하다. 또한 이러한 보호는 염화 아실, 퀴닌산 카르복시 그룹 및 한 가지 또는 그 이상의 퀴닌산 히드록시 그룹의 방향족 히드록시 그룹에도 필요하다. 이상적으로 CGA가 특히 염기에서 불안정하기 때문에 묽은 산에서 보호기를 쉽게 제거해야 한다. De Pooter 와 동료들에 의한 발표에 의하면, 퀴닌산에 들어있는 축방향의 C-1 히드록시 그룹을 꼭 보호해야 할 필요는 없으며, 부가적인 에스테르화 단계에서 비교적 온화한 조건이 적용되어 C-1 히드록시 그룹의 번거롭고 파괴적인 보호하지 못하게 하는 문제를 제거 했다고 밝혔다. 만약 이러한 관찰이 일반적으로 퀴닌산 유도체에 들어있는 축방향 히드록시 그룹에 적용할 수 있다면, 합성에 쓰이는 이상적인 퀴닌산 유도체 중 에스테르화 된 히드록시 그룹은 평형을 이루며 다른 나머지 물질들은 축을 이룰 것이다. 퀴닌산에 들어있는 축방향 히드록시 그룹들은 C-1, C-3에 위치해 있지만 C-4에는 쉽게 제조된 퀴니드 및 그 유도체에 존재한다.

3.1 보호된 염화 아실의 제조

대부분의 연구가들은 방향족 히드록시 그룹을 Sonn의 방법인 에톡시 카르보닐 유도체를 제조하여 보호하였다. 이 보호는 궁극적인 CGA의 아실 이동 및 비누화를 최소화하기 위해 퀴닌산 잔기의 비에스테르화 히드록시 그룹(들)에 대한 보호를 제거하기 전에 메탄올의 히드라진 수화물로 처리함으로써 제거 될 수 있다. Haslam 등은 산화에 민감성 GQA에 대한 팔라듐-차콜 수소 첨가 방법을 이용해 제거하는 벤조일화(benzoylation)를 선호한다. 보호된 방향족 산들은 염화 술포닐 클로라이드을 이용한 처리를 통해 염화 아실로 바뀔 수 있다.

3.2 보호된 퀴닌산 물질의 제조

3.2.1 카르복시 보호

디아조디페닐메탄을 이용한 에스테르화는 가장 널리 사용되어 왔다.

3.2.2 히드록시 그룹의 보호

3.2.2.1 1-아실 CGA: 한 단계만을 거치는 보호 방법으로는 끓는 퀴닌산을 p-톨루엔 술폰산을 함유하는 아세톤에 넣어 분자체를 이용해 물을 제거하는 방법이 있다. 3,4-isopropylidenequinide는 분리 하지 않고도 사용할 수 있다. 그리고 퀴나이드의 C-1 히드록시 그룹은 접근 가능한 수평방향 형태를 가지고 있다.

3.2.2.2 5-아실 CGA: 앞에 언급된 3,4-isopropylidenequinide는 $NaHCO_3$ 를 이용해 끓일 때 유리산으로 전환 될 수있다. 온화한 조건을 사용하여 수평위치의 C-5 히드록시 그룹을 에스테르화하기 전에 앞서 언급한 바와 같이 C-1 카복시 그룹을 보호해야 한다.

3.2.2.3 3-아실 및 4-아실 CGA: 3-아실 또는 4-아실의 특정 합성을 위해 편리하게 제조된 퀴닌산의 유도체는 없는 것으로 알려져 있다. 3-아실 CGA(수평위치, 주요생성물)와 4-아실 CGA의 혼합물은 크로마토그래피를 이용해 분리된다. Scarpati 등은 CQA의 합성에 과량의 퀴나이드를 사용하는 반면, Zane과 Wender은 FQA 합성에 1-에톡시카르보닐 퀴나이드를 사용했다. 이 보다 더 간단한 방법으로는 적절한 5-아실 CGA의 이성질체화일 것이다.

3.2.2.4 1-치환된 디아실 CGA: de Pooter 등이 관찰한 바에 의하면, 1,3-디아실 CGA가 이 CGA 하위 그룹에서 가장 쉽게 합성되는 물질일 것이라고 제안했다. 퀴나이드를 사용함으로써 수평 히드록시 그룹 C-1과 C-3에 접근할 수 있게 되며, 동시에 수직 히드록시 그룹인 C-4에는 접근할 수 없게 된다. 비록 1,4-디아실화가 일어나더라도 1,4-디아실 CGA의 높은 수율은 1,3-디아실 CGA가 1,3-디CQA로 빠르게 이성체화 되는 것으로 보고 되었기 때문에 가능하다.

Scarpati 등은 1,5-diCQA 합성을 보고했다. de Pooter 등이 논문을 고려하기 위해 그들의 방법을

약간 수정하면 diphenylmethyl-3,4-isopropylidene 퀴닌산염이 적절한 전구체가 될 것이라고 발표

했다. 1,4-diCQA 합성을 위해 Panizzi와 Scarpati는 퀴나이드의 C-3 수평 히드록시 그룹을 dihydropyran을 이용해 차단하였다. 테트로히드로퓨란에서 나온 이런 반응은 아주 미량의 퀴닌산 유도체의 과 혼합물을 생성하였다. Alberti 등은 1,3,4-triCQA가 1,4-diCQA를 얻어내기 위해 수산화바륨을 이용해 선택적으로 비누화 될 수도 있다고 보고했다. 다른 방법으로는 1,5-diCQA의 이성질체화를 제어하는 방법이 있다.

3.2.2.5 3,4-디아실 CGA: Panizzi 등이 기술한 바와 같이, 건조한 염산을 함유하는 디옥산 내에서 퀴닌산을 가열함으로써 제조된 퀴니드는 적절한 전구체이다. 보다 더 간단한 방법으로는 Wolinsky등이 사용한 방법으로, 퀴닌산을 섭씨 230℃에서 9분 동안 가열시키는 것이 있다.

3.2.2.6 폴리-아실 CGA: Alberti 등은 퀴나이드로부터 1,3,4-triCQA를 제조하였고, Haslam등은 3,4,5-triGQA를 1-benzyl-diphenylmethylquinate로 부터 제조하였다. Haslam 등은 1,3,4,5-테트라 GQA를 얻어내는 과정에서 디페닐메틸퀴네이트를 사용하였다.

3.3 에스테르화 반응

3.3.1 일반적인 단계적 선별

De Pooter 등은 5-oCoQA, 5-FQA, 5-SQA를 준비하는 과정에서 톨루엔을 포함한 피리딘 안에서 보호된 반응 물질을 -20도에서 1시간 반 동안 저어 주었다. 4도에서 80시간 동안 교반 한 후, 80 도에서 1시간 동안 천

천히 가열 하였다. 앞에서 언급한 주의사항들과 함께, 이러한 단계 과정은
de Pooter 등이 원하는 물질을 더 많이 얻을 수 있도록 해주었다.

3.3.2 비선별적

Scarpati 등은 I-CQA와 3,4-diCQA를 합성할 때, 반응 물질들을 100-130
도 에서 40분 동안 감압 하에서 반응물을 용해시켰다.

대부분의 보고서들은 벤젠-피리딘과 디옥산-피리딘, 또는 크로로폼-피리
딘 혼합물을 용매로 사용한 것에 대해서도 언급하고 있지만, 앞에서 de
Pooter의 방법 보다는 훨씬 더 높은 온도나 긴 반응 시간을 갖는다. 예를
들어, panizzi와 Scarpati는 실온에서 15시간 동안 1,4-diCQA 위해 사용했
다. Haslam 등은 5-GQA의 경우에는 60°C에서 10일, 1,3,4,5-테트라GQA
는 60°C에서 25일이 동안 사용했다.

3.4 아실 이동의 합성 방법

3- 아실 또는 아실 CGA의 신규 합성에 대해 보고된 방법은 수율이 낮
다. Haslam 등과 Hanson을 참조하면 된다. 이것보다 더 편리한 방법으로
는 알칼리에서의 아실 이동 후에 반응하는 5-아실 CGA를 합성하는 것이
있다. 이 현상은 맨 처음에 Haslam 등에 의해 관찰되었고 그 후 Haslam,
Scarpati, Esposito, Scarpati와 Guiso, Pannizi와 Scarpatti에 의해 종합적으로
적용되었다. Trugo와 Macrae는 이 방법을 약간 개선 시켰으며, 수용성 암
모니아(pH 8.0)와 끓는 물에서 중탕을 하는 방법으로 CQA는 30분, FQA
는 15분 동안 실험했다. 산화에 민감한 GQA를 사용하면 갈산 히드록시
그룹을 보호하는데 가장 적합할 것이다.

4. 물리적 성질

4.1 용해성과 분배계수

표5-2는 문헌에서 발견된 수용성에 관한 몇 가지 데이터를 요약한 것이다. 그 중 두 가지만 포화도를 나타내며, 나머지는 편광 측정에 사용되는 용액들과 관련이 있다.

표 5-2 실온에서 클로로젠 산의 물에 대한 용해도 데이터 (mg.ml)

혼합물	용해도
1-CQA	적어도 30
4-CQA	최대. 20
5-CQA	적어도 20
1-GQA	적어도 7.7
3-GQA	적어도 1.5
5-GQA	적어도 7.3
1.3-디CQA	최대 0.6
3,4,5-트라이GQA	적어도 1.8
1,3,4,5-테트라GQA	적어도 7.7

일반적으로 CGA및 극성이 낮은 diCQA는 저급 알코올 또는 알코올-물 혼합물에 더 잘 용해된다.

그러나 벤젠, 클로로포름, 리그로인에는 녹지 않는다.

보다 큰 극성과 그에 따른 물 용해도는 수평방향의 히드록시 그룹과 관련된다(입체적으로 자유로운 축방향 히드록시 그룹보다는 쉽게). 수용성은 아마도 1-acyl > 3-acyl > 4-acyl > 5-acyl 뒤로 갈수록 낮아질 것이며, 앞의 2개는 뒤의 2개 물질 보다 훨씬 더 극성이 크다.

아실 잔기의 방향족 히드록시 그룹은 극성을 더 높여 주며, 반면에 메톡시기 그룹은 극성을 감소 시킨다. 수용성은 또한 5-GQA > 5-CQA >

5-CoQA > 5-FQA의 순서로 낮아진다. DiCQA는 구조적으로 연관된 CQA 보다 훨씬 덜 수용적이지만, 조기 제조 작업에 사용되는 특성인 에틸 아세테이트, 부틸 아세테이트 및 아세톤에 더 잘 용해된다. 이것과 관련된 분배계수는 표5-3에 나와 있다.

1,5-락톤은 유리산보다 훨씬 덜 극성이지만, 부틸 아세테이트, 에틸 아세테이트, 아세톤, 에탄올에서 더 잘 녹는 것으로 나타났다. 일부는 물에서 잘 용해되고 안정적이지만, 3-CQA-1,5-락톤은 수용성 용액에서는 불안정한 것으로 나타났다.

4.2 해리상수

발표된 퀴닌산의 4-CQA와 5-CQA의 카르복시 그룹에 대한 해리상수는 3.40-3.60의 범위 안에 들어간다. 알코올 농도 50%에서의 커피 열매 diCQA와 5-CQA의 상응하는 값으로는 4.20-4.50의 범위에 들어간다. 이 자료들은 퀴닌산의 카르복시 수평 형태와 일치한다. 물에서 CQA보다 더 산성인 방향족 히드록시 그룹은 8.45의 값을 나타냈다.

표 5-3 다양한 용매 쌍에서 클로로제닉 산의 분배 계수.

용매 쌍	분배 계수			
Et. 아세테이트		3-CQA = 0.22		5-CQA - 1.0
물	1-CoQA = 0.38	3-CoQA = 0.38	4-CaQA = 1.1	5-CaQA = 1.75
Et. 아세테이트	3.4-diCQA = 0.18	3.5-diCQA = 0.53	4,5-diCQA = 2.8	
pH 5.5 버퍼				
Et. 아세테이트		3-CQA = 0.39		5-CQA = 1.4
pH 3.0 버퍼	1-CQA = 0.23	3-CQA = 0.38	4-CQA = 1.4	5-CQA = 1.4
Et. 아세테이트	di CQA = 1.7	카페산 = 4.2		
pH 3.0 버퍼	분족			
Et. 아세테이트				5-CQA = 0.69
pH 2.3 버퍼			4-CQA = 0.40	
Et. acetate				
2% NcCl				

Et. 아세테이트		3-CQA = 0.18			5-CQA = 0.74
10% NcCl					5-FQA = 1.5
					5-SQA = 1.6
Et. 아세테이트					
10% NaCl, pH2.00		3-CQA = 0.18			5-FQA = 2.7
Et. 아세테이트					5-CQA = 1.12
10% NaCl, pH2.05					
Et. 아세테이트					5-CQA = 0.77
10% NaCl, pH2.15					
Bu. 아세테이트	3-CQA = 0.007	5-CQA = 0. 02		diCQA 10	카페산 10
pH 4.35 버퍼				분족	

4.3 결정형과 녹는점

놀랄만한 개수의 CGA 시리즈들의 결정형은 아직 알아낸 바가 없다. 왜
냐하면 이 물질들을 정제시키기 어렵기 때문에 합성 상태에서 또는 분류
작업을 통해서만 알아낼 수 있다. 지금까지 알려진 물리적/화학적 성질들
의 관한 수치는 정제되지 않은 샘플을 통해 얻어낸 것이다.

결정화된 CGA 계열의 구성물질들은 일반적으로 매우 작은 결정을 가
지고 있으며 결정화된 데이터는 거의 공개되지 않았다. 결정 형태에 대한
데이터는 표5-4, 표5-5 에 요약되어있다. 결정화된 5-CiQA의 두 가지 형
태가 보고된 바 있다. 수용성 에탄올에서 146℃ 에서 녹여서 짧은 바늘
형태로 얻어낸 것과, 반면에 프리즘은 166 ℃에서 녹은 에틸 아세테이트 -
석유 에테르에서 얻어졌다. 수용성 에탄올에서 더 높은 녹는점을 이용해
재결정화 하는 것은 항상 더 낮은 양의 용융 니들을 만들어 낸다.

표 5-4

혼합물	용매
프리즘	
1-CiQA	에탄올 또는 에탄올 /Et. ac
3-CiQA	아세톤 / Et. ac
5-CiQA	Et.Ac /Pet. ether

3-CoQA	물
바늘	
5-CiQA	수용성 에탄올
5-CoQA	물
5-CQA	물
4-CQA	물
3-CQA	물
5-FQA	Et. Ac/ether
4-FQA	물
5-iFQA	메탄올 /Et. ac/
n-헵탄2:4:1	
5-SQA	2-부탄올/톨루엔
1-GQA- 1.5 -락톤	물
플레이트	
4-CiQA	아세톤/ Et. ac
4-CoQA	물
1.3-diCQA	희석한 아세트산

표 5-5 클로로젠산의 용해점(℃)

아실기 잔기	아실기 위치			
	1	3	4	5
Ci	195	204	157	146 aq. 에탄올
				166 pet.ether / Et. ac.
				146-7
Co		192-4	190-3	244-8
C		197-8	175-7	208
		204-6	182-4	204-6
		210		
		218-19		
	1.5-락톤 205-8	1.5-락톤 235-6		
		카페인 복합체 128-30		
F		199-200	195-6	194-6
				196-7
				200-1
G	1.5-락톤 258-60			
iF				200-2
S				206-10
oCo				161-3
	1,3	1,4 1,5 3,4	3,5	4,5

diC	218–20		140	170–2	194–5
	224–6				
	1,3,4				
TriC	218–20				
	1,3,4,5				
TeraG	237–40				

4.4 편광 데이터

합성 및 분리된 CGA를 특성화 하기 위해 특정 혹은 몰 회전값을 광범위 하게 사용한다. 이 값들은 녹는점보다 훨씬 더 구별된다. 선별된 값들은 표5-6에 나와있다. 발표된 보고들을 보면 대부분 일정한 값을 보여주고 있지만, 여전히 4,5-diCQA와 4-CoQA의 고유 광회전도는 불확실한 면이 남아있다.

Hanson은 퀴닌산과 CiQA의 광회전분산(ORD) 데이터를 보고했지만, 그 중 복잡한 곡선들은 아직 해석되지 않았다. Gaffeld 등은 퀴닌산, 퀴나이드, 몇 가지 유도체(CGA는 아님)의 ORD 자료에 대해 보고하고 토론한 바가 있다. 형태의 영향은 이용가능한 NMR 데이터와 일치했다.

4.5 적외선 스펙트럼

클로로젠산의 적외선 스펙트럼은 간단하다. 이것에 관한 자세한 자료는 Corse, de Pooter, Hanson과 Haslam의 논문에 이미 잘 나와있다. 꽤 많은 숫자의 연구가들이 이미 스펙트럼에 있는 1,5-락톤의 고리 특성에 대해 연구했으며, 이는 추정상 순수 4-아실 CGA일 것이라고 여겨진다.

4.6 질량 스펙트럼

3-CQA, 4-CQA, 5-CQA, 1,5-diCQA의 질량 스펙트럼(70eV)에 관한 자료는 Bombardelli, Konig와 Sturm 등이 발표했다.

4.7 핵자기 공명 분광법(NMR)

Corse와 그의 동료들은 퀴닌산과 많은 유도체(락톤과 클로로젠산 포함)의 핵자기 공명 스펙트럼에 대해 보고한 바 있다. 보완 및 확인 데이터도 같이 알아볼 수 있다. 퀴닌산 잔기 C-3, C-4, C-5의 양성자에 대한 상자성 화학적 이동은 이와 관련된 히드록시 그룹이 아실화될 때 쉽게 관찰할 수 있다. 이러한 관찰에 의해 개별 커피 열매인 CQA와 diCQA의 정체가 확실하게 확립되었다.

표 5-6 클로로젠산의 특정 순환

아실기 잔여물	아실기 위치			
	1	3	4	5
Ci	$\alpha_D = +5.6°$, c = 2, 에탄올	$\alpha_D = -6.8°$, c = 2, 에탄올	$\alpha_D = -82.3°$, c = 2, 에탄올	$\alpha_D = -52.2°$, c= 2, 에탄올 $\alpha_D = -51.8°$, c =0.4, 메탄올
Co	$\alpha_D = -5.0°$, c = 2, 메탄올	$\alpha_D = -5.6°$, c = 0.6, 메탄올	$\alpha_D = -47.3°$, c = 1.4, 메탄올 $\alpha_D = -76.7°$, c = 1.0, 메탄올	$\alpha_D = -53.6°$, c = 1.04, 메탄올 $\alpha_D = -49.8°$, c=0.444, 메탄올
C	$\alpha_D = -8.3°$, c = 3, 물	$\alpha_D = +2.4°$, c = 2.1, 에탄올 $\alpha_D = +4.1°$, c = 2.9, 메탄올 [30] $\alpha_D = + 1.8°$, c = 0.6, 메탄올	$\alpha_D = -76°$, c =0.93, 물	$\alpha_D = -29.1°$, c = 1.2, 메탄올
C	1,5-락톤 $\alpha = -17°$, c = 2, 에탄올	1,5-락톤 a = +48.5° at 10 분, +11,4° at 40 분, c =0.17, 에탄올		

	1,3	1.4	1,5
F	$\alpha_D = +12°$, c = 2, 메탄올		$\alpha_D = -42.8°$, 에탄올 $\alpha_D = -43.5°$, c = 0.23, 메탄올
G	α_D 13.6°, c = 0.77, 물	$\alpha_D = -15.4°$, c = 1.5, 물	$\alpha_D = -37°$, c = 0.95, 아세톤
			$\alpha_D = -41.3°$, c = 0.73, 물
iF			$\alpha_D = -40.1°$, c = 0.355, 메탄올
S			$\alpha_D = -42.3°$, c = 0.23, 메탄올
oCo			$\alpha_D = -50°$, c = 0.4, 메탄올

	1,3	1.4	1,5
diC	$\alpha_D = -59°$, c = 2, 에탄올 $\alpha_D = -62°$, c =2, 에탄올	$\alpha_D^{19} = -30°$, c = 0.5, 메탄올 [14]	$\alpha_D = +168°$, c = 0.76, 메탄올

	3,4	3,5	4,5
diC	$\alpha_D = -166°$ $\alpha_D = -173°$, c = 2, 에탄올 $\alpha_D = -172°$, c-1, 메탄올	$\alpha_D = -197°$	$\alpha_D = -288'$ $\alpha_D = -307°$, c = 0.4, 메탄올
diG	$\alpha_D = -58.2°$, c=0,93, 아세톤		

	1,3,4	3,4.5	1,3,4,5
triC triG tetraG	$\alpha_D = -267°$, c-2, 에탄올	$\alpha_D = -130°$, c = 1.8, 물	$\alpha_D = -177°$, c =0.77, 물

C-1의 아실화는 이와 같은 화학적 이동이 일어나시 않는다. 기까운 히드록시 그룹들과 결합할 수 없는 아실화된 잔기에 기인한 신호의 검출은 결국 C-1 아실화를 나타내는 것이다. CGA 시리즈 내에서 아실화 잔기의 동일성 및 개수에 대한 증거는 트랜스 비닐 양성자, 방향족 히드록시 및 방향족 메톡시기의 신호로부터 얻을 수 있다. 실제로, Corse 등이 맨 처음으로 생두가 적어도 한 개의 CFQA 이성질체를 가지고 있을 것이라고 제안한 증거가 있다.

여지껏 관찰된 모든 CGA의 퀴닌산과 퀴닌산 잔기는 실온에서 주로 카르복시 그룹의 의자 입체구조에서 안정적인 것으로 나타났으며, C-4와 C-5 히드록시 그룹은 수평적이며 C-1과 C-3 히드록시 그룹은 축을 이룬다. 시클로헥산 고리의 변형이 일어날 수도 있으며, CGA 시리즈 내에서의 복합 물질에 따라 그 정도가 매우 다양하다. 1-ethoxycarbonyl-3-CoQA의 일정한 이중 결합의 평균 보다 더 크면 그것은 C-1, C-2, C-3 결합각이 더 넓어진다는 것을 암시한다.

상승된 온도 및 낮은 pH 값에서, 화합물의 보다 큰 비율이 카복시 축 방향의 의자 형태로 존재할 것으로 예상 할 수 있다. 이것이 발생하는 용이함과 뜨거운 커피 음료의 내에서의 이성질체 사이의 균형은 CGA 시리즈 내에서 다를 수 있다. 퀴닌산 유도체가 C-5에서 아실화되지 않으면, 1,5- 락톤화가 구조 변화에 따를 수 있다. 몇몇 연구가들이 GC에 사용한 CGA의 실릴화 유도체는 카르복시 축 입체 구조를 채택한다.

4.8 자외선 분광법

표5-7은 여러 가지 CGA의 λ_{max}와 log E값에 대해 선택된 데이터를 나타낸다. 알칼리성 배지에서의 장파장 쪽 이동(bathochromic shift) 진단 값과 아실 잔기가 증가할 때의 log E의 점진적인 증가가 잘 설명되어있다.

표5-8은 몇몇 CGA에 대한 254nm 및 313nm에서의 상대 흡수율을 나타내는 비율을 나타낸다. 저자는 두 가지 파장에서 순차적으로 모니터링되는 HPLC 용출액의 기록에서 이 값을 얻었으며 표준을 사용할 수 없는 피크의 예비 분류에서 상당한 가치를 발견했다.

5. 기원과 기능

5.1 생합성

클로로젠산이나 구조적으로 관련된 화합물은 식물계에서 아주 흔히 볼 수 있다. 이런 복합물의 생합성에 관한 몇 가지 관찰이 보고된 바 있으며, Hahlbrock과 Grisebach, Gross의 자료에서 그 예를 찾아볼 수 있다.

표 5-7

화합물	용매							
	물		알코올		H⁺+MeOH		OH⁻+ MeOH	
	λ_{max}	$\log_{10} E$	λ_{max}	$\log_{10} E$	λ_{max}	$\log_{10} E$	λ_{max}	$\log_{10} E$
1–CoQA			375	4.31			368	
3–CoQA			315	4.30			368	
			310	—			368	
4–CoQA			315	4.32			368	
5–CoAQ			310	—				
			315	4.31			368	
					501 sh	4.31	302 sh	4.20
					315	4.38	313	3.89
							365	4.46
쿠마린 산					308	4.33		
4–o–CoQA					226	4.03	234	4.16
					277	4.25	288	4.11
					328	4.00	387	4.06
5–o–CoQA					213	4.13	235	4.15
					277	4.21	288	3.98
					326	3.95	394	3.90
1–CQA			330	4.26			380	
			327	4.22[a]				
3–CQA			330	4.26			380	
4–CQA			330	4.26			380	
	322	4.19					380	
5–CQA			330	4.29				
			327	4.24[a]				
					325	4.29		
	324	4.28						

화합물						
카페 산			322	4.26		
1,3-diCQA			320	4.51		
	325	4.50				
1,4-diCQA	327	4.53[a]				
1,5-diCQA						
3,4-diCQA	327	4.53[a]				
	330	4.50			330	
	330	4.53				
	329	4.51				
3,5-diCQA	330	4.50			380	
	329	4.55				
4,5-diCQA	330	4.52			330	
	329	4.51				
1,3,4-triCQA	327	4.75[a]				
1-FQA	325	4.27			382	—
3-FQA	325	4.28			382	—
4-FQA	325	4.29			382	—
5-FQA	325	4.29			382	—
	325	4.29				—
					300sh	3.58
			298	4.15	310	3.67
			327	4.32	378	4.48
페룰릭 산			320	4.32		
5-iFQA			244	4.11	267	4.29
			296	4.23	308	4.21
			327	4.27	366	4.00
	326	4.32				
5-SQA			330	4.31	395	4.48
			327	4.29		

표 5-8 254 nm와 313 nm에서 클로로젠 산의 상대적 흡수

화합물	배율
카페 산, CQA 와 diCQA	0.50-0.55
페룰릭 산 과 FQA	0.40-0.44
쿠마린 산 과 CoQA	0.07-0.09
갈릭 산 과 GQA	2.00-2.15
카페인	~ 25

모노아실 CGA의 생합성의 최종단계는 Ulbrich 및 Zenk의 커피를 포함

하여 여러 식물에서 연구되었다. 퀴닌산염의 활용 이후 계피산의 히드록실화 및/또는 메틸화를 포함한 방법도 가능성이 있다고 밝혀졌으며, 그 예는 CiQA → CoQA → CQA → FQA로 이루어진다.

Whiting과 Coggins가 4-CoQA를 사과에서 합성 된 클로로젠산이라고 생각하기는 하지만, 3-아실 및 4-아실 CGA의 기원은 알려져 있지 않다. 또한 5-CQA에서 3,5-diCQA 및 도꼬마리(Xanthium sp.)와 치커리(Cichorium intybus)가 제안되었다. 이 두 개의 클로로젠산은 빠른 회전율을 보여주었으며, 효소가 세포벽을 책임지고 있지만 아직 분리된 적은 없다.

5.2 기능

CGA를 비롯한 페놀은 일반적으로 2차 식물, 생산물, 즉 발생하는 유기체의 성장, 발달 및 번식을 지원하는 주요 생화학적 활성에서 직접 기능하지 않는 천연 식물 생산물로 간주된다. 생두는 대부분의 다른 식물 기관들보다 더 많은 양의 CGA를 포함하고 있어서 다소 일반적이지 않다.

이는 커피 원두의 CGA가 낮은 수준의 모노 및 디히드록시 페놀만을 필요로 하는 인돌 아세트 첨가 (indole acetic add, IAA) 수준의 기능을 의미 할 수 있다. 모노히드록시 페놀은 IAA 옥시다제를 활성화시키고 IAA 축적을 방지하는 반면, 디히드록시 페놀은 이 효소를 경쟁적으로 저해한다는 것이 일반적으로 받아 들여지고 있다. Lee 등의 보고서는 이것이 지나치게 단순화 될 수 있음을 나타낸다. 식물과 조직에 따라서 IAA는 다음과 같은 것들을 조절할 수 있다.

1. 괴사가 있거나 없는 성장 자극; 뿌리줄기 형성
2. 효소의 형성
3. 휴면기간의 형성/폐지
4. 에틸렌의 생합성

Griffin과 Stonier는 커피 펄프와 완전히 익지 않은 커피 열매가 IAA 산화효소-억제 CGA-단백질 복합물질을 가지고 있다고 보고했다. Coffea 좋은 뿌리줄기를 가지고 있지 않으며, 이러한 효과는 열매의 발아와 형성 과정에서 물리적인 중요성을 가져다 준다. 문헌에 제시된 다른 기능은 실험에 의해 어느 정도 지원되며, 잘 익은 생두에서 많은 양의 CGA의 수준이 더 높을 수도 있다:

1. 천적(곤충, 새, 포유동물)을 막아줌
2. 미생물 침투에 대한 보호
3. 물리적 피해로 인해 합성된 보호막의 전구체 역할
4. 리그닌의 생합성물의 전구체 역할

아직 밝혀지지 않은 생두 색소의 형성에서 CQA가 관여했을 수도 있다는 제안을 Clifford가 한 바 있다.

6. 클로로젠산 추출과 분석

6.1 크기 축소

전체 표면적을 늘리기 위해 크기를 줄이는 것은 일반적으로 추출 전에 거치는 단계이다. 생두의 단단함 때문에 그와 관련된 문제를 야기시키기도 한다. 화학적/효소적인 것과 상관없이 열에 의한 인공물 형성의 위험을 최소화 하기 위해서 생두를 액체질소에서 냉동시키거나 동결 건조를 거치는 것이 좋다. 로스팅한 커피는 더 잘 부숴지며, 생두와는 달리 냉동이나 동결 건조법을 할 필요가 없다. 일반적으로 입자가 0.5mm를 넘지 않게 해주는 것이 좋다.

6.2 추출

문헌에는 냉수, 온수, 냉수성 알코올, 고온 수용성 알코올 및 에틸 아세테이트의 사용이 기록되어있다.

활동적인 폴리페놀 산화효소를 가지고 있는 생두에는 찬 물을 사용하는 것이 좋지 않으며, 뜨거운 물은 아실 이동을 초래하므로 역시 사용하지 않을 것을 권장한다. 이에 연구가들은 수분함량이 낮은 샘플에 수성 알코올을 적용하여 더 우수한 것으로 간주했다. 주로 농도가 70~80%인 것을 사용하지만 최소 25%부터 다양한 농도의 메탄올, 에탄올, 2-프로판올 등이 환류의 유무에 상관없이 사용되었다

연구가들은 그라운딩을 한 열매를 70%의 2-프로페놀과 함께 철저하게 온도가 유지되는 방 (5x ½시간)에서 추출하는 것이 가장 바람직하다고 했지만(여섯 번째 추출물에서는 CGA가 검출되지 않음), 현재는 더 빠른 환류(1½ 시간)를 선호한다. Trugo는 40%의 메탄올이 생두 또는 로스팅 커피 에서 매우 적은 양의 diCQA 회수율을 나타내었으며, 끓는 물에서 15분씩 세 번 추출을 선호 한다. 반대로, 인스턴트 커피 가루의 경우에는 70%의 차가운 2-프로판올을 이용하거나 Carrez용액으로 세척, 또는 Carrez 용액이 함유된 40%의 메탄올로 제거한 다음 80°C의 뜨거운 물로 추출하는 것이 꽤 만족할만한 결과를 가져온다. 비록 프로판올 추출물이 세척을 필요로 하지 않지만 비교적 소수성인 용매는 HPLC 도중에 피크왜곡 및 해상도 손실을 일으키는 것으로 보고되었다. 연구가는 이런 문제를 이따금씩 겪기도 하며, 일부는 매우 심하게 영향을 받았지만 나머지는 전혀 영향을 받지 않기도 한다.

Ruveda 등은 에틸아세테이트로 추출하는 것이 3-CQA를 1,5-락톤으로 전환되는 것을 권장했다.

비록 뜨거운 물이 원두 커피를 추출할 때 불리한 점을 주기도 하지만, 분석가가 집에서 내린 커피나 상업용 인스턴트 커피를 모방하고 싶다면 결국 로스팅 된 커피에는 뜨거운 물을 사용하는 것이 가장 좋다.

6.3 가능한 인공물

생두의 추출물과 가공되지 않은 다른 식물 추출물에는 CGA와 CGA 유도체를 포함하고 있어 생합성 경로가 확립되지 않았다. 이런 물질들은 인공물 일 수도 있다. 비록 이 상태가 가공되지 않은 생두의 추출물에 들어있는 복합물질을 만들어냈을 지라도, 이 물질들이 가공되거나 로스팅된 원두 또는 음료에 들어있는 인공물질로 여겨질 수는 없다.

6.3.1 명백하게 생합성 경로가 밝혀지지 않은 클로로젠산

3-아실, 4-아실, 디아실 CGA의 생합성에 영향을 주는 효소는 아직 분류되거나 특징 지어진 적이 없다. 따라서 클로로젠산 계열의 구성 물질들이 인공물일 수도 있다는 가능성을 염두에 두어야 한다. 이 것은 특히, 여러 가지 5-아실 CGA가 산성 또는 염기성 용액 모두에서 쉽게 이성체화 된다는 것이 입증되었기 때문이다.

염기에서의 이동 속도는 pH값에 의존하는 것으로 보이지만 pH 7에서 용이하게 일어나고, pH가 높을 때 더욱 급속하게 비누화 및 분해 됨으로써 발생한다. 확립 된 이동은 1 ↔ 3 ↔ 4 ↔ 5 및 3,4 ↔ 3,5 ↔ 4,5 이다.

산성에서의 이성질화는 퀴닌산 유도체의 카르복시 축방향 의자 구조를 포함하는 것으로 나타났다. 1-아실 CGA는 상대적으로 안정적이며, 이것은 아마도 C-1과 C-3 히드록시 그룹의 분리 때문이다. 5-아실 CGA이 출발물질일 때 이에 상응하는 3-아실과 4-아실 CGA가 빠르게 형성된다. 그러나 이것과 반대의 이동이 아주 제한적으로 나타나는데, 그 이유는 C-5 히드록시 그룹이 유리되면 카르복시 축 방향의 의자 형태가 쉽게 1,5-락톤으로 전환되기 때문이다. 그러므로, 산성조건에서 용이한 이동은 3↔4↔5 이다. 실온에서 pH7(또는 그이상)에 몇 분 동안 노출 시키거나, 산성 납 아세테이트 또는 뜨거운 산에 몇 분 동안 노출시키는 것만으로도 상당한 이동을 일으키기에 충분하다는 점을 강조해야 한다.

그러나 알코올성 5-CQA의 장기 환류가 검출 가능한 이성질체화를 만들어내지 못했으며, Martino 등은 실온에서 25% 수성 메탄올을 사용하여 Pterocaulon virgatum의 잎사귀에서 4,5-diCQA만 회수했다. 확실한 것은, 이성질체화는 항상 일어나는 것이 아니라는 것이다. 또한 이성질체화가 처리되지 않은 생두의 추출 과정에서 일어나는지, 또는 추출물에 들어있는 3-아실과 4-아실 CGA을 인공물로 여겨야 하는지는 아직 결정되지 않았다.

그러나 일반 상업용 가공 과정으로 이러한 이동이 일어나는 확실한 증거가 있기 때문에, 증기로 찐 생두, 원두 또는 음료에 들어 있는 이런 종류의 클로로젠산 구성 물질들을 인공물로 분류해야 할 이유는 없다. 또한 diCQA가 CQA로부터 나오는 인공물이라는 근거도 없을뿐더러, 가수분해가 일어날 수는 있지만 효소 시스템이 없이는 에스테르화가 효과적으로 일어나지 않을 것이다.

6.3.2 알코올 분해

Haslam 등은 폴리갈로일-퀴닌산 타닌에 들어 있는 갈로일-갈레트 곁사슬이 pH 4-6 범위에서 메탄 분해에 매우 민감하다는 것을 발표했다. 에탄올은 효과가 적고, 부탄올은 아무런 영향도 미치지 않았다. 메탄올에서 치환된 갈로일 그룹은 메틸갈레이트로 전환된다. 현재, 다른 클로로젠산 안에 연장된 곁사슬이 있다는 증거는 아직 없다.

표 5-9 클로로젠 산의 분석 방법에 대한 몇가지 메모

기초 방법	특질	변동 계수
1. 320-330 nm 에서의 분광법 – 추출물의 정제 없음	원두에 있는 다른 자외선 흡수 물질을 감지한다. 5-CQA 가 표준으로 사용되면 diCOA 는 65 %까지 과대 평가된다	– – 1 –84%
2. 방법 1 로 추출물을 정제함	방법 1 보다 개입이 적으며, 그렇지 않으면 비슷하다	4–77% 6% 10–2%

3. 1,2-디하이드록시-페놀의 방법, 예를 들면, 보레이트 또는 몰리브덴 산 시약	일부 로스팅 성능저하 제품을 감지한다. 5-CQA 를 표준으로 사용하면 diCQA 가 37 %까지 과대 평가된다	0.3% 4.1% 8.7% 1.5%
4. 1,2-디하이드록시-페놀 및 모노 메틸 에테르 방법	3 과 유사하지만 FQA 를 측정한다	4.6% 5.1%
5. 결합된 퀴닌 산에 대한 방법, 예 : 티오바르비투르 산	복잡한 다중 단계 방법 – 약간의 성능저하. 5-CGA가 표준으로 사용되면 diCQA는 31% 과소평가 된다	– 4.1%
6. 크로마토 그래피 방법, 주로 LC	유용하고,검출 시간이 오래 걸린다. UV 검출과 관한 부족한 표준은 방법1을보자. 일부 시알 틸 화제는 아실 이동을 일으킨다.	1.2% –
7. 산화제를 사용하여 환원 물질을 검출함. 예 : 과망간산염, 요오드, 인몰리브덴산 시약	다른 환원제 감지	– 2.14% – 2.18%
8. 단백질 침전을 사용하는 방법	주로 diCQA 를 검출하지만 상호 작용은 복잡하며 다른 물질을 포함 할 수도 있음(비 페놀)	5.87% – – –

즉 페룰린산과 FQA및 CFQA를 정량 할 수 있는 능력은 5-CQA 에틸 에스테르의 존재는 다음과 같이 표현할 수 있다:

$$과옥소산염\ 값 = CQA + FQA + 1.37\ diCQA + 1.37\ CFQA$$

무게를 기준으로 한 페룰린산은 약50% 정도 과소평가되며, 그 결과 페룰린산의 기여도가 낮아진다. 생두를 분석 할 때 과옥소산염 값과 몰리브데산염 값의 차이는 주로 페룰린산 결합의 결과라고 볼 수 있다.

$$추정된\ FQA\ 함량 = 과옥소산염\ 값 - 몰리브데산염\ 값$$

생두에 들어있는 FQA 함량의 첫 추정 값을 위와 같은 과정을 통해 알아내었다. 원래 초기값의 크기는 HPLC를 통해 확인되었다.

페놀의 과옥소산염 산화에 대해서는 **Adler**와 협력 연구가들에 의해 광범위하게 연구되어왔다. 1,2-디히드록시페놀(예로, 카테콜)과 이에 반응하는 모노메틸 에테르(여기서는 과이어콜)는 동일한 1,2-퀴논(모노메틸 에테르의 경우에는 메탄올도 함께)으로 전환되었다. 추가 반응은 복잡하지만 주로 주황색이나 붉은색의 이합체 퀴논과 나프토퀴논의 혼합물이 형성한다. 색이 있는 물질의 정확한 정체는 밝혀지지 않았지만, CQA와 FQA는 유사하게 반응하는 것으로 보인다.

일반적으로 모노히드록시페놀은 발색성 페놀의 존재하에서 산화되지 않는 한 착색 제품을 만들어내지 않는다. Adler와 협력 연구가들의 보고에 따르면, 이런 모노히드록시페놀은 무색의 사이클로헥사디에논을 생성한다. 발색성 페놀의 존재하에서 산화될 때, 사이클로헥사디에논은 아마도 발색성 페놀로부터 유도된 1,2-퀴논과 함께 반응하여 안료를 생성할 것이다.

따라서, 로스팅한 커피나 인스턴트 커피 가루를 분석할 때, 과옥소산염 값과 몰리브데산염 값의 차이가 FQA 함량과 페놀 분해 물질로부터 얻은 값을 더한 것과 같을 것이다.

티오바르비투르산 방법은 카테고리 3과 4 방법과 비교했을 때 느리고, 자동화가 쉽지 않다. 장점은 비누화와 과요오드산 산화로 방출된 이후에 아실화 유도체 보다는 퀴닌산 유도체 검출에 있다. 유리화된 퀴닌산의 공백 측정은 필수적이다.

구조는 Mesnard와 Devaux가 연구했으며, 이 두 연구가는 궁극적인 발색체가 구연산-1,5-다이카복시알데하이드라고 보고했다. 이것은 Hayashi와 협력 연구가들이 확증했으며, 이들은 궁극적인 발색체를 히드록시 프로피온산 유도체라고 설명했다.

특히 pH값 뿐만 아니라 시간과 온도의 엄격한 조절은 작은 변동 계수를 얻기 위해 각 단계에서 필요하다.

심지어 로스팅된 커피나 인스턴트 커피 가루를 분석할 때, 과도한 산성 산화가 생략되었을 때 색소가 현저히 생성되지 않는다(λ_{max} 547-9 nm). 이것은 미리 형성된 알데하이드가 간섭하지 않는 다는 것을 나타낸다.

결과는 주로 5-CQA를 기준으로 해석된다. 이런 환경에서 디아실CGA는 무게를 기준으로 했을 때 과소 평가되며 다음과 같은 공식을 도출해낸다.

$$\text{TBA 값} = \text{CQA} + \text{FQA} + \text{CoQA} + 0.69\text{diCQA} + 0.69 \text{ CFQA}$$

CoQA 함량은 무시해도 되기 때문에 추정된 diacyi CQA는 과옥소산염 값과 TBA 값을 이용하여 얻어낼 수 있다.

$$\text{추정된 diacyi CGA} \fallingdotseq 1.47 \text{ (과옥소산염값 } - \text{ TBA값)}$$

에러가 계속 축적되면 측정값의 정확도가 떨어진다.

6.4.2 크로마토그래피 방법

6.4.2.1 가스 크로마토그래피

실릴화 된 CGA의 모세관 GC는 아직 널리 알려지지 않았다. Kung 등은 헥사메틸 디살라잔(HMDS)이 CQA를 유도체화 하지만, diCQA의 완전한 유도체화를 위해서는 더 기본적인 N,O-비스트리메틸 실릴아세트아미드 (BSA)가 필요하다. Mo Her와 Herrmann은 유도체화 도중에 일어나는 염기 촉매작용을 하는 아실 이동을 보완하기 위해 BSA-트리메틸클로로실란을 사용할 것을 권장했다. C-1과 C-3에 있는 부피가 큰 트리메틸실릴 그룹이 부분적으로 중첩되기 때문에, 완전히 실릴화된 CGA는 카르복시축방향 의자구조를 채택하는 것으로 보고 되었다.

특히 실릴화나 일반적인 검출방법이 실릴화 CGA에 특정적이지 않으므로 로스팅 커피의 추출물의 정화 작업을 해 줄 필요가 있다.

대부분의 연구가들은 극성 실리콘 고무 코팅 모세관 컬럼을 사용하며, Moller와 Herrmann은 보로실리케이트 모세관이 BSA를 비활성화시켜 분해능을 높일 것을 권장했다.

6.4.2.2 액체 크로마토그래피

Hanson과 Zucker는 클로로젠산 분리를 위해 저압 컬럼 크로마토그래피를 사용했다. 그들은 산-평형 실리카 겔과 사이클로헥사인-클로로폼의

(10:90) 와 t-부틸알코올-클로로폼(10:30)의 직선구배를 사용했다. 이 시스템은 널리 이용되고 있지만 고압 시스템으로 대체되는 추세이다.

아마도 HPLC를 이용한 클로로젠산 분석의 초기 보고들은 Court와 Rees와 Theaker에 의해 거의 진행되었으며, 이들은 주로 박막 역상 컬럼 패킹(pellicular reversed phase column packing)를 사용했다. Van der Stegen 과 Van Duijin은 pH2.5 메탄올 구배에서 미세미립자 역상 패킹을 이용해 12개의 클로로젠산과 2개의 계피산을 분리해내는데 성공했다. 이 시스템은 변화가 거의 없어서 널리 채택되었다. Macrae는 완전히 마감 처리된 역상 충진재들이 일반형보다 더 열등하다고 했다.

Clifford 등은 반복적인 작업을 위한 빠른 등용매 역상 시스템에 대해 보고했으며, 이것은 9개의 특징적인 클로로젠산과 3개의 계피산 및 카페인을 분석할 수 있다. 매우 소량인 몇몇의 FQA와 CoQA는 이 시스템에서 분석되지 않는다. 5-CQA 카페인 복합물질은 분리된다. Moller와 Herrmann은 시스 및 트랜스 이성질체의 분해능을 보고했다. 대부분의 경우, 시스 이성질체가 먼저 용리 되지만 5-CQA와 FQA는 예외이다. 역상 충진재의 경우, 가장 극성인 화합물들이 먼저 용리된다. 표5-10은 상대적 머무른 시간에 대해 보여주고 있다.

Nagels 등은 적어도 극성의 클로로젠산이 먼저 용리되는 디올 컬럼을 사용했다.

일반적으로 모양이 잘 나온 가우시안 피크는 순수한 것으로 여겨진다. 그러나 클로로젠산과 같은일련의 다관능 화합물들은 이 가정이 오류를 만들어낼 수도 있다. 예를 들어 Van der Stegen과 Van Duijin과 Marwan과 Nagels을 참조해보자.

310-330 nm 범위에서 특정 검출이 가능하다(CiQA와 GQA, 280nm은 제외). 기준이 없거나 불순물이 있는 피크가 있는 경우에는 313nm과 254nm에서 순차적으로 검출하는 것이 유용한 측정값을 준다. 표5-8은 연구가가 유용하다고 판단되는 값을 나열해 놓았다.

전 범위의 기준이 없는 경우, 상업용 5-CQA는 피크 흡광도에 대해 보정된 피크 면적을 제공하는 보정에 사용될 수 있다.

표 5-10 역상 물질에 대한 클로로젠산의 상대 체류 시간 HPLG

화합물	크로마토 그래피 시스템의 상대 체류 시간				
	1	2	3	4	5
3-CQA	0.53	0.56	0.47		0.75
3-CoOA	0.72				
3-FOA			0.82		
4-CQA	0.82	0.78	0.85		1.22
5-CQA	1	1	1	1	1
4-CoUA	1.23				
카페 산	1.29				1.36
1,3-diCGA	1.31				
4-FQA		1.31	1.14		
5-CoGA	1.35	1.50		1-50	
5-FQA	1.95	1.81	1.25	1*61	
쿠마린 산	2.28				
카페인	2.50				
페룰 산	2.64	2.12			
3,4-diCGA	4.40	2.69	1.45		2.06
3,5-diCQA	6.16	3.06	1.56		2.24
4,5-diCQA	14.50	3.88	1.69		2.28
스코폴린					1.55
스코폴레틴					2.30

7. 생두의 클로로젠산 함량

7.1 일반 상업용 커피 열매

이용 가능한 수많은 자료들은 4가지의 하위 그룹으로 나뉘어 진다.

7.1.1 추정된 전체 CGA

이 자료는 표5-11에 정리되어 있다. 각각의 허용량은 적용된 분석 방법의 특징에 따라 다르기 때문에, 일반적으로 로부스타 커피가 아라비카보다 7~10% 및 5-7½% 정도 더 높은 CGA 함량을 가진다. 잡종 중 자료가 있는 것은 그 중간 정도 수치라고 보면 된다. 비상업용 종들은 2 그룹으로 나뉜다. Coffea종(C. salvatrix는 제외)은 상업용 종과 비슷하다. 그리고 Mascarocoffea와 C. salvatrix는 CGA와 카페인 둘 다 낮은 함량을 갖고 있다. 이 자료는 표5-11에서 볼 수 있으며, CGA를 포함한 많은 연구들이 각각의 이성질체 또는 하위 그룹을 구별하지 못하고, 경우에 따라서는 정밀도가 부족한 분석 방법을 사용했다. 이렇게 얻은 결과들은 총 CGA 양을 알려주지만, 다음과 같은 목록들을 포함하여 확인되기 전까지는 주의해서 접근해야 한다.

1. 사용된 여러 가지 비료가 CGA 함량에 영향을 주지 않았는가
2. 다른 지역에서 재배된 품종들이 다른 CGA 함량을 갖고 있지는 않은가
3. 질병 저항성이 다른 품종들이 다른 CGA 함량을 갖고 있지는 않은가
4. 비록 실험실에서 습한 공정을 48시간 동안 처리할 때 CGA를 40% 절감시키지만, 그 이후 생두를 상업용으로 가공하는 과정에서 CGA 함량에 영향을 주지 않았는가

7.1.2 CGA 하위그룹의 분광광도법적 추정

여러 논문들이 FQA 함량이나 diCQA 함량의 추정값을 제공했다. 비록 저자들이 언급하지는 않았지만, Hausermann과 Brandenberger는 FQA와 CoQA의 합산 함량을 추정한 자료를 제공했다. 그 논문들은 처음으로 그 CGA 하위그룹의 함량에 대한 양적 추정값을 실제적으로 제공했다. 비록 낮은 처리량을 제공하긴 하지만 HPLC를 통해 그 추정값을 확인하였으며, HPLC가 이 목적 때문에 분광광도법적 방법을 널리 퍼뜨렸다.

7.1.3 개별 CGA의 크로마토그래피 측정

자료는 표5-12에 요약되어 있다. 로부스타가 각각 더 많은 클로로젠산

을 함유하고 있으며, 그 차이는 5-CQA는 15%정도부터 3,4,-diCQA와 5-FQA는 300%까지 범위가 넓다. 거의 몇 안 되는 자료들은 로부스타는 CoQA 와 다른 소량의 물질 및 완전히 확인되지 않은 물질들(Van der Stegen와 을 많이 함유하고 있음을 보고했다.

모노아실 CGA 하위그룹내에서 5-이성질체는 모든 Coffea 종에서 지배적으로 많았다. 로부스타는 비슷한 양의 각 diCQA를 포함하고 있는 반면, 아라비카에 있는 이 하위그룹에는 주로 3,5-diCQA가 지배적이다. 대부분의 측면에서 arabustas는 중간이었지만 diCQA함량은 로부스타와 거의 비슷한 정도를 가지고 있다.

각 클로로젠산의 상대적인 함량(특히 소량 물질들)을 통해 원두의 유전적 기원을 알 수 있다는 것은 의심의 여지가 없다. 이러한 특징은 지리적 기원도 알아낼 수 있을 것이며, 적어도 지리적 기원의 차이가 유전적 특성의 차이와 일치한다는 것을 알아낼 수 있을 것이다.

7.1.4 클로로젠산 이외의 페놀

몇 가지 자료들은 생두가 페놀염 글리코시드를 포함하고 있으며, 그 중 하나가 스코폴린 일 것이다. Amorim에 의하면, 이 글리코시드는 원두가 곰팡이에게 공격을 당할 때 가수분해되며, 그 결과로 인해 물질들의 함량이 낮아진다고 한다(0.93%로, 품질이 낮은 브라질산 아라비카의 경우에는 1.3%). Gibson과 Butty는 백색 형광물질을 가수분해로 인해 CQA에서 발출된 카페인산의 존재와 연관 시켰지만, 이런 글리코시드는 대체 물질이 될 수 있다.

Moll과 Pictet은 페놀염 글리코시드가 존재했다고 보고 했으만, 최근에 FQA가 크로마토그램의 특정 피크를 할당한 것으로 수정됐다.

유리 계피산의 미량 원소들(특히 카페인산)은 모든 생두에 존재한다. 일반적으로 0.05%를 초과하는 값은 거의 찾아볼 수 없다고 한다. 이런 양의 계피산은 CGA 가수분해를 나타낼 것이다.

표 5-11 생두의 클로로젠 산 함량 (% db)

방법 유형	보고 된 범위 (% db) 및 분석 된 샘플 수				
	아라비카	로부스타	잡종	다른 커피나무	마스카로커피나무
유형 1:					
	6.86-8.05 (7)				
	6.63-8.20 (10)	10.30(1)	9.46(1)	5.67-9.82 (7)	
				2.70^c (1)	
유형 2:					
	6.90-8.02	10.84-11.70	7.86-9.60		
	6.67-7.11 (8)	8.80-11.20 (32)			
	7.17-7.41 (2)	9.02(1)			
	7.10 (1)	9.20-9.60			0.1-1.20 (21)
유형 3:					
	6.32-6.98 (2)	7.92 (1)			
	5.57-6.17 (3)	6.90-8.18 (3)	6.46 (1)		
	7.20-7.6 (3)	8.50-9.10 (4)	8.30 (1)		
	5.80-6.40 (20)				
	5.80-6.70 (5)	7.40-8.30 (3)	6.60 (1)		
유형 4:					
	5.78-6.45 (3)	7.80-9.36 (3)	7.06 (1)		
	7.90-8.40 (3)	11.70-12.30 (4)	7.00 (1)		
	5.90-6.80 (5)	7.80-9.50 (3)	7.00 (1)		
유형 5:					
	4.10-5.90 (3)	6.20-6.29 (3)	6.10 (1)		
	4.07-6.20 (3)	7.39 (1)		4.38 (1)	
유형 6:					
	6.80-7.60 (4)	8.10-10.10 (7)	8.60 (1)		
	5.53-6.53 (2)	8.96-10.03 (2)	8.39 (1)		
	6.05-7.15 (7)	8.01-9.58 (4)	7.33 (1)	6.70-7.54 (4)	
유형 7:					
	6.30-7.60 (20)				
	7.20-9.00 (20)				

표 5-12 생두의 개별 클로로젠 산의 함량 (% db)

	CQA				diCQA				FQA				다른	총합계
	3	4	5	소계	3,4	3,5	4,5	소계	3	4	5	소계		
A. *아라비카* :														
1. 부룬디 1981	0.45		4.89	5.34	0.18	0.51	0.27	0.96						6.30
2. 콜롬비아 1965	0.52		4.67	5.19	0.17	0.37	0.32	0.86						6.05
3. 콜롬비아 1981	0.60		5.26	5.86	0.20	0.39	0.27	0.86						6.72
4. 콜롬비아 –	0.32	0.51	3.44	4.28	0.19	0.33	0.39	0.91	0.02	0.04	0.27	0.33	tr	5.52
5. 과테말라	0.46	0.77	4.53	5.76	0.21	0.50	0.16	0.87			0.25			6.88
6. 케냐 1981	0.44		5.05	5.49	0.13	0.57	0.29	0.99						6.48
7. 모카 1980	0.48		5.40	5.88	0.12	0.45	0.19	0.76						6.64
8. 살바도르 1981	0.53		5.61	6.14	0.20	0.52	0.29	1.01						7.15
9. 살바도르–	0.45	0.66	4.07	5.18	0.24	0.38	0.35	0.97	0.01	0.06	0.31	0.38	tr	6.53
10. 산토스 1976	0.73		4.80	5.53	0.25	0.31	0.31	0.87						6.40
11. 지정되지 않음 그리고	0.62	0.88	4.92	6.46	0.28	0.44	0.37	1.09						7.55
12. 왁스 제거후	1.60	1.63	2.41	5.64	0.27	0.22	0.28	0.77						6.41
평균	0.51	0.71	4.79	5.56	0.20	0.43	0.29	0.92	0.015	0.05	0.28	0.36		6.57
SD	0.10	0.14	0.59	0.55	0.05	0.08	0.07	0.09						0.51
B. *로부스타:*														
13. 부룬디1981	0.74		6.47	7.21	0.63	0.57	0.66	1.86						9.07
14. 카메룬 1976	0.94		5.47	6.41	0.54	0.46	0.60	1.60						8.01
15. 기니 1965	0.84		6.14	6.98	0.70	0.80	1.00	2.50						9.48
16. 아이보리 코스트–	0.66	0.91	5.00	6.57	0.59	0.60	0.79	1.98	0.07	0.13	0.98	1.18	0.31	10.04
17. 아이보리 코스트 미 처리	0.61	0.89	4.42	5.92	0.49	0.45	0.66	1.60	0.08	0.14	0.95	1.17	0.31	9.00
18. 왁스 제거	0.97	1.10	3.35	5.42	0.47	0.39	0.63	1.49	0.13	0.20	0.76	1.09	0.29	8.29
19. decaffeinated	1.40	1.43	2.65	5.28	0.48	0.36	0.57	1.41	0.20	0.28	0.60	1.08	0.27	8.04
20. 토고 1981	1.03		5.96	6.99	0.57	0.59	0.74	1.90						8.89
21. 우간다 –	0.73	1.13	4.97	6.83	0.51	0.46	0.41	1.38			0.60			8.81
평균	0.79	0.98	5.49	6.70	0.58	0.56	0.69	1.83	0.075	0.135	0.84	1.175	0.31	9.04
SD	0.14	0.11	0.68	0.41	0.07	0.11	0.17	0.33			0.17			0.58
C. *아라부스타*														
22. 아이보리 코스트 1976	0.72		5.12	5.84	0.42	0.44	0.53	1.39						7.23
23. 아이보리 코스트 –	0.56	0.82	4.75	6.13	0.52	0.39	0.40	1.31	0.04	0.10	0.66	0.80	0.14	8.38
평균	0.64		4.94	5.99	0.47	0.42	0.47	1.35						7.81
D. *다른 커피나무 sp.*														
24. C. *엑셀사 1978*	0.72		5.43	6.14	0.09	0.08	0.13	0.30						6.44
25. C. *리베리카 1980*	0.81		5.81	6.62	0.21	0.25	0.44	0.90						7.52
26. C. *스테노필라 1978*	0.48		4.75	5.23	0.28	0.64	0.55	1.47						6.70

218

원두의 탈랍(dewaxing)과 디카페인화 과정에서 4-vinylcatechol과 4-vinylguaiacol을 생성하는CGA의 분해가 있다. 아실 이동은 탈랍 과정에서 유도되며 3-과 4-모노에스테르 함량이 5-모노에스테르를 소비하며 증가한다. 이 값들은 표5-12에 나와있다.

7.2 미성숙 열매에서 추출한 생두

미숙한 열매의 생두는 수확할 때 물렁하며, 쉽게 손상되고 폴리페놀 산화 효소의 작용으로 인해 빠르게 변색된다. 저자와 동료들은 12가지의 생두가 익어가는 과정을 조사했다. 일반적으로 계속해서 CGA함량이 증가되다가 완전히 성숙되기 전 4주가 지나면 총 CGA 함량이 계속 증가할 수 있다. 다 익었을 때보다 미성숙한 생두에서 diCQA 함량이 더 높은 것으로 나타났다.

7.3 변색된 녹색 열매

Ohiokpehai 등은 변색된 상업용 녹색 열매에 대해 연구한 바 있다. 색이 녹색, 노란색, 갈색, 흑색으로 더 많이 변색될수록 총 CGA 함량 및 CQA: diCQA 몰비가 낮아진다. DiCQA 함량보다 상대적으로 낮은 CQA 함량은 열매가 덜 익었을 때 수확한 변색된 생두와 일정하지만, 가장 흑색으로 변색된 생두 또한 수분 함량이 높다는 것을 알아야 한다.

표5-13과 같이 상업용 폴리페놀 산화 효소가 생두의 diCQA가 아닌 5-CQA를 산화 할 수 있음이 밝혀졌다. 생두의 폴리페놀 산화 효소가 이와 같은 특이성을 갖는지 여부는 알려져 있지 않지만, 이것이 변색된 생두에 있는 CQA와 diCQA의 상대적 함량과 일치할 것이다.

표 5-13 변색 된 원두 커피의 클로로젠 산 함량 (% db) (Ohiokpehai 데이터)

케냐 아라비카	*평균 콩 wt (g)*	*수분 함량 (%)*	*PV*	*MV*	*TBAV*	*자유 퀸 산*	*HPLC 데이터*	
							CQA	*idCQA*
좋은	0.14	7.4	6.3	6.0	5.4	1.5	4.28	0.92
	0.14	7.3	6.2	6.0	4.7	1.6	3.64	1.26
	0.13	7.3	6.0	5.3	4.6	1.6	3.19	1.33
	0.14	7.7	6.0	5.2	4.6	1.6	3.10	1.09
나쁜	0.11	11.0	5.1	4.4	3.3	1.6	1.71	1.20

7.4 저장된 생두

Meissner 등은 생두를 80% RH 및 30°C 또는 50°C 에서 가속 노화시킬 때 클로로젠산의 손실을 조사하였다. 2.24의 Q_{10} 수치가 설정 되었다. 추출할 수 있는 클로로젠산 함량이 감소함에 따라 변색과 묵은 냄새(곰팡이 냄새)가 발생했다.

8. 로스팅 커피와 인스턴트 커피 가루의 클로로젠산 함량

클로로젠산은 로스팅 과정에서 손실된다고 알려져 있다. 손실과 같은 용어들은 매우 모호하며 잠재적으로 오해의 소지가 있다. 이 용어들은 특정 화합물 또는 관련 관능기를 포함하는 화합물의 그룹이 제조 된 추출물에서 더 이상 검출되지 않는다는 것을 나타낸다.

아래와 같은 경로를 통해 각 클로로젠산을 손실할 수 있다고 예측할 수 있는데 다음의 목록은 선택 사항일 뿐이다.

1. 아실 이동
2. 가수분해

3. 산화(특히 CQA와 diCQA)

4. 분열(로스터 가스안에서 완전히 분열 되기도 함)

5. 중합반응

6. 변질되거나/분해된 단백질과의 결합

각각의 클로로젠산의 상대적인 민감성이 다르지 않다면 매우 놀라울 것이다.

비록 클로로젠산의 손실은 광범위하게 측정되었지만, 복잡성으로 인해 깊이 연구되지는 않았다. 나와있는 자료들은 부정확하게 기술된 조건하에서 로스팅 된 커피 원두를 가지고 여러 가지 다른 분석 방법을 통해 얻어낸 결과들이다.

일부 선택된 데이터는 비교를 용이하게 하기 위해 공통 기준으로 재계산되었다. 이 때 사용된 기준는 3가지이며, 다음과 같다.

8.1 건조물 손실 그램당 상대적 손실

총 클로로젠산의 손실이 약 총 건조물 손실의 양과 대략 선형 함수를 이룬다고 알려져 있다. 저자가 열람할 수 있던 제한적인 자료들에 의하면 이 견해를 뒷받침 해주고 있으며, 건조물이 1%씩 손실될 때 마다 기존 CGA 함량이 8-10%씩 손실된다는 것을 제인힌 경향이 있다.

8.2 시간당 상대적 손실

몇 가지 계수들이 표5-14에 나와있다. 이 수치들은 로스팅된 원두의 2가지 종류만(아라비카 1개, 로브스터 1개) 관련이 있으므로 일반화하는 것은 약간 무리가 있을 것이다.

이 계수의 가장 두드러진 특징은 각각의 클로로젠산의 값이 가장 진하게 로스팅된 커피에서는 거의 동일 하지만, 가장 짧은 시간 로스팅된 커피에서는 확연히 차이가 났다. 특히, 5-CQA는 빠르게 파괴된 반면 3-CQA는 아라비카에서 확실히 생성되며 diCQA 하위 그룹은 CQA 하위 그룹보다도 더 빨리 파괴되었다.

생두가 가장 많은 자유 수분 함량을 가진 로스팅 초기 단계에서는 계수의 변화가 가장 크기 때문에 수분이 일어나고 있는 반응을 촉진시킨다는 가정을 내리기가 쉽다. 이 가정을 가지고, 어떤 학자는 아실 이동에 의한 하위 그룹 내에서의 차이점을 설명할 수도 있고, 가수분해에 의한 하위 그룹들의 차이점도 설명할 수 있을 것이다. 이 두 가지의 메커니즘 모두 높은 자유 수분 함량에 의해 촉진 될 것이다.

표 5-14 커피 로스팅 중 클로로젠 산의 손실: 상대 손실 (%) 초

(Trugo 재 계산 한 데이터)

클로로젠 산	계산된 계수 시간 (s)							
	아라비카				로부스타			
	210	300	390	570	150	210	420	480
3-CQA	-0.01	0.02	0.08	0.08	0.02	0.10	0.10	0.10
4-CQA	0.03	0.03	0.09	0.08	0.05	0.11	0.10	0.10
5-CQA	0.17	0.13	0.12	0.09	0.24	0.20	0.11	0.10
분족	0.14	0.11	0.11	0.09	0.19	0.18	0.11	0.10
5-FQA	0.16	0.11	0.11	0.08	0.20	0.18	0.11	0.10
3,4-diCQA	0.15	0.13	0.12	-	0.27	0.22	0.12	-
3,5-diCQA	0.21	0.15	0.13	0.09	0.27	0.22	0.12	-
4,5-diCQA	0.15	0.11	0.12	0.08	0.25	0.20	0.11	0.10
분족	0.18	0.14	0.12	0.08	0.26	0.21	0.12	0.10
전체클로로젠 산	0.17	0.11	0.11	0.08	0.20	0.18	0.11	0.10

Van der Stegen과 Van Dujin과 Maier와 Grimsehl이 내놓은 자료를 보면, 상응하는 계수를 계산할

수는 없지만 적어도 아라비카를 로스팅하는 초기 단계에서 5-모노에스테르가 소비되며 3-CQA와 3-FQA가 생성된다고 제안했다.

8.3 절대항의 손실

크로마토그래피 자료를 보면 로부스타는 생두 100g이 진하게 로스팅 될 때 8~9g의 클로로젠산을 손실하는, 반면 아라비카는 5~6g을 손실한다고 한다. 로브스터는 아라비카와 비교하여 CQA가 약간 더 많지만 FQA와 diCQA는 약 2배 더 많이 손실된다. 비색법으로 측정했을 때는 분해산물이 있다는 자료가 나왔으며 차이가 더 작았다. 일부 정량 자료는 표5-15에 정리되어 있다.

8.4 클로로젠산의 운명

Clifford와 Tressel 등의 미디엄 로스팅 커피로 실험한 자료를 보면 손실된 클로로젠산의 약 절반 정도가 유리 퀴닌산이나 유리 저분자 페놀 덩어리와 같은 형태로 투석되지 않는 불분명한 물질 안에 존재한다. 몇 가지 분열 물질들은 로스터 가스 내에서 손실됐을 수도 있지만 상당한 양이 미확인된 형태로 남아있는 것은 분명하다.

갈색 색소의 분류는 투석되지 않는 물질의 최대 2%까지 밝혀졌으며, 그 범위는 가수분해로 발산된 아미노산과 페놀 내에서였다. 진하게 로스팅된 커피에서 분리되었을 때, 켈달 질소(Kjeldahl nitrogen) 함량은 더 적고 페놀 함량은 더 많았다. 이 물질은 단백질 및 CGA 및/또는 CGA 분해산물로부터 형성되는 것으로 보인다. 열분해 동안 가수분해로 방출된 페놀은 CGA 분해의 인공물질로써 표5-16에 열거되어 있다. 이들 중 2개는 유리 페놀이라고 Tressl이 발견하였다. 클로로젠산 및/또는 그 분해산물이 단백질(방향족 알데히드는 산-불안정 이민을 형성할 수 있다.)에 공유 결합 되어 있는 것인지, 아니면 단백질이 가수분해되어서 흡수되자마자 제거된 것인지는 알려진 바가 없다. 펩티드 산소와 페놀 사이의 수소 결합은 특히 강하다고 알려져 있다.

퀴닌산은 로스팅 과정에서 CQA로부터 형성 된 성분 중 하나이지만, 그 양은 추출된 추출 가능한 모든 CGA를 설명하기에는 충분하지 않다. Konig와 Sturm은 로스팅 커피의 추출물에서 퀴닌산 락톤을 검출했다. 특히 아실 CGA의 C-4에서의 에피머화를 예상할 수 있다.

표 5-15 로스팅 하는 동안 원두의 클로로젠 산 감소 (% db)

샘플	로스팅		크로마토그래피 데이터				표본 데이터		
	시간 (%)	손실 (%)	CQA	diCQA	FQA	전체	MV	PV	TBAN
아라비카:									
1a 콜롬비아	0	0	4.28	0.91	0.33	5.52			
1b	지정되지 않음		1.69	0.25	0.05	1.99			
2a 과테말라	0	0	5.76	0.87	0.25	6.88			
2b	420	—	2.38	0.22	0.09	2.69			
2c	600	—	1.98	0.15	0.08	2.22			
2d	780	—	0.71	0.03	0.03	0.77			
2e	1140	—	0.22	0.01	0.01	0.24			
3a 탄자니아	0	0	3.26	1.20	0.29	5.19	6.7	6.7	5.9
3b	—	7	2.11	0.59	0.18	3.10	4.4	4.7	4.8
3c	—	9	1.37	0.48	0.18	2.21	3.3	3.9	4.1
3d	—	10	1.19	0.46	0.18	2.00	3.1	3.6	3.7
3e	—	11	0.88	nd	0.03	0.91	1.4	1.9	2.5
로부스타:									
4a 우간다	0	0	6.83	1.38	0.60	8.81			
4b	300	—	3.02	0.29	0.24	3.54			
4c	420	—	1.78	0.14	0.15	2.07			
4d	840	—	0.52	0.05	0.05	0.62			
4e	960	—	0.14	0.02	0.01	0.18			

표 5-16 커피 안료 가수 분해물의 저 분자량 페놀

3-하이드록시벤조 산	3,4,5-트리하이드록시벤조 산
4-하이드록시벤조 산	3,4-디하이드록시벤즈알데하이드
3-메톡사- 4-하이드록시벤조 산	3,4-디하이드록시신남 산
3,4-디하이드록시벤조 산	3-메톡사-4-하이드록시신남 산
3,5-디하이드록시벤조 산	3,4,5-트리하이드록시벤젠

표 5-17 커피 향기의 페놀: 양적 자료 요약 (mg/kg)

화합물	아라비카	아라부스타	로부스타	물의 역가
페놀	13.0	9.5	17.0	0.050
2-메틸페놀	1.2	0.7	1.1	0.065
4-메틸페놀	1.3	0.3	1.0	0.001
3-메틸페놀	0.7	1.0	1.2	0.068
3-에틸페놀		0.4		
4-비닐페놀	0.2	0.2	0.2	
구아이콜	2.7	3.9	8.4	0.021
4-에틸구아이콜	0.3	1.2	5.6	
4-비닐구아이콜	9.5	18.4	19.5	0.005
바닐린	5.2	4.4	5.0	
카테콜	80	95	120	
4-메틸카테콜	16	10	13	
퀴놀	40	25	30	
4-에틸카테콜	37	20	80	
4-비닐카테콜	25	15	25	
피로갈롤	45	25	35	
1,2,4-트리하이드록시벤젠	20	6	13	
3,4-디하리드록시신남알데하이드	10	5	12	
3,4-디하이드록시벤즈알데하이드	20	8	9	

표 5-18 수용성 커피 분말의 염소산 함량 (%db)

분석 된 시료의 원산지 및 개수	클로로젠 산 함량				사용 된 분석 방법 종류
	CQA	diCQA	FQA	전제	
1. 14 스페인에서 구함				8.64-12.02	유형 1
2. 4 포루투갈에서 구함				8.52-11.50	유형 1
3. 16 브라질에서 제조 됨:					
15 아라비카				5.23-8.35	유형 1
1 로부스타				8.02	
4. - 러시아에서 구함				5.30-7.40	지정되지 않음
5. 15 지정되지 않음				3.20-5.20	유형 3
6. 13 영국에서 구함	2.55-7.64	0.22-1.66	0.74-1.93	3.61-10.73	유형 6

　로스팅 커피를 분석하여 이루어지는 모델 시스템 연구는 퀴닌산의 주요 생성물인 카테콜(비록 카페인산 잔유물에서도 형성될 수있지만), 퀴놀, 피

로갈롤, 1,2,4-트리히드록시벤젠이다. 카페인산은 주로 4-메틸, 4-에틸, 비닐카테콜, 3,4-디히드록시신남알데하이드를 생성한다. 또 다른 계피산은 벤즈알데하이드가 신남알데히드를 대체하는 것을 제외하고는 이에 상응하는 생성물을 비슷한 퍼센트 수율로 산출한다.

로스팅된 커피에서 발견되는 페놀의 양은 일반적으로 생두에 있는 전구체의 정도를 반영한다 (예: 아라비카와 로브스터에 있는 카테콜의 양이 과이어콜 양을 초과한다). 아라비카와 비교했을 때 로스팅된 로브스터의 과이어콜의 함량이 높을수록 로스팅 과정에서 FQA가 더 많이 파괴될 수 있다. 유사하게, 로스팅된 로브스터의 더 많은 함량의 카테콜과 4-메틸카테콜은 카페인산과 퀴닌산 유도체의 더 많은 파괴와 연결 지을 수 있다. 하지만 이렇게 간단한 생성물-전구체 관계는 아라비카 커피에 들어있는 구조적으로 연관된 다른 페놀들의 함량에 대해서는 설명하지 못한다. 임계값을 포함한 정량적 데이터는 표5-17에 정리되어 있다.

상업용 추출이나 집에서 내리는 중에 더 많은 분해가 일어나는지는 보고된 바가 없다. 약간의 가수분해와 아실 이동 및 가능한 산화가 예상 될 수 있다. 표5-18은 상업용 인스턴트 커피 가루의 CGA 함량에 대한 자료를 요약한 것이다. 분해 생성물-팽창된 분광광도 값은 주목할 만하다.

9. 관능적 특성

9.1 모델 시스템 연구와 구조 – 활동 관계

클로로젠산의 관능적 특성은 거의 관심을 받지 못했다. 개인적인 관찰에 의하면 5-CQA는 자유 퀴닌산 보다 훨씬 덜 산성이며 약간 더 쓴 것으로 나타났다. Ordynsky도 이와 비슷한 관찰을 했다. 반대로, 3가지 생두 혼합물에 diCQA가 같은 배율로 있을 때 실험 참가자들은 '쓰고, 뒷맛이 오래 남는다', '금속 같은 쓴 맛이 난다', '처음에는 혀 앞쪽에서 쓰고 신 맛이 나며 혀 뒤의 양쪽에서 쓴 맛이 난다'라고 묘사했다. 저자는 실험 참가자들이 '뒷맛이 남는다' 또는 '금속 맛이 난다'라고 말한 것이 diCQA 로 인한 맛을 잘 표현했다고 생각한다. 5-CQA와 이 혼합물은 물과 내린 커피에서 역치는 0.05-0.1 mg/ml의 범위를 보였다.

시클리톨에 관한 연구는 쓴 맛이 데옥시 사이트가 도입되거나 히드록시 그룹이 아실화 되어서 생긴 것이라고 보여주었다. 일련의 퀴닌산 및 5-CQA와 쓴 맛이 증가하면 생두의 diCQA는 일정하다.

비록 훈련되지 않은 실험 참가자들이 diCQA의 맛을 설명할 때 '떫은 맛'이라는 단어를 사용하지는 않았지만 단백질 침전을 기반으로 한 객관 적인 연구 결과에 의하면 diCQA는 떫은 맛을 내며 5-CQA는 그렇지 않 다는 것이 확인됐다. 이 관찰은 Haslam의 떫은 맛의 화합물의 구조적 정 의와 일치한다. Clifford와 Ohiokpehai도 diCQA의 떫은 맛이 5-CQA가 있 으면 감소한다고 밝혔고, 경쟁적인 메커니즘이 제안되었음을 관찰했다.

오히려 예기치 않게 카페인산과 일부 클로로젠산의 특정 염은 달콤한 맛과 단 맛을 강화시키는 것으로 보고되었다. 당장 설명할 수는 없지만, 몇몇 시클리톨들은 안티-아니스알데이트 옥심과 같이 향을 내는 특정 복 합 물질들처럼 단 맛을 내는 것으로 보고되었다.

King과 Solms는 5-CQA와 CQA-카페인 복합체의 칼륨염이 냄새가 나는 휘발성 물질의 수용성을 높여주어 역치를 높인다고 했다. 반대로, Maga는 특정 페놀이 혼합되었을 때에 냄새 역치를 훨씬 낮춰준다고 보고했다.

9.2 커피 제품과 커피 음료의 수용성과의 관련성

다양한 클로로젠산은 음료와 미각 pH값에서 광범위하게 이온화될 것이 다. 하지만 Maier는 중간으로 로스팅한 커피일지라도 인산만이 음료의 산 성도에 중요한 기여를 한다고 간주했다.

그러나 Ohiokpehai 등은 클로로젠 음이온이나 약하게 내린 커피(0-5 %w/v)에서 나온 관능적인 기여도를 봤을 때, 5-CQA의 정도가 미각 역치를 주로 초과한다고 보고했다. diCQA 농도가 내린 커피(특정 인스턴트 커피 가루를 진하게 내린 것)의 미각 역치의 하한치를 초과할 수도 있지만, 일반 상업 제품에서는 CQA:diCQA 몰비는 diCQA의 특이점을 거의 확실하게 가려줄 것이다. 그러나 음료에서 평소보다 높은 diCQA 함량으로 인해 원하지 않은 맛을 줄 수도 있으므로 미성숙 생두나 변색된 생두는 피하는 것이 좋다.

많은 양의 과이어콜은 '달콤하고 훈제한 맛'을 내는 경향이 있으며, Tressl의 자료를 보면 냄새 역치를 초과할 수있다는 것을 나타낸다. 커피 제품을 보관하는 중에 일어나는 비닐과이아콜의 산화는 스테일링 중에 일어나는 많은 변화 중에서 매우 중요하다. 카테콜은 '약간의 단맛과 함께 심하게 탄 페놀 냄새'를 주며, 아마도 카테콜과 크레솔은 가끔 나오는 페놀 얼룩을 만들어내기도 한다. 향이 있는 휘발성 물질과 반응하는 클로로젠-카페인 착물의 실제적인 중요성은 아직 평가되지 않았다.

9.3 음료 품질을 결정하고 예측하는 클로로젠산

Amorim과 동료들은 브라질산 아라비카의 4개 등급을 다중 선형 회귀분석을 이용해 실험했으며, 생두의 구성 변화에 있는 관능적 품질의 변화의 약 70%를 설명할 수 있었다. 페놀은 분석방법에서 매우 특징적이지만(총 CGA, 수용성 페놀, 메탄올 용해성 페놀, 가수분해성 페놀), 불행히도 이 선택된 방법은 회귀계수를 추정할 때 불확실성을 초래하는 중요한 방법 간 상관관계를 보였다. 이러한 사실은 애매한 결과에 기여했을 것이다.

그럼에도 불구하고 아라비카에 들어 있는 낮은 클로로젠산 함량이 더 우수한 음료의 품질과 인과관계가 있다는 일반적이고, 표면적으로 유혹하는 가설이 있다. 보통 상관 관계가 그럴 듯 하긴 하지만 가설이 적절하게 평가되기 전에 클로로젠산의 운명을 적절히 평가할 수 있다.

지질

제6장

1. 서론

생두에 있는 지질은 배유안에 있는 커피 오일과 생두 바깥층에 위치한 소량의 커피 왁스로 구성된다. 커피 오일은 트리글리세리드 뿐만 아니라 다른 지질 성분의 상당부분을 함유하고 있으며, 이 오일의 특징이자 중요한 특성을 가진다. 생두(왁스가 포함되거나 되지 않았을 수 있음) 안에 있는 커피 오일의 함량에 대한 평균 및 범위는 Maier, Poisson, Clifford, Streuli에 의해 많은 문헌에 나와있다. 이 문헌들은 여러 연구가들이 수행한 각각의 실험을 기반으로 하고 있다. 커피 종에 따라 함량차이가 있음이 통계적 수치로 나와있다. Streuli는 아라비카의 경우 평균 함유량 15%db, 표준편차 0.78%이며, 로부스타는 평균 함량 10%db, 표준편차는 1.41%라고 보고했다.

관례적으로, 식물 재료의 오일 함량은 오래 걸리는 Soxhlet 추출로 이루어지며, 적절한 용매을 준비한 뒤 용매을 증발시킨 후 잔류물의 무게를 재는 방법으로 결정된다. 비극성용매, 석유 에테르의 사용은 일반적으로 커피 오일 결정 및 분석을 위해 자주 쓰인다. 추출 과정의 차이가 생두를 추출하기 전에 세분화 또는 분쇄 정도에 따라 결과가 달라질 수 있다.

왁스 함량은 일반적으로 단시간 동안 그라인딩 되지 않은 생두를 염소계 용제를 이용해 추출한 물질을 이용하여 측정한다. 왁스의 양은 생두에 약 0.25%db정도 함유되어 있으며 총 커피 오일 양의 1.5~2.5%정도를 차지한다. 커피 오일 측정은 '무왁스 커피오일' 값을 알아내기 위해 왁스 제거 과정을 동반할 수도 있다.

커피 오일의 비-트리글라세라이드 분획은 다양한 양으로 존재하는 성분의 범위, 그 중 주로 유리화 되거나 에스테르화된 디테르펜 알코올과 스테롤을 포함한다. 이 화합물들은 여러 학자들이 연구한 바 있으며, 특히 1962~64년에 Kaufmann과 동료들이 많은 연구를 했다. 커피 오일의 다양한 구성 성분의 전형적인 비율에 관해 그들이 자주 인용한 자료는 표6-1에 나와있다. 그러나 아라비카 커피로부터 7%db 정도 추출된 커피 오일에서 유래했으며, 한 성분에 영향을 주는 것으로 알려져 있다. 그 이후에 나온 자료들에는 커피 오일의 비-트리글라세라이드 함량이 10~18%의 범위로 나와있다. 다양한 구성요소들에 관한 자세한 정보는 이 장에서 더 알아보도록 한다.

커피 오일은 로스팅된 커피나 커피를 내린 후에 남은 가루, 또는 산업용 인스턴트 커피로부터 비슷한 방법으로 추출 할 수 있다. 커피 오일 조성 및 양은 주로 로스팅이나 추출 공정의 영향을 받는다. 소위 커피 오일이라고 불리는 것은 용매 추출을 통해 상업용으로 사용되거나 아니면 로스팅된 커피로부터 기계를 이용해 추출되어 커피 방향제의 원료로 쓰인다. 그러므로 '커피 오일'이라는 용어는 이러한 경우에 '그라인딩된 커피 오일' 등으로 더 명확하게 정의되어야 한다.

표 6-1 생두의 지질 조성 (총 지질의 비율, 평균)

트리글리세라이드	75.2
디테르펜 알코올 및 지방산 에스테르	18.5
디테르펜 알코올	0.4
스테롤과 지방산의 에스테르	3.2
스테롤	2.2
토코페롤	0.04-0.06
포스파티드	0.1-0.5
트립타민 유도체	0.6-1.0

2. 커피오일

2.1 총 오일 함량 측정

석유 에테르 추출의 표준방법 중 하나는 AOAC가 제공하는 방법이며, 생두를 건조시킨 후에 No. 30의 US 메쉬 스크린을 통과시키는 것이다. Soxlet 추출은 35~50°C 사이에서 끓는 석유 에테르에서 16시간 이상 처리하는 방법으로 이루어진다. 1952년에 출판된 지질학회(German Society for Lipid Science)의 방법은 1966년에 발간된 국제 순수 및 응용화학 연합 (International Union of Pure and Applied Chemistry)의 방법과 유사한데, 분쇄하고 105°C에서 30~35분 정도 건조 시킨 다음(수분 함량이 10%를 초과하는 경우), 석유 에테르를 가지고 4시간 동안 추출(끓는 범위 40~55°C)한다. 그런 다음 물질을 막자 사발에서 모래와 함께 곱게 갈아준 뒤 2시간 더 추출 하였다.

Kroplien은 36가지의 아라비카 커피와 7가지의 로부스타 커피의 오일 함량을 측정하기 위해 sarae AOAC 방법을 사용했다. Kroplien의 표로 작성된 결과는 습식 가공된 아라비카 커피의 평균 15.5% db 오일 함량을 나타내며, 범위는 14.2-16.8%db였다. 브라질 건식 가공된 5개의 아라비카도 동일한 평균값을 나타냈다. 로부스타 커피의 경우(건식 및 습식 가공) 평균 9.1%db, 범위는 7.2-11.0%이다. Carisano와 Gariboldi는 3개의 아라비카만 조사했지만 AOAC 방법을 사용하여 12.5%db 평균과, 1개의 로부스타 는 9.1%db를 나타냈다. Xabregas는 석유 용매 추출법으로 오일 함량을 측정하는 것을 포함하여 많은 수의 앙골라산 아라비카, 로부스타 커피의 광범위한 화학 분석을 시행했으나, 여기에는 염산을 사용하여 분석했다. Clifford는 18개의 아라비카의 평균이 16.0%db (±0-27 SD), 45개의 로브스타의 평균은 10.1% (±0.28 SD)라고 보고했다.

산을 이용해 미세하게 그라인딩 된 생두의 사전 처리는 Streuli가 선호하는 방법으로 명시되었으며, 이는 공식적인 스위스 방법으로 특징을 가지고 있다. Streuli는 3가지 커피(생두 및 로스팅된 커피 모두)의 오일 함량을 앞에서 언급한 3가지의 방법을 가지고 각각 측정하였으며, 그 결과는 표 6-2에 나와있다. 스위스 방법이 일반적으로 가장 높은 결과를 나타냈다.

비중량 측정 방법은 α-브로모나프탈렌을 용매로 사용했고 굴절율을 측정한 Padaryan에 의해 기술되었다.

로스팅된 커피에 들어있는 오일 함량에 관한 자료도 나와있다. 생두로부터 얻은 결과보다 더 높은 수치들을 보여주는데, 이것은 로스팅 할 때의 전체 건조물 함량을 손실하기 때문이다. 실제 지질의 손실은 매우 적다.

표 6-2 생두와 원두의 세 가지 다른 방법으로 건조한 커피 오일 비율

	스위스 공식 방법 No. 35a/08(1973)	AOAC 방법 No.14,029(1965)	DGF 방법 No. B-lb (1952)
생두:			
콩고	10.3	7.8	8.4
산토스	15.9	13.6	14.1
마다가스카르	9.2	7.6	10.5
원두			
콩고	11.4	10.9	11.9
산토스	16.3	15.1	16.4
마다가스카르	10.6	9.7	12.0

2.2 세분화된 분석을 위한 커피 오일 분리

산으로 처리된 그라인딩 커피의 추출 방식이 화학적 조성에 대한 심층 연구에 사용되는 오일을 얻는 방법으로 적절하지 않다고 지적되어왔다. 직접 용매 추출은 필요하다. Foister 등은 1975년에 용매 추출에서 얻을 수 있는 양은 커피가 그라인딩 된 입자의 크기에 좌우된다고 발표했다. 심지어 석유 에테르 조차도 용매는 소량의 카페인을 추출하므로, 꼭 분리되어야 한다. Foister 등은 커피 오일의 분리를 위해 다음에 나오는 방법들

을 권장한다.

이 연구가들은 또한 부검화물(unsaponifiable matter)의 비율은 추출시 오일의 수율에 크게 영향을 받는다는 것을 입증했다.

2.2.1 생두로부터 오일을 추출하는 방법

생두는 일반 분쇄기에서 큰 입자로 그라인딩 된다. 그런 다음 0.50mm 체를 가진 Retsch 초원심분리 분쇄기를 이용해 더 곱게 분쇄한다. 15g의 커피는 Soxhlet에서 석유 에테르로 (b.p. 40-60℃) 24시간 동안 추출된 뒤, Schleicher와 Schiill No.603 추출 썸블 28x80mm을 이용해 시간당 6~7번 사이퍼닝 해준다. 용액을 냉장고에서 밤새 냉장 보관하고, 흡입기(0-2㎛의 멤브레인 필터, No. 11407, Sartorius GmbH, Gottingen)에 의해 결정화된 카페인은 여과 된다. 차가운 석유 에테르를 이용해 필터를 2회 헹군 다음, 여과된 액체는 용매와 함께 250ml로 희석한다.

표 6-3 거친 생두에서 추출한 건조 기반 3가지 체 분획 오일 함량

체의 간격 (mm)	석유 에테르 (40-60 ℃)로 6 시간 동안 오일(%) 직접 추출	스위스 공식 방법 35A / 08 (1973)에 따른 오일 (%)
0.15–0.42	15.51	15.54
0.42–0.60	13.10	15.66
0.60–0.85	9.36	14.06

이 용액의 50ml를 증발 시킨 후 남은 잔류물은 일정량이 될 때까지 건조시킨다(105℃에서 2~3시간). 남은 200ml는 따로 증발 시킨 후 추가 분석에 사용될 수 있다.

2.3 유리 및 총 지방산

유리지방산(FFA)의 존재는 많은 연구가들에 의해 기술되었다. Carisano

와 Gariboldi는 각각 다른 원산지의 생두 샘플로부터 얻은 석유 에테르 추출물(30~50℃)에서 0.50-1.89%의 FFA를 발견했다. 같은 커피를 로스팅한 샘플에서는 1.99-2.84% FFA를 포함되었다. Calzolari와 Cerma는 산가 범위가 4.51-7.29 라고 했으며, 반면 Kaufmann과 Hamsagar는 생두의 경우 3.14-4.16, 로스팅 커피의 경우 4.16-8.67를 얻어냈다. 275의 지방산 평균 분자량을 기준으로 했을 때, 이 수치들은 1.5-4.2% FFA에 해당한다.

Wajda와 Walczyk는 산가와 커피의 오래됨 사이의 관계에 대해 발표한 바 있다. 상대적으로 높은 산가는 열대 기후 조건에서 보관된 열매에서 나타났다고 한다. 그라운딩 되지 않은 생두나 로스팅된 커피에서는 지방산의 산화가 거의 없다. 그라인딩 된 커피나 오랫동안 보관된 커피의 경우에만 과산화물의 증가를 예상할 수 있다.

커피 오일의 총 지방산 구성은 많은 연구의 주제로 채택되었다. 표6-4는 가스 크로마토그래피를 이용해 얻은 결과이다. 각각 다른 연구가들에 의해 보고된 조성은 서로 가깝게 일치한다. 게다가 Carisano와 Gariboldi, Calzolari와 Cerma, Chassevent 등은 총 지방산 함량 구성에 있어서 아라비카와 로부스타 사이에 큰 차이가 없음을 보여주었다. 로스팅에 의한 지방산 조성의 변화는 관찰할 수 없었다.

2.3.1 지방산 조성 측정

지방산은 2% 메탄올성 KOH와 14% BF_3-메탄올을 이용한 메틸화 및 비누화에 의해 그에 상응하는 메틸에스테르로 전환된다. 가스 크로마토그래피를 위한 조건은 다음과 같다: 2m x ¼인치 스테인리스강 컬럼, 가스크롬 Q 100-120 메시에 10% Silar-5CP. 온도 프로그래밍은 1℃/분 에서 175-225℃.

표 6-4 생두의 지방산 조성(%) 에 대한 가스 크로마토그래피 데이터

		Ref.23	Ref.15	Ref.26	Ref.27
미리스트 산	$C_{14:0}$	거의 없는	거의 없는	0.06−0.14	0.2
팔미트 산	$C_{16:0}$	35.20−38.60	30.7−35.3	35.44−41.35	35.2−36.7
팔미톨레 산	$C_{16:1}$	거의 없는	거의 없는		
마르가르 산	$C_{17:0}$	−	거의 없는		
스테아르 산	$C_{18:0}$	6.60−8.35	6.6−9.0	7.53−10.60	7.2−9.7
올레 산	$C_{18:1}$	7.55−10.90	7.6−10.1	8.07−9.58	9.5−11.9
리놀레 산	$C_{18:2}$	38.40−43.00	43.5−45.9	36.64−43.08	41.2−42.6
리놀렌 산	$C_{18:3}$	?	1.1−1.7		1.3−2.7
아라키딘 산	$C_{20:0}$	4.05−4.75	2.7−3.3	$C_{20:0}$ 다른 사람:	0.3−1.5
가돌레 산	$C_{21:0}$	−	?		
베헨 산	$C_{22:0}$	0.65−2.60	0.3−0.5	4.28−6.43	

가스 크로마토그래피가 아닌 다른 방법을 사용한 지방산 조성에 대한 초기 보고서는 각 지방산의 백분율 변화가 훨씬 큰것을 보였다.

Foister는 커피 오일의 지방산 구성과 커피 왁스의 지방산 구성 사이의 큰 차이점을 알아냈는데, 상대적으로 높은 비율의 포화 지방산이 커피 왁스에서 발견되었다.(표6-5)

표 6-5 커피 오일과 석유 에테르 가용성 커피 왁스부분의 지방산의 조성 (%)

	커피 왁스	커피 오일
$C_{14:0}$	1.5	거의 없는
$C_{16:0}$	24.9	31.1
$C_{18:0}$	6.5	9.6
$C_{18:1}$	4.8	9.6
$C_{18:2}$	23.8	43.1
$C_{18:3}$	거의 없는	1.8
$C_{20:0}$	14.1	4.1
$C_{22:0}$	21.0	0.9
$C_{24:0}$	3.7	거의 없는
포화된 산:		
$C_{18:0}$−$C_{24:0}$	45.3	14.6

Kaufman와 Hamsager는 트리글리세리드와 디테르펜 알코올 에스테르 사이의 지방산 분배에 대해 연구했다. 그들은 디테르펜 알코올과 함께 에스테르화된 포화산을 더 선호했다. 이 결과는 Flostar등이 이 연구를 위해 오일 추출 전에 디왁스된 생두로 부터 얻은 오일을 사용했음을 확인했다. (표6-6)

2.3.2 커피오일에서 얻은 트리글리세리드와 디테르펜 알코올 에스테르 감별

커피 오일 150ml를 15g Florisil 컬럼의 맨 위에 놓고 60~100메시(24 x 1.4mm)로 설정, 비활성화 된 증류수 6%와, 헥산에 있는 에테르를 단계적 구배로 용리시킨다.

표 6-6 트리 글리세라이드의 지방산 조성 (%) 및 왁스가 없는 생두 오일 에서 얻은 디테르펜 알콜 에스테르

	트리 글리세라이드	디테르펜 알콜 에스테르
$C_{14:0}$	0.2	1.5
$C_{16:0}$	33.3	50.2
$C_{18:0}$	7.3	8.9
$C_{18:1}$	6.6	7.2
$C_{18:2}$	47.7	25.8
$C_{18:3}$	1.7	0.8
$C_{20:0}$	2.5	4.5
$C_{22:0}$	0.5	1.1
$C_{24:0}$	거의 없는	거의 없는

분리된 용액의 분석은 TLC를 이용하며, 실리카겔 60 플레이트상에서 벤젠에테르(4:1,v/v)를 용매로 사용한다. 트리글리세라이드는 0.1% 2', 7'-디클로로플루오레세P인을 이용해 분사될 때 감지되며, 자외선(254nm)에서 관찰하여 검출한다. Kaufman과 Hamsagar의 보고에 의하면 디테르펜 알코올 에스테르는 3~5% 인몰리브데산으로 분사 될 때 쉽게 갈색으로 변한다고 한다.

2.4 트리글리세라이드

Folstar는 트리글리세라이드 분자 안에 있는 지방산의 위치 분포를 연구했다. 이때 사용 된 방법은 sn-1,2 (2,3)-디글리세라이드, sn-2-모노글리세라이드와 지방산을 췌장 리파파제를 사용하여 부분 탈아실화를 통해 트리글리세라이드로부터 얻어내어 사용했다.

표 6-7 커피 오일의 트리 글리세라이드 조성 (몰 %) 1,3- 무작위 2 무작위 가설

PPP	0.7	β -SLS	0.7	β -POL	5.8
β -PPS	0.2	β -SLP	8.6	β -PLO	2.7
β -PSP	0.6	β -PLP	28.1	β -PLL	27.5
β -PSL	0.6	β -LSL	0.1	β -OOL	0.3
β -SPL	0.1	β -LPL	0.2	LLL	6.7
β -PPL	0.7	β -SOL	0.9	β -LLO	1.3
β -SOS	0.1	β -SLO	0.4	β -LOL	1.4
β -SOP	1.8	β -SLL	4.2		
β -POP	5.9	β -POO	0.6		

이 때 불포화산, 특히 리놀레산은 글리세롤에 있는 2급 히드록시기 위치로 에스테르화 되는 것으로 나타났다. 표6-7과 같이Coleman과 Van der Wal의 1,3-random-2-random 분포 가설을 기반으로 하여, Foistar는 커피 오일의 트리글리세라이드 조성에 대해 계산했다. 계산된 구성과 GLC를 이용해 측정해 얻은 탄소수에 따라 트리글리세라이드 조성이 거의 일치하는 것을 알 수 있었다.

2.5 디테르펜

커피 오일의 불검화물에서 가장 두드러진 것은 디테르펜 알코올 카페스톨(1)과 더 낮은 농도에서는 카와웰(2)(kahweol)이다.

(1)　　　　　　　　　　　　**(2)**

이 물질들의 구조에 대해서는 Djerassi 외 Haworth 연구가들이 연구했다. 커피 오일에서 카페스톨과 카와웰은 주로 지방산과 함께 모노 에스테르의 형태로 나타나며 C-16에서 1차 히드록시 그룹만 에스테르화 된다. 디페르펜 알코올 에스테르의 지방산 조성은 2.3장 에서 이미 언급한 바 있다. 카와웰은 산, 열, 빛에 민감하며 정제된 상태에서는 불안정하다.

Kaufmann과 Hamsagar는 종이와 컬럼 크로마토그래피를 이용해 디테르펜 알코올과 에스테르를 분리하는 자세한 과정에 대해 보고했다. 카페스톨의 분리 과정은 이 섹션의 끝 부분에 나와있다. Kaufmann과 Schickel에 의하면, 로스팅 과정에서 유리 디테르펜 뿐만 아니라 디테르펜 알코올 에스테르의 함량도 감소한다고 한다. 카와웰과 KI-아세트산 사이의 반응은 열을 가하면 파란색을 띤다. 이 반응은 로부스타 커피에서는 나타나지 않기 때문에 이를 이용해 로부스타와 아라비카를 구별할 수 있는 방법으로 제안되기도 하였다.

최근에 카와웰, 카와웰 팔미트산염, 카와웰 아세테이트, 그리고 카페스톨, 카페스톨 아세테이트, 카페스톨 팔미트산염이 쥐의 위안에서 글루타티온-5-이동 활성의 유도체라는 것이 밝혀졌다. 이 효소 시스템은 특정 화학 발암물질의 결합을 촉진시키는 해독 시스템으로 여겨진다. 디테르펜 알코올은 abiet-15-en-13β, 19-diol로 제안되며 kaur-16-en-19-ol(Ⅲ)라고 확인되었다.

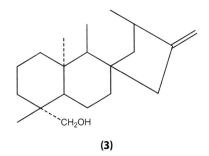

(3)

커피에서 발견되는 또다른 중요한 테르펜 유도체 그룹은 디테르펜 글리코시드이다. 이 물질에 대해 Spiteller와 동료들이 큰 관심을 보였으며, 주로 물질의 잠재적인 독성에 초점을 맞추었다. 또한 이 물질이 아라비카 커피에서 더 많이 발견되었다는 것(20-100 mg/kg)을 알아내었다. 그러나 이 복합 물질들은 물과 메탄올에서 잘 용해되므로 완전한 지질 성분은 아니다.

2.5.1 커피 오일로부터 카페스톨 분리하기

200g의 커피 오일을 질소 아래에서 10% KOH-에탄올을 넣은 물 1리터를 이용해 비누화 시킨다. 진공 증발기를 이용해 에탄올을 제거한 뒤 물 1.75리터와 무과산화물 에테르 1.5리터를 잔류물에 첨가하였다. 여과기에서 12시간 동안 추출한 뒤 에테르 용액을 중성이 될 때까지 물로 세척하고, 그 후에 Na_2SO_4를 이용해 건조 시킨다. 그 다음, 500ml가 남을 때까지 에테르를 제거하고 1리터의 석유 에테르(35~45℃) 추가한다. 냉장고에서 냉각 시키면 황색의 결정을 얻을 수 있는데, 이것은 에테르로부터 두 번 재결정화 된 것이다. 이 결정은 카페스톨과 카와웰(b.p. 158-160℃)의 혼합물이다. 카와웰은 에탄올 1리터 안에서 결정을 용해시키고 나트륨 80g을 첨가함으로써 카페스톨로 환원된다. 그런 다음 물을 첨가하고 이 용액을 에테르를 이용해 추출시킨다. 에테르 층은 물로 씻겨나가고 Na_2SO_4를 이용해 건조시키면 용매은 제거된다. 에테르로부터 재결정화된 이후에는 무색의 바늘 모양의 물질을 얻게 된다. 여기서 제거단계를 계속 반복

할 것을 권장한다. 그리고 마침내 4.5g의 카페스톨을 얻을 수 있다.

2.6 스테롤

스테롤은 유리 형태와 에스테르화 형 모두에서 발견되었다. 스테롤 분율의 92.7%를 구성하는 4- desmethylsterol은 스티그마스타놀(7), 캄페스타놀(8), 콜레스테롤(9), 콜레스타놀(10)의 미량원소뿐만 아니라 스티그마슬레롤(4), 시토스테롤(5), 캄페스테롤(6)로 구성되어 있는 것으로 나타났다. 4,4-디메틸스테롤(스테롤 분율의 5.1%)을 조사한 결과 싸이클레아르테놀(11)과 24-raethylenecycloartenol(12)이 확인되었다. 마침내, 4-메틸스테롤(스테롤 분율의 2%)이 시트로스타디엔올(13), 24-methyienelophenol(14), cycloeucalenol(15), obtusifoliol(16)과 미량의 4α,24R-dimethyl-5α-cholest-8-en-3β-ol(17), 4α, 24R-dimethyl-5α-cholest-7-en-3β-ol(18), 4α-methyl-5α-stigmast-7-en-3β-ol(19)으로 구성되어있는 것으로 밝혀졌다. 주요 스테롤은 4,5,6,9,11,12,13,14 그리고 16 시토스테롤(스테롤 분율의 53~54%), 스티그마스테롤(스테롤 분율의 20~22%), 캄페스테롤(스테롤 분류의 18~19%)이다. 라노스테롤이나 디하이드로라노스테롤이나 '카페아스테롤(Kaufmann과 Sen Gupta의 보고에 의함)'의 존재는 확인되지 않았다. Tiscornia 등은 커피 오일 스테롤의 질적 조성이 커피의 지리학적 원산지와 무관하다고 보고했다.

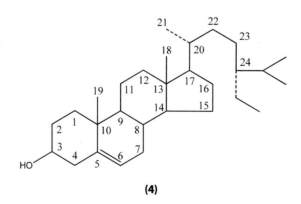

(4)

(5)

(6)

(7)

(8)

(9)

(10)

(11)

(12)

(13)

(14)

(15)

(16)

(17)

(18)

(19)

2.7 토코페롤

Folstar 등은 커피 오일에 α-토코페롤(20)과 (β+γ)-토코페롤(21)의 존재에 대해 보고했다. 토코페롤 함량의 예는 아래 표6-8에 나와있다.

$R^1 = R^2 = R^3 = CH_3$ α-토코페롤   (20)

(21)

$R^1 = R^3 = CH_3; R^2 = H$ β-토코페롤

$R^1 = H; R^2 = R^3 = CH_3$ γ-토코페롤

TLC와 GLC는 β-와 γ-토코페롤을 완전히 분리하지 못했기 때문에 저자들은 이 화합물을 하나의 그룹으로 여겼다. 상대적으로 높은 (β+γ)-토코페롤의 함량이 α-토코페롤보다 훨씬 우수한 항산화제 활성을 나타내기 때문에 특히 더 중요하다고 제안되었다. 커피 오일에 있는 토코페롤을 정량하는 방법은 Folstar가 제시하였다.

2.8 다른 물질들

Kaufmann과 Sen Gupta는 커피 오일의 한 불검화 부분에서 스쿠알렌(22)을 확인했으며, 예전에 Neu가 발견한 n-nonacosane의 존재를 확인했다. 스쿠알렌의 존재는 또한 Folstar에 의해 확인되었다.

(22)

표 6-8 원산지가 다른 생두 오일 의 토코페롤농도 백분율

(Folstar 외 데이터)

샘플	오일 (%)	$\alpha-$ 토코페롤	$(\beta+\gamma)-$ 토코페롤
콜럼비아 산 아라비카 신선한, 습식 공정	15.98	140	465
콜럼비아 산 아라비카 5년 됨, 습식 공정	15.73	132	355
산토스 산 3 년 됨, 건식 공정	15.47	89	334
아이보리 코스트 산 로부스타 1-2 년 됨, 건식 공정	11.23	191	252

표 6-9 커피 왁스[a] 및 왁스가 없는 오일 의 탄화수소의 조성(%)

체인 길이	커피 왁스	왁스가 없는 오일
16	2.4	4.5
17	8.8	8.2
18	9.3	11.2
19	6.4	8.6
20	4.3	7.5
21	9.5	12.0
22	2.2	5.6
23	1.9	5.6
24	3.0	4.5
25	5.2	3.7
26	2.0	4.5

27	6.0	4.5
28	12.8	15.0
29	26.2	4.5
30	거의 없는	거의 없는
31	거의 없는	거의 없는

또한 무왁스 커피 오일에 있는 일련의 홀수/짝수의 알칸 체인 길이에 대해서도 설명했다. 표6-9에 탄화수소의 조성에 대해 나와있다.

3. 커피왁스

대부분의 식물성 왁스와 마찬가지로, 생두의 표면 왁스는 클로로폼이나 디클로로메탄과 같은 유기용제에 쉽게 용해된다. Schuette 등은 0.24%의 왁스를 찾아냈다. 이후에 표면 왁스의 양이 0.2~0.3% 사이라는 것이 확인되었다. Folstar는 커피 왁스의 37%가 석유 에테르에 용해되는 반면, 나머지 63%는 석유 에테르에 불용성인 것으로 나타냈다. 석유 에테르에 용해되는 왁스의 조성은 지방산을 제외한 포화탄화수소의 양은 중요하지 않지만 커피 오일의 구성과 대체로 동일했다.

카페인을 제외하고, 석유 에테르에 용해되지 않는 왁스 부분은 주로 페놀성 물질을 포함한다. 실리카겔과 AI_2O_3의 컬럼을 이용해 석유 에테르에 용해되지 않는 물질을 분류할 때 이 물질들이 컬럼 물질과 불안정하기 때문에 어렵다. 불안정성은 컬럼에 물질을 넣기 전에 아세틸화를 해줌으로써 줄일 수 있다. 이렇게 함으로써 Harms와 Wurziger는 용매로써 클로로폼을 사용하는 Florisil 컬럼 크로마토그래피에 의해 아세틸 유도체로써 주요 커피 왁스 성분을 분리하는데 성공했다. 구조적 분석에 의하면 5-hydroxytryptamine와 아라킨산(n=18)(24), 베헨산(n=20)(25) 또는 리그노세릭산(n=22)(26)의 1차 아미노그룹의 혼합으로부터 유도된 3가지 복합물질이 12:12:1의 비율(C-5-HT)로 존재한다는 것을 암시한다.

Folstar 등은 커피 왁스에서 석유 에테르에 불용성인 부분을 분리해냈는데, 이 때 폴리아미드 컬럼과 기울기 용리를 이용하여 선행 유도체화를 하지 않고 분리해냈다고 보고했다. 이것을 위해 이 연구 팀은 통 유리로 된 기울기 혼합기(그라디언트 믹서)를 개발했다. 분리 패턴은 그림6-1에 나와있다. A 부분은 카페인이고 B부분은 C-5-HT이다. 역상 컬럼에서 HPLC를 사용함으로써, C-5-HT는 3가지 동족체로 분리된다. 아라비카 커피뿐만 아니라 로브스타 커피에 대한 3가지 동족체의 비율이 확립되었다. Folstar 와 협력 연구가들이 이 동족체외에도 N_β-stearoyl-5-hydroxytryptamine의 존재에 대해서도 보고했다.

(23)	R = CH_3;	$n = 16$
(24)	R = CH_3;	$n = 18$
(25)	R = CH_3;	$n = 20$
(26)	R = CH_3;	$n = 22$
(27)	R = CH_2OH;	$n = 18$
(28)	R = CH_2OH;	$n = 20$

Folstar와 협력 연구가들에 의하면, C 부분은 N_β-(20-hydroxy-arachidoyl)-5-hydroxytryptamine(27) 과 N_β-(22-hydroxybehenoyl)-5-hydroxytryptamine(28) 를 가지고 있다. 이 화합물들은 역상 컬럼에서 예비 HPLC와 이동상으로써 methanol-acetonitrile(4:1, v/v)를 이용하여 C부분으로부터 분리되었다. 아세톤으로 재결정화 한 후 (27)은 122.9~123.5℃ 에서 용융되었으며, 반면에 (28)는 127.0~127.5℃ 에서 용융되었다. 이 구조는 질량 스펙트럼, IR, UV, ^{1}H-NMR 스펙트럼을 기초하여 설명될 수 있다. D와 E 부분은

---

1) 각주내용

조사되지 않았다.

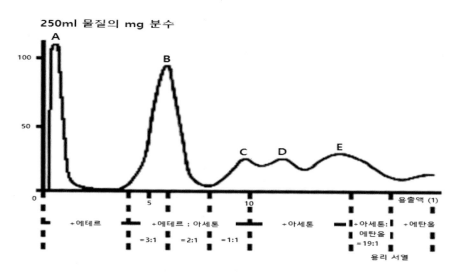

그림 6-1 연속 용매 구배로 용리 된 폴리 아미드 컬럼상의 커피 왁스 중 석유 에테르 불용성
물질의 분획 화.

Harms와 Wurziger는 C-5-HT의 정량 방법을 보고했다. 이 과정은 감압
하에서 그라인딩한 커피를 메탄올로 추출하고, 컬럼 크로마토그래피를 이
용한 정제, Na_2CO_3-세립 실리카겔 G 플레이트 용액의 박층 크로마토그래
피, 클로로폼-에탄올(96%) (9:1, v/v)을 용매로 사용, 2,6-dichloroquinone-4-
chlorimide 용액으로 분산 등의 과정이 포함되어 있다. 시약과 C-5-HT사
이의 환원에 기인한 파란색 띠를 긁어내어, 흡착제에 용리시키고 580 nm
에서 측정한다. 이 방식으로 500-1000ppm C-5-HT는 생두의 여러 가지
샘플로부터 발견되었다.

표 6-10 생두 중 C-5-HT 동족체의 백분율

커피 타입	샘플번호.	% C_{20} -5-HT	% C_{22} -5-HT	% C_{24} -5-HT
아라비카	15	31.3±6.2	58.1±6.2	10.7±2.8
로부스타	3	38.1±2.4	49.4±0.5	12.5±2.0

아라비카와 로부스타 커피 사이에는 큰 차이가 발견되지 않았다. C-5-HT의 실질적인 감소는 디카페인화된 커피에서도 찾아볼 수 있었다. 이 방법을 Kummer와 Biirgin, Culmsee, Hubert와 협력 연구가들, Van der Stegen과 Noomen이 수정해서 보고했다. 저자들의 이름이 붙여진 방법들에 대해서는 아래에 나열해 놓았다. Hunziger와 Miserez는 HPLC를 기반으로 한 방법을 소개했다.

C-5-HT는 로스팅 과정에서 부분적으로 분해된다. Van der Stegen은 22% 감소한다고 보고했다. 또한 그는 C-5-HT가 커피를 내리는 과정에서 거의 추출되지 않는 다는 것을 알아냈다.

Viani와 Horman은 C-5-HT의 열분해 경로에 대해 제안했다. 그들은 GC-MS 시스템과 연결된 컬럼에서 순수한 C_{22}-5-HT의 열분해에서 관찰한 내용을 기반으로 한다. 분해 산물들은 일련의 알킬인돌과 알킬인데인이다. Foistar 등은 C-5-HT의 분해 과정을 열분해를 이용해 알아냈다. 분해 산물로는 n-알칸, n-alkanenitrile, n-alkaneacidamide의 시리즈를 비롯하여 5-hydroxyindole와 3-methyl-5-hydroxyindole이 있는 것을 확인했다. 로스팅 커피에 있는 5-hydroxyindole의 수준는 로스팅 하기 전에 함유된 C-5-HT의 양과 관계가 있는 것으로 밝혀졌다.

3.1 생두와 로스팅 커피에 있는 C-5-HT 함량 측정

10g의 그라인딩한 생두를 200ml의 메틸에틸케톤-물로 Soxhelt에서 3시간 동안 추출하고 시간당 5번 사이퍼닝으로 추출한다. 로스팅 커피의 경우에는 메틸에틸케톤만 100% 사용한다. Soxhlet는 사용하기 전에 질소로 세척해준다. 추출 후에 용매는 회전 증발기에서 40°C, 15 mmHg의 압력으로 증발시킨다. 증발기도 사용 전에 질소로 세척해주어야 한다.

건조 잔류물은 탈기된 톨루엔-메탄올(1:1, v/v) 20.0ml로 즉시 용해 시킨다. 용액은 8.5g의 활성화 Al_2O_3 컬럼(톨루엔-메탄올로 용리됨)을 이용하여 정제된다. 용리액의 처음 20.0ml를 분석에 사용된다. 용리액의 10μl 정도의 양은 실리카겔 TLC 플레이트에 N$_\beta$-behenoyl-5-hydroxytryptamine과 함께 놓이게 된다.

이 플레이트는 에틸아세테이트- 톨루엔을 사용하여 현상한 후 질소 하에서 건조시킨다. 건조된 플레이트는 Gibbs 시약 용액(1리터의 석유 에테르에 0.5g 2.6-dichloroquinone-4-chlorimide, 40~60℃)에 2분 동안 담가둔다. 질소하에서 건조시키면 약 30분 동안 색이 생긴다. 샘플 소량에 대한 강도는 농도계를 이용해 측정된다.

휘발성분

제7장

1. 서론

    시각, 촉각, 청각이 후각이나 미각과 상호작용 하지만, 풍미는 기본적으로 후각과 미각으로 알아낸다. 미각은 쓴 맛, 짠 맛, 신 맛, 단 맛(아마도, 톡쏘는 듯한 비누 및 글루탐산 나트륨같은) 이렇게 네 가지로 간단하게 이루어져 있는 반면에 후각의 양상에 대해서는 아직 논의될 부분이 많으며 Harper 등은 현재까지 나온 44개의 특징에 대해 잘 정리해놓았다.

    물질이 맛을 느끼게 하기 위해서는 혀에 있는 미뢰와 물질이 접촉해야 한다. 이 사실은 침에 녹을 수 있다는 것을 전제로 한다. 물질이 냄새를 느끼게 하기 위해서는 비강보다 더 위쪽에 위치한 후각 상피 안에 있는 수용체와 접촉해야 한다. 이것은 휘발성을 전제로 하지만, 휘발성 자체만으로는 충분하지 않다. 휘발성 물질은 냄새의 범위가 0에서부터 2억분의 1까지 넓으며, 이 안에는 수용성 용액과 그 이상 수증기에서까지 감지될 수 있는 범위가 포함되어 있다.

    그러므로 식품의 냄새를 이해하기 위해서는 휘발성 성분 및 정성, 정량적으로 알아둘 필요가 있다. 구성이 냄새에 어떤 영향을 주는지를 알아내기 위해서는 주로 역치를 기반으로 둔 심리-물리적 요인을 필요로 한다

(예: 냄새의 일련번호를 사용하는데 이것은 냄새의 농도를 동일한 매질에서 검출 임계 값으로 나눈 것). 비록 이론상으로 정의되지 않더라도 냄새의 일련번호를 사용하는 것은 도움이 된다.

이 장에서는 커피에 있는 휘발성 물질에 대한 설명과 생두의 향, 그리고 그것이 커피를 로스팅하는 과정과 음료로 만드는 과정에 대해 알아볼 것이다. 주로 냄새의 질과 물질의 효능이 강조될 것이지만, 우선 물질들을 분리하고 확인하는 작업에 대해 알아볼 필요가 있다.

2. 방법론

2.1 서론

커피 휘발성 물질을 분석하는 것은 일반적으로 휘발성 부분을 분리하고, 혼합물을 하나씩 분리하고 검출한 뒤 측정하여 확인하는 작업을 수반한다. 적용할 수 있는 여러 가지 방법 중에서 2가지 방법이 일반적으로 쓰인다. (1) 헤드스페이스 방법(headspace method)과 (2) 수용 증류액의 용매추출에 의한 증류가 있다.

컬럼 크로마토그래피나 HPLC에 의한 부분적인 사전 분류가 사용하기도 하지만 분리는 주로 가스 크로마토그래피를 사용한다. 또한 GC로부터 용출된 성분들을 검출할 때 일반적으로 FID를 사용하지만 NPD와 FPD를 포함한 특정 검출기가 커피 휘발성 물질에 널리 사용된다. 잠정적인 확인 작업에는 기준 화합물의 주입과 체류시간의 비교에 의해 이뤄질 수 있지만, GC-MS가 쓰이며, IR이나 NMR은 많이 쓰이지 않는다.

2.2 헤드 스페이스 방법

헤드 스페이스 분석은 관심 있는 식품 매트릭스와 평형을 이루거나 바로 위에 있는 증기상을 샘플링하는 과정을 포함한다. 이것은 헤드 스페이스를 직접적으로 샘플링 하거나 예를 들어 흡착제에 헤드 스페이스를 농축 시켜서 얻을 수 있다. 이러한 방법들은 인공 증류의 기회가 거의 없기 때문에 고전적인 증류 방법들 보다 더 빠르고, 간단하고, 재현성이 높으며, '진정한' 향 프로파일을 얻을 수 있다는 장점들이 있다. 그러나 이 방법과 관련된 문제도 있다. 헤드 스페이스 샘플이 평형을 이루었다는 것을 숙지하고, 헤드 스페이스로의 휘발성 물질의 방출이 열적/기계적 전처리에 영향을 받을 수 있다는 것도 알아야 한다. 그럼에도 불구하고, 식품의 향을 결정하는 특정 물질에 대한 상대적인 중요성을 다루거나 식품 및 식품 자체의 휘발성 물질을 샘플링 하기 때문에 가공이나 저장 과정에서 일어나는 변화에 대비하기에 가장 좋은 방법이다. 그러나 고비점 휘발성 물질의 경우, 농도가 비교적 낮기 때문에 더 많은 분석을 위해 대량의 휘발성 물질을 얻는 방법으로는 적합하지 않을 수도 있다. 흡착제를 사용한 농축 기술은 이러한 문제를 해결하는데 많은 도움을 주었다.

2.2.1 직접 헤드 스페이스 분석

Heins 외 학자들은 초기에 드라이 아이스로 냉각시킨 캐필러리 컬럼(capiilary column)에 직접 10ml의 증기를 주입하여 로스팅 커피의 휘발성 물질을 연구했다. 샘플은 공기 및 비응축 가스가 용출될 때까지 질량 분석기로부터 분리된 컬럼에 천천히 주입된다. 그 후 GC-MS를 사용한 일반 확인 절차를 행한다. 여기서 가장 큰 문제는 얼음이 컬럼을 막는다는 것이다. 그러나 이런 방식으로 모세관 컬럼이 과부하(overloading) 되는 위험 없이 사용될 수 있었다. 일반적으로 5~10ml와 같이 많은 양의 시료가 필요한 경우 모세관 컬럼을 사용할 수 없다. 충진된 컬럼은 더 적은 분해능을 제공 하지만 많은 양을 처리할 수 있다. 최근에 용융 실리카 컬럼과 결합상을 포함한 모세관 컬럼의 발전으로 과부하 없이도 많은 양의 샘플을 주입할 수 있게 되었다.

Sakane 외 학자들은 2- 부탄올을 내부 표준 물질로 첨가하여 분쇄 커피의 헤드 스페이스 프로파일을 연구했다. 헤드 스페이스는 90분 동안 균형을 이룬 뒤 주입되었다. 그리고 표준 첨가량과 결과의 피크 넓이 사이의 관계가 밝혀졌다. 커피가 표준 양의 6% 정도를 흡수하는 것으로 나타났다.

로스팅 커피과 블렌딩 커피의 변화 효과에 관해서는 Merritt과 Robertson이 연구하였다. 커피 캔상단을 통해 주사 바늘을 이용해 채취한 헤드 스페이스는 액체 질소를 이용해 냉각시킨 비워진 트랩으로 옮겨졌다. 그런 다음 밸브 장치가 샘플이 헬륨의 도움을 받아 GC로 직접적으로 유입할 수 있게 해준다. 헤드 스페이스는 알데하이드, 켄톤, 메틸 에스테르, 알코올을 포함해 56개의 휘발 물질을 포함하는 것으로 나타났다.

생두와 로스팅 커피에 관한 Merritt과 협력 연구가들의 유사 연구에서 헤드 스페이스가 위에서 설명한 대로 차가운 트랩으로 쓸려갔다. 헤드 스페이스를 샘플링한 후 진공 증류로 얻은 결과와 함께 90개 이상의 휘발성 물질이 확인되었다. 생두와 로스팅 커피 모두에서 주목할만한 양의 지방족 탄화수소(aliphatic hydrocarbon)가 존재했다.

Mackay 외 학자들은 헤드 스페이스 5ml를 차가운 트랩 없이 샘플 용기에서 충진된 GC 컬럼으로 곧바로 옮겼다. 분쇄 커피의 헤드 스페이스 프로파일은 동일한 커피를 내렸을 때의 결과와 매우 다르다라는 것을 보여준다. 5ml보다 큰 용적은 크로마토그램을 왜곡시키는 경향이 있다. Rodel과 협력 연구가들은 직접 헤드 스페이스 분석을 포함해 휘발성 물질을 분리하는 여러 가지 방법들을 비교했다. 여기에는 5ml의 샘플을 충진된 컬럼에 주입한 다음 내린 커피 (100ml에 10g) 또는 분쇄 커피를 섭씨 85도에서 30분 동안 유지시키는 과정이 포함되어 있다. 이 방법이 다른 과정들보다 더 빠르고 간단한 것으로 밝혀졌다.

Reymond 외 학자들은 커피의 휘발성 물질이 저장 시 어떻게 변하는 지를 알아보았다. 헬륨을 물에 머물러있는 분쇄커피를 통해 통과시키면 휘발성 물질이 섭씨 80도에서 붙잡혀있는다. 물은 글리세롤을 이용해 제거되고, GC를 이용해 분리한다. 휘발성 물질로는 알데하이드, 켄톤, 메틸에스테르 등이 포함된다. 저장 과정에서 메틸퓨란 농도가 빠르게 줄어들며, 메틸퓨란/2-부탄올의 비율이 4일 이내에 2.6에서 0.1로 줄어드는데, 이 것이 '신선도'를 알 수 있는 지표가 된다.

Andrawes와 Gibson은 아라비카와 로부스타 커피의 휘발성 물질을 헬륨 이온화 감지기를 사용해 직접 헤드 스페이스 분석법으로 연구했다. 이 검출기는 FID보다 더 민감하지만, 물에 더 잘 반응하기 때문이다. 그러나 물 이전에 용출되는 휘발성 물질은 사용하기에는 한계가 있다. 그러나 두 품종 간의 양적 차이가 명확하게 나타난다.

Gagliardi와 Verga는 생두와 로스팅 커피의 향 프로파일에 대해 자동 헤드 스페이스 샘플러를 이용해 연구했다. 이 장치는 모든 컬럼 종류에 관해 사용할 수 있도록 설계되었는데, 분해한 상태나 분해 하지 않은 상태에서 주입이 가능하며 샘플 양은 0-1 μl에서 2.5ml까지 가능하다. GC 용출액은 FID, FPD, EDC 이렇게 세 개의 감지기로 나뉘어졌다. 직접 헤드 스페이스 분석은 방법이 간단하고 빠르며 샘플을 손실할 위험이 적기 때문에 사전 농축 방법에 적합한 것으로 나타났다. 증류나 흡착제에 관한 농축 과정에서 휘발성 물질을 손실하는 문제가 실제로 일어날 수 있으며, 인공 물질 형성의 추가 어려움이 종종 있다. 섭씨 15도에서 시작하도록 입력된 프로그램과 직접 헤드 스페이스 분석법을 함께 사용함으로써, 저자들은 방해 용매의 문제 없이도 끓는 점이 매우 낮은 성분들을 분리해낼 수 있었다.

직접 헤드 스페이스 분석법은 Petersen과 Lorentzen에 의해 가용성 커피 공정에서 휘발성 유지에 관한 동결건조 매개변수들의 연구에서 사용했다. 헤드 스페이스 증기가 평형 이후에 직접적으로 주입되었으며, 위에 표준 물질의 주입으로 인해 시험적으로 피크들이 확인되었다. 알데하이드, 켄톤, 알코올이 휘발성 부류에 풍부하게 있었으며 천천히 동결시키는 것이 최대 휘발성 유지를 하는 것을 밝혀졌다.

Labows와 Shushan은 새로운 기술을 설명했다. 헤드 스페이스 샘플은 물질을 분리하고 구조 측정에 성취하기 위해 직렬로 사용되는 2개 중 제 1 질량 분광계의 대기압 화학적 이온화 방에 직접적으로 유입된다. 이 시스템은 알려져 있는 향미 또는 이취류 화합물에 대한 제품의 검사에 가장 유용하다.

2.2.2 흡착을 이용한 헤드 스페이스 농축

식품에 관한 이전의 연구들은 흡착제로 활성탄을 사용하는 경향이 있었지만, 현재는 Tenax GC 오와 Porapak Q같은 다공성 폴리머가 많이 쓰인다.

일반적으로 샘플 헤드 스페이스는 흡착제를 그냥 통과한다. 흡착 자체가 열을 방출하기 때문에 온도를 낮게 해주는 것이 좋지만 헤드 스페이스의 구성을 염두하고 적용해야만 한다. 탈착은 여러 가지 방법으로 이루어질 수 있는데, 여기에는 승온, 감압, 용매 추출과 치환등이 포함된다. 샘플을 고온에서나 용매를 이용하지 않고도 농도가 높은 샘플을 얻을 수 있다는 것이 장점이다. 그러나 선별적이고, 불완전 또는 비가역적 흡착, 불완전한 탈착 및 인공물질 형성 등으로 인해 문제가 생길 수 있다. Hachenburg와 Schmidt는 이와 같이 많은 노력과 시간을 투자해야 하는 농축 과정은 오류를 내기 쉬우며, 정량화 하기 어렵다고 말했다. 그러나 이 기술은 휘발성 물질의 농도가 직접 헤드 스페이스 분석을 사용하기에 너무 낮을 경우에는 매우 유용하다고 했다. 가장 흔히 사용 되는 흡착제인 목탄, Tenax GC, Porapak Q에 대해서는 이 다음에 계속해서 알아보기로 하겠다.

2.2.2.1 목탄

목탄은 매우 강력한 흡착제이며, 주로 휘발성 물질을 농축하기 위해서는 헤드 스페이스 몇 리터 당 소량(2~3mg)만이 필요하다. 목탄은 완전한 화학적 및 열적으로 안정성을 가지며, 다양한 식료품을 분석에 사용된다. 그러나 흡착특성들은 목탄 종류변화에 따라 다르며, 농도가 이용가능한 활성 자리 수에 비해 낮은 경우에는 불완전 탈착이 일어날 수도 있다는 단점이 있다. 그것은 어느 정도 선택성을 띄며 더 높은 동족체들이 낮은 동족체들보다 더 빠르게 흡착되는 경향이 있다. 쉽게 산화되는 화합물은 목탄 흡착 중에 그렇게 될지도 모르며 동시에 흡착되는 알코올, 알데하이드 아세탈 형성이 일어났다고 보고되었다.

2.2.2.2 다공성 고분자

1966년 Hollis가 다공성 고분자가 컬럼 충진을 위해 사용되었을 때, 식품 향 분석에 관해 설명하였다. 현재 다공성 고분자는 헤드 스페이스 분석에서 흡착제로 흔히 쓰인다. Tenax GC와 Porapak Q가 가장 많이 쓰이며, 이들에 관해서는 뒤에 더 자세히 알아볼 것이다. Chromosorbs 와 Porasil과 같은 기타 항목들은 포함되지 않았다.

(a) Tenax GC는 2,6-diphenyl-p-phenylene 산화물의 고분자이다. 내열성이 있으며 불활성이고 쉽게 재생된다. 낮은 흡착력과 함께 소수성의 성질을 갖고 있기 때문에 상대적으로 높은 끓는 점을 가진 화합물들의 열 탈착이 가능하도록 한다. 열 탈착은 주로 Tenax GC 튜브에 변형된 GC 인젝터를 통해 흐르는 불활성기체와 함께 직접적으로 주입됨에 따라 성취된다. GC 컬럼의 만곡부(LOOF)는 섭씨 60도까지 온도가 낮춰지며 휘발성 물질들은 탈착되고, Tenax GC가 섭씨 150도까지 가열되면서 컬럼의 냉각된 부분에 좁은 띠를 형성하게 된다.

Tenax GC는 커피 휘발성 물질 분석을 위한 여러 가지 연구에 쓰였으며, 그 중 몇 가지에 대해 알아보자.

Cros 외 학자들은 Tenax GC를 이용해 로스팅 커피 300mg에서 헤드 스페이스 휘발성 물질을 포집했으며, 그 후에 위에 언급한 열 탈착을 사용했다. 가장 흔한 프로필은 표7-1에 나와있으며 모세관 SCOT, WCOT 컬럼, GC-MS를 이용해 모든 피크가 확인되었다. 저자들은 동일한 기술을 일반 생두와 '냄새가 나는' 생두 연구에 사용하였으며, 이 방법이 휘발성 물질을 잘 보유하고 빠르고 간단하며 재현성이 있다는 것을 발견했다.

Gutmann과 협력 연구가들은 커피의 두 가지 주류종인 아라비카와 로부스타의 향 프로파일을 새로운 잡종 아라비카와 비교했으며, 이 때 열 탈착 방식으로 Tenax GC를 이용한 농축을 이용했다. 아라비카와 아라부스타의 프로파일은 비슷하게 나왔지만 로부스타는 훨씬 많은 피크들이 나왔다.

Nurok과 협력 연구가들은 아라비카와 로부스타의 황 휘발성 물질에 대해 Tenax GC를 이용해 연구했다. 분쇄 커피와 내린 커피 두 종류에서 나온 휘발성 물질이 분리되었으며 FPD를 이용해 분석했다. 두 종류의 확연한 질적 차이가 있었으며, 이 방법이 아라비카와 로부스타가 섞여있는 지를 구분 할 수 있었다. Tenax GC는 소수성의 성질 때문에 내린 커피의 분석에 더 적합하다고 알려져 있다.

Wang과 협력 연구가들은 로스팅 커피와 인스턴트 커피의 휘발성 물질을 확인하고, 저장 과정에서 일어나는 변화를 알아보기 위해 Tenax GC를 사용했다. 51가지의 복합 물질이 GC-MS를 통해 확인되었으며 여기에는 카르보닐기, 퓨란, 에스테르, 페놀, 피롤, 피라진이 포함되어있다. 황 휘발성 물질은 FPD를 통해 감지되었지만, dimethyl disulphide와 2- 또는 3-methylthiophene을 제외하고는 확인을 하기에 너무 낮은 양의 농도로 존재한다.

가장 최근에 Libardon과 Ott가 다변량 통계를 커피 헤드 스페이스 휘발성 물질의 분류에 사용했으며, 이것은 Tenax GC에서 흡착, 열 탈착, 그리고 유리 모세관 크로마토그래피를 통해 분석되었다. 크로마토그래피는 마이크로프로세서로 제어되며 자료는 실험실 자료 시스템으로 다뤄졌다. 55개의 크로마토그램은 3가지의 다른 종류의 원두를 5개의 로스팅 정도에 관해 얻을 수 있었다. 복제품에 대해 나온 피크 강도의 평균 변동 계수은 약 0.20이었다. 250개의 피크가 구별되었으며 그 중 66가지는 모두 55개의 크로마토그램로 존재했다. 이것은 컴퓨터 프로그램을 사용하였으며, 250개 모두를 수용할 수 없었다. 그 다음, 단계적 판별 분석은 15개의 커피를 분류하기 위해 모집을 선택 적용되었으며, 이 집단에 대해 표준 분석을 수행하여 19개의 변수를 이끌어냈다. 추가 조작으로 9가지 중 한 개를 선택할 수 있었고, 55개의 프로파일을 15개의 커피 카테고리로 90%의 성공률로 분류해낼 수 있었다. 변수를 두 배로 늘리자 성공률이 98%로 증가되었다.

(b)Porapak: 각각 다른 구조 및 적용법을 가진 여러 가지의 Porapak 고분자가 있다. 가장 흔히 쓰이는 Porapak Q는 ethylvinylbenzene-divinylbenzene 공중합체이다. 다공성 구슬의 형태로 이루어져 있으며 Tenax GC와 매우 흡사한 방법으로 사용된다.

Noomen은 로스팅 커피에 있는 황 휘발성 물질을 샘플 병에서 얻은 500ml 헤드 스페이스를 Porapak Q 트랩으로 휩쓸어서 연구했고, 황 휘발성의 불안정한 성질때문에 전체 유리 시스템과 낮은 온도를 사용하였다. 피크 넓이 비율을 이용하여 스틸링 지수가 설정되었고 이것은 감각기의 평가와 상관관계가 있는 것으로 나타났다.

Tassan과 Russell은 1시간 동안 100ml/분의 질소 유속으로 유사방법을 사용했다. 트랩은 열 탈착 되었고, GC 용출액은 폐수 분열기을 이용하여 측정되었다. 로스팅 커피의 향 프로파일이 버터향, 진흙향, 흙향, 채소향, 꽃향을 포함하여 다양한 향 품질의 영역으로 나눠질 수 있다.

Vitzthum과 Werkhoff는 Porapak Q를 이용해 각각의 pH값의 에테르로 분리하여 중성 및 기본 부류로 나누기 이전에 로스팅 커피의 휘발성 물질을 농축시키는데 이용했다. 이렇게 함으로써 43개의 이종 고리 휘발성 물질이 처음으로 감지되었으며, 여기에는 옥사졸과 티아졸, 그 중 일부는 0.1 μg/kg의 농도로 존재하는 물질들이 포함된다.

열 탈착 과정에서는 높은 온도를 사용하기 때문에 인공 물질이 형성되는 문제가 발생한다. 한 예로, Cros 외 학자들은 섭씨 270도(tenax GC로부터)에서 탈착했으며 Gutmann은 섭씨 150를 사용했다. 온도가 높으면 추출 과정 없이도 빠르고 효과적인 탈착이 일어난다. 위의 두 가지 탈착 모두 높은 온도에서의 노출 또는 높은 반응성을 가진 수많은 휘발성 물질 과 결합된 용제 때문에 인공 물질을 형성할 것이다.

그럼에도 불구하고, 추출 과정에서 고온이나 용제에 장기간 노출되지 않아도 되기 때문에 헤드 스페이스 기술은 휘발성 물질 분석에 점점 많이 쓰이고 있는 추세이다. Badings와 de Jong은 퍼지와 트랩 탈착 시스템에 대해 설명했는데, 이것은 열탈착 과정에서의 휘발성 물질 분해로 인한 인공 물질 형성의 문제를 제거해주며, 커피의 헤드 스페이스 분석에 적용할 만한 방법이다.

2.3 증류 기술

진공 또는 증기를 이용한 증류 기술은 식품의 휘발성 향 물질을 분리하는데 일반적으로 사용된다. 이 방법들은 헤드 스페이스 분석보다 더 복잡하고 시간이 오래 걸리며 열이나 용매에 노출되기 때문에 인공 물질을 형성할 수 있는 문제를 야기시킨다. 그러나 이런 단점에도 불구하고, 헤드 스페이스 방법이 휘발성 물질의 필요 농도를 얻을 수 없는 부분이 있기 때문에 유용하다.

증류를 사용할 때, 감압(따라서 온도)을 사용할 것인지 아니면 일반적으로 외부에서 생성되는 증기를 사용할 것인지를 결정해야 한다. 끓는 점이 높은 물질의 경우, 인공 물질을 형성이 적고, 과열을 제어하기 쉬우며, 증기 이동이 향상되므로 증기 증류가 바람직하다. 그리고 끓는 점이 낮은 물질에는 효과적인 응축이 가장 중요한 요소가 된다.

어떠한 단일 증류 기술도 불변의 휘발성 물질의 전체를 완벽히 분리해 낼 수 없을 것이다. 커피의 휘발성 물질 분리의 경우에는 다른 정도의 휘발성을 가진 많은 종류의 화합물들이 포함되어 이며, 여기에는 증기 또는 감압 또는 둘 다 증류에 사용된다. 증류액은 주로 휘발성 물질을 희석시킨 수성 용액이며 이것은 비극성 유기질 용매로 추출되고, 회전식 증발기 또는 분별 증류관을 이용해 건조, 농축된다. 농축 과정은 반드시 비선택적이어야 한다.

2.3.1 용매 선택

사용하는데 있어 위험하거나 독성을 지니고 있지 않고 상대적으로 비극성, 저비점, 불활성인 순도가 있는 비선택적인 용제를 고르는 것이 중요하다. 예를 들어 에테르-펜탄을 1:1, v/v 사용한다. 불완전한 추출, 추출물의 건조, 농축 과정에서의 샘플 손실, 용매가 샘플 피크를 혼란시키는 등의 문제가 일어날 수도 있다. 커피 휘발성 물질의 분석에 사용되는 증류 주요 유형들이 논의되며,

증기, 진공, 동시에 사용하는 증류-추출 과정에 대해서 알아볼 것이다.

2.3.2 증기 증류

Vitzthum와 Werkhoff는 증기 증류를 사용하였고, 이어서 porapak Q로 증류물을 흡착시키고 에테르로 용출시켰다. 용출액은 중립적인 부분과 염기성 부분으로 나누어 졌으며, GC와 GC-MS를 통해 분석되었다. 인돌, 퀴놀린, cycloaikylpyrazine이 염기성 부류에서 발견되었으며, 피롤과 퓨란은 중립적 부분에서 발견되었다. 압력이 있는 상태에서 초임계 이산화탄소를 이용한 추출 방법을 통해 비교 작업이 이루어졌다. 이산화탄소는 그 후에 저기압에서 휘발성 물질로부터 분리되었으며 재활용 되었다. 후자의 방법은 잔류물에 의한 오염, 또는 반응 생성물 또는 GC 분석 동안 휘발성 물질의 용제 가리움과 같은 용제와 연관된 기본적 문제점을 겪지 않기 때문에 바람직하다고 판명되었다.

이 방법들은 Vitzthu과 협력 연구가들이 생두와 연관된 별도 연구에서 사용하였으며, 거기서 특성화된 향은 주로 methoxypyrazine이 다량 함유되어 있기 때문이라고 밝혀졌다.

Rodel과 협력 연구가들은 디에틸 에테르-펜텐을 로스팅 커피의 증기 증류로부터 휘발성 물질을 추출해내기 위해 사용했다. 대체물로 사용된 불소화 추출제인 프레온 F11은 특별한 플라스크를 사용해야 한다.

Biggers 외 학자들은 로스팅 커피의 휘발성 물질을 분리할 때 압축 커피 오일의 진공 스트리핑 방법보다 증기 증류를 이용했다. 크로마토그램에서 비록 70피크 정도 밖에 얻을 수 없지만, 400피크 또는 봉우리와 비교하여 더 간단하고 빠르고 정확하고 효율적이기때문에 사용한다. 이 피크들은 매우 중요한 변수이며 로스트 정도에 상관없이 목적에 가장 효과적인 피크 높이 비율을 컴퓨터로 측정함에 따라 아라비카와 로부스타 커피를 구별하는데 사용되었다.

Stoffelsma 외 학자들은 분쇄 로스팅 커피의 휘발성 물질을 분리하는데 증기 증류를 사용하였으며, 냉각된 수용기에서 수성 증류액을 포집하고, 그 다음에 Vigreux 컬럼을 통해 재증류시킨다. 이 증류액은 강한 커피향을 가지고 있으며, 에테르를 이용해 추출하고 추출물을 GC에 의해 분리하기 전에 농축시킨다. 확인 작업은 적외선 분광법과 잔류 일치를 통해 이루어졌다.

두 번째 방법으로는 디클로로메탄이나 중립 용출액의 에테르를 이용한 계속적인 용매 추출 후에 증기 증류하는 방법이 있다. 추출액은 다른 증류 방법을 통해 3가지 부분으로 나눠지며, 각각은 회전형 밴드 컬럼을 통해 부분적으로 증류된다. 모든 증류는 질소 안에서 이루어지며, 분석은 그 전에 이루어진다.

2.3.3 진공 증류

Zlatkis와 Sivetz는 커피를 증기 증류와 에테르 추출에 이어 7개의 부류를 얻기 위해 진공증류를 사용했다. 이것은 후에 GC와 GC-MS를 이용해 분석되었다. 알데하이드, 케톤, 퓨란, 황화물, 에스테르가 확인되었다.

Gianturco 외 학자들은 향 복합 물질을 저온, 저기압, 커피 오일 스트리핑을 이용해 얻어냈으며, 원두를 압축,성형하여 제조작업을 했다. 휘발성 물질들은 GC를 통해 분리되었으며 고리형 디케톤, 퓨란, 피롤을 포함한 물질들은 질량 분석과 적외선 분광법으로 확인된다.

Reymond 외 학자들은 로스팅 커피의 휘발성 물질들을 진공 증류를 통해 20mm hg, 섭씨 45도에서 분류했으며, 휘발성 물질을 모으기 위해 차가운 트랩에 맞는 회전 증류기를 이용했다. 1시간 후 응축액이 혼합되며, 디클로로모탄으로 추출되고 건조된 뒤 Widmer 컬럼을 이용해 1ml로 농축된다. 이 농축액은 섭씨 50도에서 추가로 증발되어 에센스를 얻어낼 수 있었으며, 이 에센스의 향은 원래의 향과 비슷했다. 에센스는 충진된 GC로 분석되었고, 적외선 분광법을 통해 확인되었다. 진한 농도의 푸르푸랄, 5-메틸푸르푸랄, 푸르푸릴 알코올이 감지되었으며, 케톤, 페놀, 피라진도 상대적으로 많은 양이 존재했다.

고전적 연구에서 Stoll과 협력 연구가들은 로스팅 열매를 35~140 MPa (5000-20000 lb/in2), 섭씨 130도의 조건에서 분별 증류된 커피 오일을 추출했다. 그들은 회전 밴드 컬럼을 감소된 압력에서 사용했으며, 추가적으로 컬럼 크로마토그래피 및 GC 그리고 역류 분배(counter-current distribution) 이용해 분리했다. 묽은 황산으로 추출하여 얻은 염기성 화합물들은 Goldman과 협력 연구가들에 의해 검토되었다.

Rodel과 협력 연구가들은 커피의 휘발성 물질을 10g의 커피를 플라스크에 놓고 섭씨 50도에서 점차적으로 진공 상태(3×10^{-2} Torr)로 만들어가며 분리했다. 휘발성 물질들은 차가운 트랩에서 액체 질소를 사용하여 응결되었다. 3시간 후에 휘발성 물질들은 디에틸 에테르나 프레온 FI I를 이용해 추출되고, 건조된 뒤 Vigreux 컬럼을 이용해 부피를 감소시켰다. 이 과정은 몇가지 연구들 중 하나이며, 커피를 비교 할 때 증기 증류가 가장 선호되는 방식으로 알려져 있다.

2.3.4 동시 증류-추출물

Nickerson과 Likens의 방법을 따르면 동시 증류-추출물 과정은 Tressl과 협력 연구가들에 의해 커피 휘발성 물질을 분리하는데 쓰였다. 추출용 용매는 에테르-펜탄 혼합물이었으며, 추출물은 건조되고 Vigreux 컬럼을 이용해 0.1ml로 농축되었다. 샘플은 GC와 GC-MS를 이용해 측정되는 많은 부류들을 얻기 위해 실리카 겔 크로마토그래피을 사용한다. 이렇게 함으로써, 연구가들은 알카일-, 푸르푸릴피롤을 커피에서는 첫번째로 감지하고 확인할 수 있었다. 농축은 주로 10 μg/kg이하이다. Tressl과 협력 연구가들은 또한 커피에 있는 끓는 점이 높은 휘발성 물질들에 대해서도 bis(trimethylsiIyl)trifluoro-acetamide의 유도체를 통해 증류-추출을 사용하여 연구했다. 페놀과 카라멜 화합물이 감지되었으며, 첫 번째에 몇 가지의 화합물들에 대해서 특징화하고 반정량화 할 수 있었다. 로부스타와 아라비카 커피를 비교했는데, 페놀과 카라멜 화합물의 함량이 확연히 달랐다. 페놀에 관한 연구를 보면, Tressl과 협력 연구가들은 30개가 넘는 물질을 분리했으며, 커피 종류와 로스팅 조건에 따른 차이도 알아냈다.

이 기술을 이용한 다른 연구는 로스팅 커피에서 황을 함유한 휘발성 물질에 관한 연구가 있으며, 푸르푸릴피롤, 페놀, 황화물, 멀캅탄과 같은 휘발성 물질들이 커피 저장시 일으키는 반응에 대해 연구했다. 농축과정에서 푸르푸릴티올이 상당히 증가한다는 것을 발견했으며, 오래된 커피의 특징인 좋지 않은 풍미를 주는 결과를 낳았다.

2.4 다른 기술들

2.4.1 HPLC

Shibamoto 외 학자들은 커피의 휘발성 부분을 분리하는데 동시 증류-추출을 사용한 뒤 UV 검출기를 사용한 기울기 용리의 HPLC를 적용했다. 5개의 부분을 얻을 수 있었고, 모세관 GC-MS를 이용해 분석되었다. 몇 가지의 화합물들이 각각의 부분을 장악하고 있다는 알아냈으며, 특정 휘발성 물질을 기반으로 하여 로스팅 정도도 비교할 수 있었다. 푸르푸랄, 2-아세틸퓨란과 2-아세틸피롤이 감소했으며, 퍼퓨릴 알코올은 로스팅 정도가 강해질수록 증가했다. HPLC 방법이 부류 2와 3의 비율을 사용해 질을 평가하게 해준다는 것을 알아냈다.

2.4.2 열법 분석

Quijano-Rico 외 학자들은 생두를 로스팅 할 때 일어나는 물, 푸르푸랄, 피리딘의 형성을 알아보기 위해 MS와 함께 열적 분석을 사용했다. 고해상 선택적 이온 모니터링을 이용해 이 성분들의 변화에 대해 알아볼 수 있고 DTA 곡선의 굴절과 비교할 수 있다. 세 가지 물질의 형성이 총 휘발성 물질 형성에 관한 DTA 곡선의 굴절과 상관관계가 있을 수도 있다는 것을 알아냈다. 세 기지 성분들의 진화는 각각 다른 시점에 일어났는데, 물이 가장 처음으로 로스팅 초기에 일어났고, 피리딘이 가장 나중에 일어났다. 이 방법은 로스팅 과정에서의 다른 많은 휘발성 물질들의 형성에 관한 연구에도 쓰일 수 있다.

2.4.3 농축 통관

Pypker와 Brouwer은 커피 헤드 스페이스에 있는 끓는 점이 높은 화합물을 연구하기 위한 기술을 고안해냈는데, 이 물질들이 주로 낮은 농도와 증기압때문에 잘 감지가 되지 않는다. 이는 끓는 점이 높은 물질을 보유, 농축할 수 있는 농축 예비-통관을 통과하는 휘발성 물질로 구성된다. 특정 시간이 지나면 예비-컬럼은 냉각되고 농축 컬럼보다 낮은 온도를 유지할 수 있는 주요 컬럼으로 연결된다. 이는 밴드가 좁아지는 결과로 나타난다. 그래서 성분들은 주요 컬럼으로부터 온도 프로그램을 이용해 용출되며, 이것은 분석 시간을 줄여준다. 샘플들은 헤드 스페이스 샘플에서는 잘 감지되지 않는 몇가지 페놀들을 발견되었다.

2.5 요약

비록 여러 가지 절차들이 있음에도 불구하고, 커피 휘발성 물질의 질적/양적 분석과 식별 분리를위한 GC-MS, 분리를 위한 및 증류 기술에는 적은 절차만 쓰인다. 분리 절차의 양쪽 유형은 모두 각기 장/단점을 가지고 있으며 다른 적용을 가지지만 함께 사용하는 것은 하나의 절차만 사용하는 것보다 영향을 미치는 요인들, 휘발성 구성에 대하여 더 많은 정보를 제공한다. 현재는 헤드 스페이스 기술을 사용하는 경향이 많지만, 이 기술은 특히 물질이 흡착되는 양과 탈착 방법에 대해 더 많은 향상과 수정이 필요하다. 분광 분석 방법, 특정 감지기, 보유 일치의 사용등은 유용하지만 GC-MS는 가장 흔히 쓰이는 확인 작업이다.

최근 몇 년 동안 이 기술들이 빠르게 발전해왔으며, 특히 모세관 컬럼, 결합상, 용융 실리카 컬럼, 다공성 고분자, 고해상, 고성능, 급속-스캐닝 분광 분석의 출현과 함께 많은 발전을 이루었다. 이것들과 다른 발전들은 매우 복잡한 휘발성 혼합물이 각각 낮은 함량으로 존재해도 확인할 수 있게 해주었다. 이러한 방법으로 얻은 결과를 해석하는 것은 현재 어렵기 때문에 관련성있는 감각기 자료를 측정하는데 있어 상당한 노력을 기울일 필요가 있다.

3. 커피의 휘발성 물질의 특징

3.1 서론

커피의 향은 가장 중요한 요소 중 하나이다. 커피의 질은 커피 전문가들에 의해 그 향과 맛을 기반으로 하여 검증되며, 최상의 품질의 원두는 고가로 팔린다. 커피 휘발성 물질들은 매우 많으며 향의 질, 효능, 농축에 따라 다양하다. 그러므로 이 모든 것이 합쳐져서 전체적인 향을 만들어낸다. 대부분의 휘발성 물질은 날 것에 들어있는 비휘발성 물질로부터 나오며, 이것들이 로스팅 과정에서 분열되고 반응하여 복잡한 혼합물을 만들어 내는 것이다. 열분해, 다른 반응들, 당, 아미노산, 유기산, 페놀과 같은 물질들의 상호 작용이 커피의 향과 맛에 대한 특징을 형성한다. 휘발성 물질의 최종 구성은 수 많은 요인에 좌우되는데, 여기에는 종/열매의 종류, 기후, 재배 시 토양의 조건, 수확 전과 후의 원두의 저장, 로스팅 시간과 온도, 사용되는 로스팅 장비등이 모두 포함된다. 이러한 요인들이 로스팅 전에 원두에 존재하는 비휘발성 전구체의 비율 그리고 양에 따라 최종 향에 영향을 준다. 로스팅 커피를 조심스럽게 저장하는 것은 매우 중요하며, 이렇게 함으로써 향의 손실을 최소화 할 수 있고 풍미를 떨어뜨리는 것도 방지할 수 있기 때문이다.

커피의 휘발성 부류에 대한 분석은 지난 몇 년 동안 매우 빠르게 진행되어 왔으며, 특히 한 번의 작동으로 복합체의 분리와 확인 작업을 성취할 수 있는 GC-MS의 출현으로 인해 더 가능해졌다. 거의 없는 μg/kg 또는 그 이하로 존재하는 소량의 휘발성 물질도 감지할 수 있으며, 위에서 언급한 대로 동시 증류-추출이나 다공성 고분자를 이용한 흡착과 같은 농축 기술을 이용한다. 커피 제조 과정동안 휘발성 물질을 보유하는 것도 또한 중요하다. 비록 최근의 기술적인 발달이 커피 제조 과정의 질을 향상시키기는 했지만, 이 장에서는 그것에 대해서는 다루지 않을 것이다.

3.2 생두

생두는 수확 후 햇볕을 이용한 건조와 탈부과정 또는 습한 발효와 세척 과정을 통해 원두에 붙어 있는 외피를 제거하는 작업을 거친다. 그런 다음에 등급 별로 분류되고 포장한다.

생두는 일반적으로 향이나 맛이 알맞지 않다면 소비되지 않는다. 그러나 원두에는 많은 종류의 휘발성 물질을 함유하고 있으며 그 중 몇몇은 분해로 인해 감소하기도 하지만 대부분은 로스팅 과정에서 농도가 증가한다.

Merritt과 협력 연구가들은 생두와 로스팅 커피콩 모두 들어 있는 꽤 많은 양의 지방족탄화수소를 감지했으며, 이것은 저장 과정동안 또는 로스팅 전에 수송 과정에서 생두의 지방질의 산화 때문에 생긴 것이다. 평균적으로 생두에는 약 13%의 지방질 물질이 들어있고 이 물질의 3/4은 트리글리세라이드 형태로 존재한다. 또한 생두에는 디테르펜, 트리테르펜, 스테롤 에스테르, 유리 디테르펜, 트리테르펜, 스테롤, 인지질이 꽤 많은 양 들어있다. 로스팅 과정은 이런 방법으로 생성된 휘발성 물질에 거의 영향을 미치지 않는다. 몇 개는 분해되고, 일부는 형성되겠지만 전체적인 농도에는 거의 변화가 일어나지 않는다. 가장 흔한 탄화수소는 낮은 알칸과 알칸이다. Merritt과 협력 연구가들은 또한 퓨란, 티오펜, 황화물, 알데하이드, 켄톤을 생두에서 찾아냈으며, 이 물질의 대부분이 로스팅 커피에서 비휘발성 전구체의 열분해 때문에 급격히 증가하고, 반면에 휘발성 에스테르는 로스팅 커피콩보다 생두에서 더 진한 농도로 존재했다. 대부분의 에스테르는 로스팅 전에 커피 열매에서 생성되며 가열 과정에서 분해된다. 그러나 아세테이트와 프로파노에이트와 같은 푸르푸릴 에스테르는 로스팅 과정에서만 형성된다. 특정 고분자 알코올에 있는 특정 에스테르는 콜롬비아 원두의 특징이며, 이것을 이용해서 커피의 종류를 식별하는데 사용할 수 있다.

Poisson은 생두 안에서 피리딘, 퀴놀린, 피라진, 피롤, 아릴라민, 폴리아민 등과 같은 여러 가지 휘발성 물질을 감지했다. 퓨란, 알코올, 카르보닐, 에스테르, 페놀, 티올과 같은 다른 화합물들은 몇 가지의 커피 종/종류에서만 발견되었으며 나머지 종에서는 찾아볼 수 없었다. Methoxypyrazine이 생두의 특징에 기여한다. Methoxypyrazine은 여러 가지 식물에 분포되어있으며, 특히 생 채소나 많은 식물들에 존재하며 향과 맛을 결정하는 중요한 성분들을 가지고 있다. 이 물질은 생물 발생설의 기원으로 알려져 있다. 벨 후추의 화합물의 특징을 나타내는 3-이소부틸 유도체와 같은 것들은 매우 강한 향을 가지고 있어서 10^{12}당 1 이하로 물에 의해 희석시켜야 하며, 오직 매우 소량으로 존재해야할 필요가 있다.

Amorim과 협력 연구가들은 생두에 있는 3개의 폴리아민인 푸트레신, 스페르민, 스페르미딘을 감지했다. 이 물질들은 역하고 부패한 듯한 냄새를 가지고 있으며, 커피 종/종류 따른 농도는 같지만 음료의 다른 질을 부여한다. 로스팅 과정에서 폴리아민은 많이 분해되며, 약하게 로스팅된 커피콩에서는 소량의 푸트레신만이 감지된다. 그것들은 피롤리딘과 같은 휘발성 물질의 휘발성 전구체가 될지도 모른다.

Gutmann과 협력 연구가들은 아라비카, 아라부스타, 로부스타 생두에 있는 휘발성 물질들을 Tenax GC를 이용해서 비교했다. 그들은 이 커피들의 프로파일이 꽤 다르다는 것을 알아냈다. 아라비카는 매우 낮은 농도의 퓨란, 피라진, 벤젠, 나프탈렌 유도체, 2-부타논, 2-헵타논, 3-헵타논, 2-메틸프로페날, 2-, 3-메틸부타날을 가지고 있지만, 높은 농도의 테르펜, 3-메틸-1-부타놀, 2-옥타논, 3-옥타논을 갖고 있다. 전체적으로 Gutmann과 협력 연구가들은 생두에서는 첫 번째에 79가지의 휘발성 물질을 감지했고, 알데하이드와 퓨란을 포함하여 탄화수소, 알코올, 케톤이 주를 이루었다. 날것의 아라부스타와 로부스타 프로필이 비슷함에도 불구하고 로스팅을 했을 경우에 아라부스타에 있는 휘발성 물질이 아라비카의 것과 비슷했으며 로부스타는 휘발성 물질의 상당수를 가졌다. Vitzthum등의 생두 관한 연구를 보면, 21개의 탄화수소, 10개의 카르보닐, 10개의 에스테르, 5개의 황화합물, 2개의 알코올, 4개의 헤테로사이클(heterocycles)을 감지해냈다.

메틸인돌린은 감지는 됐지만 로스팅 과정에서 완전히 분해되었다. 생두 향에 관한 methoxypyrazine의 중요성은 다시 한 번 강조되었다.

Kulaba는 케냐 커피의 맛을 좌우하는 'Solai' 휘발성 물질의 중요성에 대해 연구했으며, 이 물질이 에탄올과 디메틸 디설파이드의 높은 농도와 상관관계가 있는 것으로 나타났다. '냄새가 더 나는' 생두도 연구가 된 바 있다. 이 물질은 아주 소량만 존재해도 역한 냄새 때문에 전체적으로 불쾌하며, 상업적으로 중요하다. 냄새가 나는 원두들은 생두를 처리하는 과정에서 우연히 발생된다. 자외선 형광에 의해서도 감지되지만 더 세밀한 분류 방법을 사용하는 것을 권장한다.

Cros 외 학자들은 일반 생두와 냄새가 더 나는 생두 사이에 질절/양적으로 다른 향 프로필을 알아냈으며, Guyot과 협력 연구가들은 에스테르, 디케톤, 피라진, 테르펜 알코올 등 몇몇 물질들을 후자에서만 찾아냈다. 그러나 GC 배수를 냄새 맡아 본 결과 이 중 어떤 화합물도 역한 냄새와 연관이 있지 않았으며, 대부분이 좋은 향을 갖고 있는 것으로 나타났다. 냄새가 나는 원두를 유발하는 공정들 이외 다른 공정들은 로스팅 하기 전에 생두 내부에서 일어날 수 있으며, 이것은 최종 로스팅 커피 품질에 영향을 준다. Pokorny 외 학자들은 생두의 RH 50%일 때 고온 저장은 마이야르 반응으로 인해 열매를 갈색으로 만들 수 있다고 했다. 그리고 로스팅된 원두는 감각적 품질이 좋지 못하다.

3.3 로스팅 과정

생두는 구 모양이나 원통에 구멍이 나 있는 기계에서 로스팅되며, 열이 가해지면서 천천히 회전된다. 섭씨 100도씨에서 열매들은 옅은 노란색으로 바뀌며 온도가 섭씨 150도로 올라가면 열매가 2배 정도까지 부풀어 오른다. 원하는 정도의 로스팅이 되면 열매들은 냉기를 이용하거나 열매 자체적으로 식거나 또는 외부 표면에 냉수를 뿌림으로써 즉각 냉각된다.

로스팅 과정 동안 수용성인 당, 아미노산, 트리고넬린과 같은 성분은 열
분해로 형성된다.

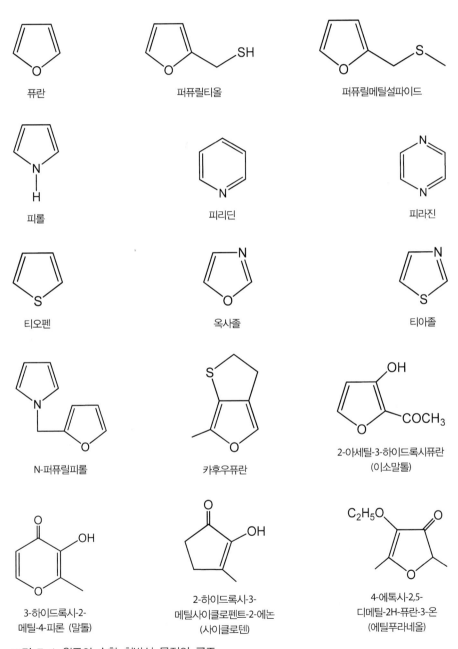

퓨란

퍼퓨릴티올

퍼퓨릴메틸설파이드

피롤

피리딘

피라진

티오펜

옥사졸

티아졸

N-퍼퓨릴피롤

카후우퓨란

2-아세틸-3-하이드록시퓨란
(이소말톨)

3-하이드록시-2-
메틸-4-피론 (말톨)

2-하이드록시-3-
메틸사이클로펜트-2-에논
(사이클로텐)

4-에톡시-2,5-
디메틸-2H-퓨란-3-온
(에틸푸라네올)

그림 7-1 원두의 순환 휘발성 물질의 구조

표 7–1 생두 및 원두의 조성

(Merritt 외 데이터)

구성 요소	생두(%)	원두(%)
셀룰로오스	36	37
리그닌	5.6	5.8
지방	11.4	11.9
애시	3.8	4.0
지당	7.3	0.3
클로로젠 산	7.6	3.5
단백질	11.6	3.1

생두와 로스팅 커피의 일반적인 프로필은 표7-1에 나와있으며, 여기에는 특히 로스팅 커피에 있는 휘발성 물질의 복잡성을 잘 보여주고 있다. 그림 7-1에는 고리 휘발성 물질의 구조가 나와있다. 원두의 지방질 부류는 거의 변하지 않았지만, 이 물질이 로스팅이 계속 될 때 향 화합물의 분해를 막아준다. 향 전구체 분해에 의한 9개의 주요 경로에 대해 알아보겠다.

3.3.1 마이야르 반응

비효소적 갈변 반응에 관한 매우 많은 자료들이 있지만 여기에서는 주요 부분만 다루도록 하겠다. 알도오스 당은 글리코실라민에 있는 아미도산의 아미노 그룹과 결합한다. 재배열은 다음과 같은데, 아마도리 화합물은 히드록시메틸푸르푸랄로 $C_{1,2}$ 탈수를 통해 분해되며, C-메틸 리덕톤으로 $C_{2,3}$ 통해 탈수된다. 반응은 매우 복잡하고 상호연결되어 있으며, 추후 분열 결과는 피루발데하이드나 2,3-부타디온과 같은 향 휘발성 물질이 생성된다.

케토스는 알도오스와 유사하게 이 반응에 참여하지만 케토실라민을 경유한다.

3.3.2 스트레커 분해와 피라진과 옥사졸의 형성

스트레커 분해는 아미노산과 α-디카보닐의 반응을 포함하며, 그것들의 디카복실화와 디카보닐로의 아미노기 전이가 피라진이나 옥사졸을 형성하기 위해 반응할지도 모른다. 이산화탄소가 아미노산으로부터 파생되었다는 것은 동위원소 표지에 잘 나와있다. 스트레커 알데하이드는 꽤 다른 냄새 품질을 가지는 경향이 있으며, 로스팅이 계속되는 동안에 다른 휘발성 물질로부터 알돌 축합 반응이 일어날지도 모른다.

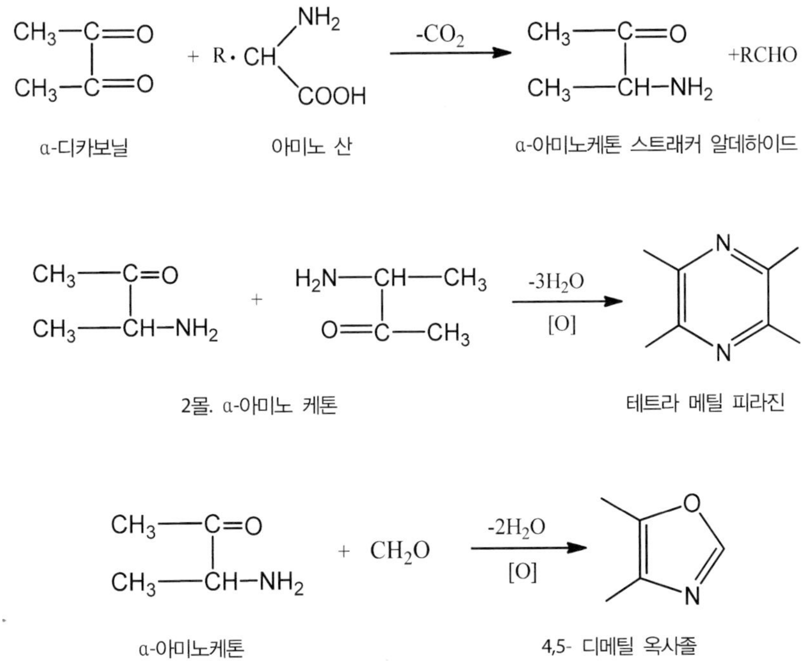

그림 7-2 스트래커 분해 및 피라진과 옥사 졸의 형성.

3.3.3 트리고넬린의 분해

생두에서 평균 농도 약 1%db로 존재하는 트리고넬린은 3-카르복시-1-메틸피리딘의 염이 내부에 있다. 로스팅 과정에서 쉽게 분해되며, 형성되는 실제 제품들은 로스팅 정도와 온도에 따라 달라진다. 섭씨 180~230도에서 단일 수화물을 가열했을 때 Viani와 Horman은 29개의 휘발성 물질을 얻을 수 있었으며, 그 중 9개는 커피에서 찾을 수 있었다. 잔여물로는 니코틴산, 메틸 에스테르, N- methylnicotmamide로 구성됐다. 휘발성 물질의 대부분은 피리딘 유도체이었지만, 몇 개는 피롤 고리를 갖고 있었는데 이 고리는 반응할 수 있는 중간체나 그것들의 재결합이 발생한다는 것을 의미한다.

3.3.4 페놀산의 분해

P-쿠마릭, 페룰릭, 시나픽, 카페인 산과 같은 유리 페놀산들은 로스팅시 즉시 분해되어 더 간단한 페놀을 형성한다. 그러나 에스테르나 글리코사이드와 결합한 산들은 분해되지 않는다.

이전에 언급했듯이, 온도와 로스팅의 정도는 생성된 페놀 그리고 그들의 농도에 영향을 준다. 로스팅이 계속됨에 따라 농도가 증가하며, 진한 로스팅 커피에서 큰 양이 존재한다. 커피의 종류 또한 중요하며, 로부스타 커피가 아라비카보다 더 많은 양의 페놀을 가지고 있다. 퀴닌산과 카페인산의 분해 물질에 대해서는 그림7-3에 잘 나와있다.

퀴닌 산   하이드로 퀴논   피로갈롤   페놀   카테콜

카페 산   카테콜 58%   4-에틸카테콜 38%

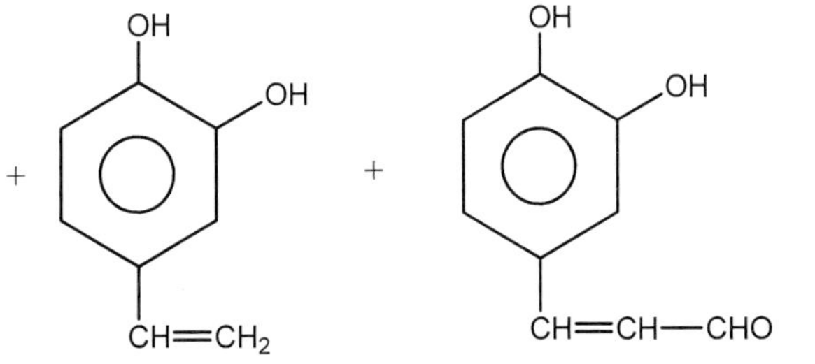

4-비닐카테콜 0.8%   3,4디하이드록시신나마이드하이드 2%

그림 7-3 퀴닌 산과 카페 산의 분해.

3.3.5 지방질 분해

지방질은 저장 기간이나 생두 수송 과정에서 산화적 분해를 겪으며, 로스팅 과정에서 지방질 부분의 변화는 거의 없다.

지방질의 자연 산화는 휘발성 알데하이드와 2,3-부탄디온, 히드록시 아세톤, 글리옥살과 같은 다른 물질들도 형성하는 결과를 낳는다. 이 휘발성 물질들은 예를 들어 피라진 형성이나 스트렉커 알데하이드를 형성하는 마이야르 반응에 참여할 수도 있다.

테르페노이드는 로스팅 과정에서 분해되며 리날롤과 미르센과 같은 모노 테르페노이드를 형성한다. 커피에 많은 양의 테르페노이드가 있으면 스쿠알렌도 포함하고 있다. 이 물질들은 퓨란을 생성하기 위해 산화될지도 모른다. 퓨란이 당류 뿐만 아니라 테르펜에서도 형성된다는 증거가 나와있다.

3.3.6 당류 분해

퓨란 유도체는 단당류와 고당류 분해의 기본 물질이다. 낮은 농도의 퓨란이 생두에서 감지되며, 로스팅 과정에서 그 양이 매우 증가한다.

글루코스의 열분해 과정에서 가장 주된 반응은 엔올화, 탈수, 핵분열이며, 이와 같은 메카니즘은 마이야르 반응과 비슷하게 1,2-엔올화를 거친다. 점진적 탈수로 인해 3개의 물분자를 손실하는 것은 HMF를 형성하는 결과를 가져온다. Heyns 외 학자들은 비록 퓨란이 글루코오스의 주요 분해 물질이지만, 퓨란이 단량체 글루코스에서 뿐만 아니라 중합 후 분열을 통해서도 형성된다는 것을 상정했다. 열분해 초기의 주요 분해 물질들은 비닐퓨란, 2,4- 펜타다이에날, 퍼퓨랄이다.

퓨란이 관여하는 반응들은 복잡하며 다른 물질들도 참여한다. 인산염, 산, 알칼리와 같은 화합물들은 당류 열분해의 촉매 작용을 하며, 아미노 복합 물질들도 참여한다. 황화물을 가진 아미노산은 즉각 반응하여 펄푸릴티올과 같은 퓨란의 황화 유도체를 형성한다. 이 화합물들은 매우 풍부하고 커피와 비슷한 향을 가지고 있기 때문에 감각적으로 특히 중요하다. 휘발성 물질 형성에 들어 있는 황 아미노산의 역할은 이 다음에서 다룰 것이다.

3.3.7 황 아미노산의 분해

황 아미노산, 시스틴, 시스테인, 메티오닌은 혼자 분해되거나 환원당과 반응하거나 마이야르 반응 의 중간체를 통해 황화물을 포함한 매우 많은 종류의 휘발성 물질을 생성한다.

시스테인은 티오펜과 티아졸을 초래하며 H_2S는 열분해 물질 중 하나이다. 로스팅 조건 하, 시스테인/메티오닌/푸르푸랄의 모델 시스템은 커피 구성물로 잘 알려진 (2-푸릴)메탄티올, 펄푸릴 메틸 황화물, 이황화물 등을 만든다.

티아졸은 그림7-4에 나온 것처럼 티아졸리딘의 고리 닫힘, 아민에서 디카르복실화를 거쳐 이후에 아실티아졸에서 산화를 통해 형성된다.

3.3.8 히드록시 아미노산의 분해

히드록시 아미노산인 세린과 트레오닌의 중요성에 관한 연구는 자당의 존재 유무와 형성된 휘발성 물질 측정을 통해 로스팅 함으로써 이루어졌다. 200개가 넘는 이종 고리 복합 휘발성 물질을 찾아냈으며, 알킬피라진이 풍부하게 들어있었지만 자당이 있는 경우에는 고분자 피라진의 양이 줄어들었다.

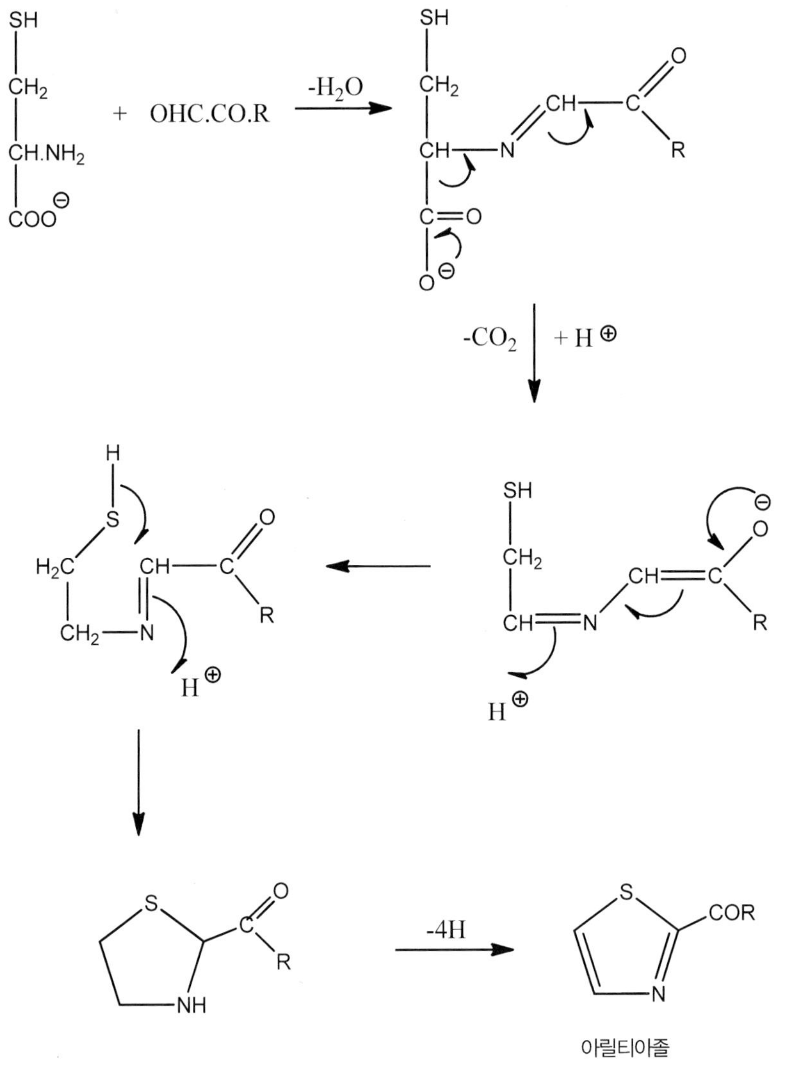

그림 7-4 아릴티아졸의 형성.

이것은 히드록시 아미노산이 피라진으로 바뀌기 전에 더 큰 분자를 만들어낼 수 있다는 것을 암시한다. 일부 불포화된 dihydrocyclopentapyrazine도 감지되었지만, 농도는 낮았다. 상대적으로 많은 양의 알킬 피리딘이 아미노산만 로스팅되었을 때 형성되었으며, 이것은 이 화합물들이 트리고넬린 분해로부터만 형성된 것이 아니라는 것을 보여준다.

옥사졸은 히드록시 아미노산만을 로스팅 했을 때, 얻은 휘발성 부류에서 거의 없다. 그래서 중요한 옥사졸 전구체들은 없지만 그들은 식품 시스템에서는 작은 비율을 차지하게 된다.

3.3.9 프롤린과 히드록시프롤린의 분해

프롤린과 히드록시프롤린은 α-디카르보닐, 불포화 카르보닐, 고리형 에놀론, 아세틸-, 포르밀퓨란 등의 몇 개의 마이야르 중간체와 반응하여 피롤을 형성한다. 이 아미노산들은 마이야르 반응에 참여하여 당류와 응축되며, 피리딘과 피롤리진을 포함한 여러 가지의 휘발성 물질을 형성한다. 모델 시스템의 연구는 프롤린이 피리딘, 피롤, 피롤리진을 생성하며, 반면 히드록시프롤린은 알킬-, 아실-, 펄푸릴피롤을 생성한다고 밝혔다.

3.3.10 요약

위에서 봤듯이, 몇 가지의 다른 유형의 반응들이 서로 다른 경로간의 상호작용이 고려되기도 전에 로스팅 과정에서 일어나며 매우 복잡한 구조를 만들어낸다. 로스팅 과정에서 일어나는 화학적 반응에 대한 이해는 가장 기초적인 것이며, 적절한 화학적 통제하에 공정이 합리적으로 기술될 수 있기 전까지는 연구에 신중을 기해야할 것이다.

3.4 로스팅 커피

로스팅 커피의 휘발성 물질 구성은 커피 종/종류, 재배 및 수확 조건, 로스팅 전의 저장, 로스팅 정도와 로스팅 기계의 종류 등 몇 가지 요인에 따라 달라진다. 커피의 휘발성 물질 구성에 관한 많은 연구가 지난 20년 간 가스 크로마토그래피와 질량분석의 출현과 함께 계속 이루어지고 있다. 결과적으로 분리와 확인된 휘발성 물질의 계속 꾸준히 증가하고 있다. 현재까지 주로 로스팅 커피에서 660개의 휘발성 물질이 확인되었으며 식품이나 음료로 사용되는 다른 재료보다 더 많이 사용된다.

커피 향은 많은 종류의 작용기 그룹을 가지고 있는 화학물들로 구성되어있고 매우 복잡하게 보일 수 있다. 그것들은 다양한 아로마 특성을 가지고 있다. 좀 더 중요한 부류의 화합물에 대하여 지금부터 논의 할 것이다.

3.4.1 황 화합물

황 화합물들은 극히 낮은 농도로 존재함에도 불구하고 로스팅 커피의 향에 매우 중요한 역할을 한다. 이 물질은 강하고 특이한 향을 가지고 있으며 1kg 당 거의 없는 마이크로그램으로 아주 적은 양의 한계치를 가지고 있다. Tressl과 Silwar는 수 많은 황 화합물을 10-4000 ppb 범위의 농도에서 감지했다.

펄푸릴티올은 갓 로스팅한 커피 향을 0.01-0.5 ppb 가지고 있지만 농도가 높아지면 황색을 띄거나 부패된다. 따라서 그것들은 농도에 따라 중요한 장점과 단점을 모두 갖고 있다. 디메틸 이황화는 고품질 커피 향에 꼭 필요한 부분이며, 이 물질이 있으면 맛과 풍미를 매우 향상시켜준다. 그러나 일부 황 화합물들은 반대이다. 황화 수소는 불쾌한 맛을 가지며, 커피를 너무 오래 내리면 형성된다. 티오펜은 양파, 머스터드, 유황과 같은 냄새를 내기도 하지만 그 안에 들어있는 에스테르, 알데하이드, 케톤을 달착지근하고 캐라멜 같은 맛을 낸다. 그래서 향에 긍정적 영향을 미친다. 이

종 고리 안에 질소와 황을 가지고 있는 티아졸은 여러 가지 향을 내는 경향이 있다. 일반적으로 이들은 녹색, 로스팅된, 견과물이나 채소와 같은 냄새를 가지고 있으며, 분자의 치환이 증가하여 견과물, 로스팅, 고기 냄새가 증가한다. 알킬 유도체는 녹색, 채소 같은 향을 내고, 알콕시는 달콤하고 견과류와 같은 냄새를, 아세틸은 결과류나 씨리얼 같은 향을 낸다.

3.4.2 피라진

피라진은 커피 향에 있어 풍부하며, 현재까지는 피라진 고리를 가진 81개의 화합물들이 감지되었다. 피라진 자체는 쓰고, 달고, 옥수수 같은 향을 가지고 있지만, 알킬 치환은 견과류 같은, 로스팅한, 탄 듯한, 풀잎 향, 매운 향을 갖게된다. 2-이소부틸-3-메톡시피라진은 파프리카와 같은 향을 내며, 메톡시피라진은 완두콩, 콩 껍질, 감자, 흙 같은 냄새를 가지고 있다. 피라진 안에 있는 티올 그룹의 존재는 견과류 같고, 과자 같은 향을 내며, 푸르푸릴과 티올 그룹이 모두 존재하는 경우에는 익은 고기, 커피 같은 향이 난다. 메톡시피라진은 알킬피라진보다 더 강한 향을 가지고 있으며, 후자와는 달리 이 물질은 익힌 음식의 특징을 갖고 있지 않고 많은 날 것의 채소의 냄새를 부여하는 식물계에서 널리 퍼져있다. 반대로 알킬피라진은 커피를 로스팅하는 과정에서 쉽게 형성되고 양은 커피의 로스팅 정도에 따라 비례하여 형성된다. 그러나 로스팅이 계속 진행됨에 따라 피라진이 분해되어 손실되기 때문에 가장 높은 농도의 피라진은 약하게 로스팅된 커피에서 찾을 수 있다. Koehler 외 학자들은 대부분 피라진은 메틸과 디메틸이 달려있는 것이며, 고분자 알킬피라진도 존재하기는 하지만 농도가 낮다고 보고했다. 피라진이 내는 향은 복잡하며, 종종 향의 특성은 농도에 따라 변하며, 상승 작용 또는 길항 작용은 또한 중요할지도 모른다.

3.4.3 피리딘

피리딘은 상대적으로 미생물 작용이나 열 처리를 받은 비교적 적은 수의 식품에서만 발견되었다. 측정된 피리딘은 주로 녹색의, 쓴, 떫은 맛, 로스팅된 향을 내는 것으로 알려져 있다. 그리고 커피같은 심지어 과일과 같은 향도 가지고 있다. 피리딘 자체는 불쾌하며 특이한 냄새를 가지고 있으며 피리딘의 존재는 풍미를 떨어트린다. 현재까지 로스팅 커피에서 피리딘 고리를 가진 15개의 화합물을 감지했으며, 여기에는 메틸, 에틸, 아세틸, 바닐 유도체가 포함되어 있다. 2-메틸피리딘은 떫고, 헤이즐넛 같은 향을 가지고 있고, 3-에틸피리딘은 버터 같은, 캬라멜 향을 갖고 있다. 두 물질 모두 커피 안에서 확인되었다. 피리딘의 양은 로스팅 정도에 따라 좌우되며, 진하게 로스팅된 커피에서 가장 높은 농도로 감지된다.

3.4.4 피롤

피롤은 피리딘과 구조적으로 비슷하지만, 향의 질에 있어서는 꽤 다르다. Tressl과 협력 연구가들은 펄푸릴피롤이 버섯 같은 향을 가지고 있으며, 아실피롤은 빵이나 씨리얼 같은 향을 가지고 있다. 그러나 Mabrouk의 보고서를 보면, 그는 아실피롤을 조금 다르게 설명하고 있는데, 달콤하고 훈제한 것 같은, 약간은 약제 같은 냄새를 낸다고 했다. 이러한 차이점은 아마도 농도의 차이때분일 것이며, Mabrouk이 설명한대로 알킬피롤은 강렬한 석유 같은 향을 가지고 있지만, 매우 묽게 희석했을 때 약간 탄 듯한 달콤한 냄새를 낸다고 한다. 형성된 피롤의 유형은 온도, 시간, pH등의 요인에 따라 좌우된다. 존재하는 피롤의 양은 로스팅이 계속 될 때 증가되며 가장 많은 양의 피롤은 진하게 로스팅된 커피에서 나타났다. Maga는 식품에 들어있는 피롤에 대해 열 처리를 한 식품에서만 찾아볼 수 있으며, 달고 쓰고, 로스팅된 향을 낸다고 보고했다.

3.4.5 옥사졸

옥사졸은 현재까지 커피에서 28개가 확인되었지만 아직 옥사졸린은 아무것도 감지되지 않았다. 옥사졸은 견과류 같은 달콤한 향을 가지고 있으며, 아직까지 이러한 휘발성 물질에 대한 로스팅 표는 보고되지 않았다. Maga는 이 화합물의 특성 및 생성에 대해 검토했으며, 여러 가지 식품에 들어있어 그 중요성에 대해 알렸다.

3.4.6 퓨란

퓨란은 커피에 매우 많이 들어있으며, 알데하이드, 케톤, 에스테르, 알코올, 에테르, 산, 티올, 황화물 등이 포함된다. 이들은 또한 피라진과 피롤과 같은 이종 고리 결합에서 찾아볼 수 있다. 넓은 범위의 구조 때문에 그들이 가지고 있는 향의 질도 매우 다양하다. 퓨란과 2-메틸퓨란은 에테르와 같은 향을 가지고 있으며, 퍼퓨랄은 건초 같은 냄새를, 펄푸릴 케톤의 대부분은 캬라멜이나 탄 설탕 같은 냄새를 낸다. 커피 향에서의 펄푸릴티올의 중요성은 이미 강조된 바 있으며, 이와 관련된 메틸푸르푸릴티올과 메틸 펄푸릴 황화물의 존재도 짚고 넘어가야 한다. 당류의 열분해로 인해 많은 퓨란들이 직접적으로 생성되기 때문에 캬라멜, 탄 설탕과 같은 향을 내는 것이 새삼 놀라운 사실은 아니다. Mabrouk은 이 화합물 중에 몇 개는 다른 학자들에 의해 다르게 설명되었다고 했으며, 4-히드록시-2,5-디메틸-3(2H)-푸라온은 향기로운 캬라멜, 탄 달콤한 맛, 탄 파인애플, 아몬드의 견과류의 달콤한 향, 딸기, 쇠고기 국물과 같은 풍미가 기술되어있다.
퍼퓨릴 알코올은 진한 로스팅 커피에서 특히 중요하며, 여기에 높은 농도로 존재하면 마치 커피와 같이 쓰고 탄 듯한 향 특성이 나타난다.

3.4.7 알데하이드

알데하이드는 가장 휘발성있는 성분 중 하나이다. 메탄알과 에탄알은 피루브알데히드(pyruvaldehyde)가 가지고 있는 톡 쏘고 매운 향을 가지고 있으며, 반면에 긴 고리를 가진 것은 가볍고 꽃 같은 향을 낸다. 전체적으로 그들은 휘발과 산화로 인해 즉시 손실된다. 알데하이드는 상대적으로 갓 로스팅된 커피에 짙은 농도로 존재한다.

3.4.8 케톤

케톤은 향이 상당히 다양하다. 일부는 프로파논과 같이 단맛, 맵고, 과일과 같은 향이 난다. 반면 2,3-부탄디온은 버터와 같다. 저분자량 케톤은 커피에 많이 함유되어 있으며 상응하는 알데하이드와 같이 저장 과정에서 쉽게 손실된다. 말톨과 3-메틸싸이클로-2-펜텐-2-올론(3-methylcyclopent-2-en-2-olone)과 같은 고리형 케톤은 당류의 캬라멜화로부터 파생되며 달고 과일, 탄 설탕의 향을 낸다.

3.4.9 페놀

페놀은 주로 낮은 농도로 존재하며 로스팅이 계속됨에 따라 증가한다. 그들은 훈제한듯한, 탄, 매운, 쓴, 떫은 향을 낸다. 이 물질은 진한 로스팅 커피와 로부스타 커피의 특징이라고 할 수 있으며, 페놀의 농도가 상대적으로 높은 경향이 있다.

3.4.10 기타

Yamanishi는 카와웨퓨란의 중요성에 대해 언급했으며, 이종고리 황화합물이 포함되어 있다. 이것의 구조는 Biichi와 협력 연구가들에 의해 분광계 법을 이용하여 밝혀졌으며, 이어 합성했다. 순수한 상태에서는 매우 강한 유황 냄새를 내지만 묽게 희석 시키면 훈제한듯한 좋은 향을 낸다. 이렇듯 농도에 따른 향의 질의 변화는 다른 휘발성 물질과 함께 위에서 이미 다루었다.

Parliraent외 학자들은 E-2-논에날(E-2-nonenal)을 인스턴트 커피에 0.1-1 /μg/kg만큼 첨가했을 때, 나무같고 갓 커피를 내린 향을 내었으며, 동시에 시큼하고 떫으며 캬라멜 같은 향은 줄어들었다고 했다. 로스팅 커피에 꼭 필요한 물질이지만, 가용성 커피에는 존재하지 않는다. 농도가 증가하면 향은 지방같은 냄새를 내고 10 μg/kg이 되면 오이 같은 향을 낸다. 실제로 오이의 독특한 향기에 기여한다.

3.4.11 요약

로스팅 커피의 향은 각각 다른 향을 질을 가진 많은 종류의 휘발성 물질로 구성되어있어 굉장히 복잡해 보일 수도 있다. 일부는 기분좋은 향, 일부는 불쾌한 향 많은 것들은 아마도 감지가 안된다. 휘발성 성분의 농도, 비율, 영향은 모든 최종 향기 품질에 영향을 준다. 예를 들어 2,4,5-트리메틸옥사졸은 흙, 감자 같은 향을 내지만, 부탄디온이 있으면 달콤한 피리딘 향을 낸다. 이것은 향이 단순히 휘발성 물질의 부가적인 효과에 기인한 것이 아니라 시너지효과와 길항작용을 포함한다. 하나의 휘발성 물질이 다른 것에 미치는 영향은 잘 알려져있지 않으며, 수백가지 화합물들이 다른 농도들로 존재하는 커피의 휘발성 부류와 같은 복합 혼합물에서는 설명하기가 불가능하다.

3.5 커피 향 구성에 미치는 종의 영향

일반적으로 소비되는 3가지 종류의 커피는 최고급의 아라비카, 보다 낮은 품질 및 수확량이 많은 로부스타, 그리고 변종 아라부스타가 있다. 이 종류들의 향 프로필에 대한 매우 많은 연구가 이루어졌으며, 이들이 어떤 면에서 다르며 이들 사이의 차이점을 파악하고 이를 구별할 수 있게 되었다. Biggers 외 학자들은 17가지 아라비카와 12 로부스타 커피의 GC를 이용해 휘발성 물질 구성의 차이에 대해 연구했다. 로스팅 정도에 관계없는 두 종간의 가장 차별화된 피크 높이 비율을 컴퓨터에 의해 선택하였다. 이 비율을 통해 품질 지표를 계산했다. 이 품질 지표는 매우 다른 품질의 7가지 커피 혼합물 시리즈의 순위를 매기는 데 있어 커피 전문가의 완벽한 일치하는 것으로부터 나타났다. Nurok과 협력 연구가들은 Tenax GC에 의한 흡착에 의해 분쇄 커피와 내린 커피의 헤드 스페이스로부터 커피 휘발성 물질을 분리한 다음에 압축 커피 오일의 직접적 GC 분석을 사용했다. 그 결과 생성된 GC 프로파일은 로부스타 커피가 많은 종류의 휘발성 물질을 가지고 있으며, 아라비카보다 높은 농도로 존재했다. 내린 커피의 헤드 스페이스는 더 복잡한 크로마토그램을 나타냈으며, 100개 이상의 피크가 감지되었다. 이 기술들은 싼 로부스타와 함께 사용한 비싼 아라비카 커피에서 불순물을 감지하는데 사용할 수 있다.

Gutmann과 협력 연구가들은 Tenax GC 흡착에 의해 아라비카, 아라부스타, 로부스타에 있는 휘발성 물질에 대해 연구했으며 이어 FID와 FPD를 황화물-특화 모드로 사용했다. 아라부스타의 프로파일은 비록 아라비카와 프로필이 비슷하기는 했지만, 2개의 감지기를 사용했을 때 3개 종류 모두 확연한 차이를 보였다. 로부스타 샘플은 총 휘발성 물질 종류와 황화물을 내포한 휘발성 물질에서 가장 많은 종류를 갖고 있었다. Andrawes와 Gibson은 직접 헤드 스페이스 분석과 GC와 헬륨 이온화 감지기를 이용해 아라비카와 robusta 커피의 프로필을 비교했다. 이 감지기는 매우 민감하지만 물에 반응한다. 따라서 물이 용출됨에 따라 검출기에 과부하가 걸린다. 그러나 두 종류의 정량적 차이는 알아낼 수 있다. Pypker와 Brouwer는 아라비카와 로부스타에 있는 끓는 점이 높은 휘발성 물질을 Porapak P 농축 컬럼을 일반 가스 크로마토그래피 전에 사용해 연구했다. GC-MS를 통해 구성물질들이 확인되었고 꽤 많은 양의 페놀이 아라비카보다 로부스타에서 발견되었다.

표 7-2 원두의 퓨란 및 카라멜 화합물

구성요소	아라비카	아라부스타	로부스타
		(ppm 농도)	
퍼퓨릴 알코올	300	150	520
2-퓨란 카르복실 산	80	50	55
하이드록시 메틸 퍼퓨릴 (HMF)	35	30	10
4-하이드록사-2,5-디메틸-2H-3-푸라논 (푸라닐)	50	35	25
4-에톡사-2,5-디메틸-2H-3-푸라논(에틸푸라닐)	8	4	2
3-메틸사이클로펜탄-1,2-디논 (사이클로틴)	40	17	26
2-아세틸-3-하이드록시퓨란 (이소말톨)	8	2	1.5
3-하이드록사-2-메틸-4-피론 (말톨)	39	20	46
3,5-디하이드록사-2-메틸-4-피론 (5-하이드록시말톨)	15	13	6
5,6-디하이드로-3,5-디하이드록사-2-메틸-4-피론 (5,6-디하이드로-5-하이드록시말톨)	13	12	10

　이것은 아라비카, 아라부스타, 로부스타 커피의 페놀 부분을 이온화 후 흡착 크로마토그래피를 이용해 증류 추출과 분리를 통해 얻은 Tressl과 협력 연구가들의 연구와 일치한다. 아라비카 커피가 가장 낮은 농도의 페놀을 갖고 있으며 로부스타에서는 가장 높았으며, 가장 많이 존재하는 페놀은 메톡시페놀, 4-비닐-2-메톡시페놀, 2-, 3-, 4-메틸페놀이었다. 이와 비슷한 연구에서 Tressl과 협력 연구가들은 커피에 있는 디페놀과 카라멜 복합 물질에 대해 연구했으며, 이 때 용매 추출과 GC의 실릴 유도체 형성을 이용했다. 로부스타 커피는 가장 높은 농도의 디페놀과 말톨을 가지고 있었으며, 반면에 아라비카는 표7-2에 나와있는 것처럼 싸이클로텐 그리고 5-히드록시말톨과 같은 물질의 높은 농도를 가지고 있었다. Tressl과 협력 연구가들의 추가 연구를 보면 아라비카 커피가 로부스타보다 더 높은 농도의 펄푸릴피롤을 가지고 있는 경향이 있지만, 낮은 농도의 알킬피롤를 가지고 있다.

이러한 결과들은 커피 종류마다 휘발성 성분이 다르며, 전체적으로 로부스타가 아라비카나 아라부스타보다 높은 농도의 휘발성 물질을 갖고 있으며 동시에 황화물 화합물 그리고 페놀을 더 많이 갖고 있다. 그러므로 이 종류들 간의 차별화 및 가격이 싼 로부스타의 섞인 아라비카의 불순물 검출이 가능해야 한다.

3.6 커피 제조 과정과 휘발성 물질에 미치는 영향

3.6.1 로스팅

로스팅 온도, 시간, 로스팅 방법, 냉각, 로스팅 기계의 종류는 모든 휘발성 물질에 영향을 준다. 로스팅의 정도에 대해서는 여기에서 논의될 것이며, 최종 커피 품질 및 다른 휘발성 물질들의 형성과 분해에 영향을 미친다.

휘발성 물질의 농도에 영향을 주는 로스팅 시간에 관한 연구는, 일부 휘발성 물질들이 상업용 로스팅 과정에서 농도의 피크에 도달했지만, 나머지는 그렇지 않았다고 알려준다. 그림7-5은 8가지의 잘 알려진 커피 휘발성 물질의 농도에 미친 로스팅 시간의 영향을 보여준다. 몇 가지 휘발성 물질은 로스팅이 계속 될 때 급격히 증가(유럽 진한 로스팅 커피)하지만, 다른 것들은 감소한다. 일부 휘발성 물질들은 심지어 로스팅 과정이 진행되면서 감소하며, 그리고 나서 또 다시 증가한다. 이것은 아마도 휘발성 물질이 두 가지가 그 이상의 전구체로부터 파생되기 때문이며, 서로 다른 두 경로가 연관되며, 하나는 다른 경로보다 많은 에너지를 필요로 한다.

Shibamoto 외 학자들은 세 가지 종류의 옅은, 중간의, 진한 로스팅 정도에 따른 휘발성 물질 구성에 대해 연구했다. 이들은 HPLC, GC, C-MS를 사용했다. 그들은 피라진 비율이 로스팅때 감소하는 경향이 있다는 것을 찾아냈지만,

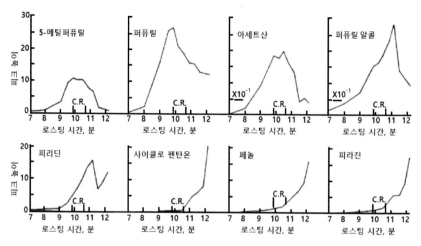

그림 7-5 로스팅 중에 커피의 휘발성 성분의 농도 변화. C.R. = 상업용 로스트.

그러나 전체 추출 양이 증가했기 때문에 절대적인 양은 결국 일정하게 나타났다. 반대로, 그들은 피롤, 페놀, 피리딘 각 부류에 있는 휘발성 물질이 로스팅 과정에서 농도가 증가했다는 것을 알아냈다. 퍼퓨릴 알코올의 증가는 진한 로스팅 커피의 탄 듯한 쓴 맛과 깊은 상관관계가 있다.

Tressl과 협력 연구가들은 또한 로스팅 시간이 길어질수록 페놀이 증가한다는 것을 알아냈고, 이것은 강하고, 쓰고, 탄 듯한 진한 로스팅 커피의 맛과 관계가 있다. Merory는 처음에 퍼퓨랄이 증가했으며 그 다음에 상업용 로스팅 조건에서는 다시 감소하는 것을 알아냈다. 반면, 알데하이드는 로스팅동안 계속적으로 증가했는데, 처음에는 천천히 증가하다가 피크에 다다르지 않고 빠른 속도로 증가했다. 프로파논과 전체 페놀은 모두 알데하이드에 비슷하게 반응하는 것으로 나타났으며, 반면에 2,3-부탄디온은 로스팅 동안에 꽤 일정하게 유지되었다. 이것은 아마도 분해와 형성이 매우 비슷한 속도로 발생하기 때문이다.

Maga는 피라진 형성에 미치는 열의 영향에 대해서 보고했는데, 섭씨 100도 아래에서는 피라진의 거의 형성되지 않았지만 온도가 섭씨 100도 이상으로 올라감에 따라 추출양이 매우 증가했다. 섭씨 150도와 그 이상에서는 형성과 분해의 다른 속도때문에 추출양이 달라질 수 있다.

3.6.2 가용화

휘발성 물질의 손실을 줄이고 갓 그라인딩한 커피와 같은 음료를 제공하는 제품을 얻기 위해 가용성 커피 제조를 향상시키려는 연구가 많이 진행되었다. 그 중 몇 가지는 성공했지만, 가용성 커피는 아직도 갓 로스팅된 커피와 비교될 수 없다.

표 7-3 가정용 브루 졸 및 인스턴트 커피의 구성

	브루 졸 (%)	인스턴트 커피 (%)
탄수화물	16-18	35-42
휴믹 산/'단백질	26-30	32-38
산	15-20	7-13
미네랄	16-18	8-11
카페인	4-8	2-5
트리고넬린	2-3	1-2

커피 가용화 작업은 다음과 같이 진행된다. 갓 로스팅된 커피는 아주 미세하게 분쇄된 후 섭씨 100~180도 사이에서 저기압 조건에서 단 시간에 뜨거운 물을 이용해 역류 추출된다. 이 동안에 3가지의 과정에 일어난다. 커피 입자를 적시고, 커피 용해물의 추출하고, 불용성의 탄수화물과 단백질의 부분 가수분해로 보다 더 작은 입자로 만들어 용해하여 추출 가능한 딩류와 펩타이드가 생성된다. 비록 커피 블렌드, 입자 크기, 물의 질과 커피와 물의 비율 등 다른 변수들이 중요하기는 하지만, 높은 주출 효율성을 얻을 수 있다. 표7-3는 최종 인스턴트 커피와 내린 가용물들의 화학적 성분을 예측한다.

커피 찌꺼기는 여과를 통해 제거되며, 내린 커피는 증발을 통해 농축된다. 이 때 휘발성 물질은 수증기와 함께 제거되었다가 다음 단계에서 다시 첨가된다. 이 농축물은 두 가지 과정 중 하나를 통해 건조된다. 분무건조법은 고압이나 빠른 속도의 뜨거운 공기를 통해 액체 농축물을 분산한다. 물이 빠르게 증발하며 건조된 입자들은 건조기 바닥에 모인다.

동결건조법은 추출물이 섭씨 영하 40도에서 냉동되어 냉각 덩어리가 곱게 갈아진 뒤 그 가루가 진공 상태에서 열을 공급받는다. 이렇게 하면 얼음이 녹지 않고 바로 승화한다.

건조를 마친 후에 휘발성 물질들은 커피로 다시 첨가되어 포장된다. 비록 많은 휘발성 물질들이 되찾을 수 있지만, 열 분해와 농축/건조 과정에서 변화가 발생할 것이다. Thijssen은 건조 과정에서 휘발성 물질의 손실은 거의 미미한데, 이것은 물과 비교했을 때 휘발성 물질의 건조 물방울들의 표면 층의 투과성이 낮기 때문이라고 했다. 그러므로 많은 손실은 주로 증발 과정이나 희석된 용액으로부터의 건조 과정에서 많이 일어난다.

Rhoades는 갓 로스팅 된 커피와 갓 만들어진 인스턴트 커피의 11가지 휘발성 물질에 대해 연구했으며, 그의 연구 결과는 제조 과정에서 휘발성 물질의 많은 양의 손실이 일어날 수 있다고 밝혔다. Petersen과 Lorentzen는 이와 비슷한 연구를 했는데, 동결 건조법을 거친 커피에 있는 14가지의 화합물을 감지했으며, 여기에는 알데하이드, 케톤, 낮은 분자량의 알코올이 포함되어 있다. GC 표준 물질 머무름의 비교를 통해 확인 작업이 이루어졌다. 동결 비율과 휘발성 물질 정체의 거품의 영향은 동결이 느릴수록 최대

표 7-4 갓 그라인딩한 커피와 인스턴트 커피의 휘발성 물질의 농도 비교

화합물	갓 빻은 커피 (mg/kg)	신선한 인스턴트 커피 (mg/kg)
하이드로젠 설파이드	0.060	0.010
메탄싸이올	0.056	0.022
에타날	1.74	0.71
퓨란	0.045	0.004
프로파날	0.20	0.038
프로파논	1.95	0.55
2-메틸 퓨란	0.078	0.008
메탄올	0.83	0.03
에탄올	0.032	n.d
2,3-부탄디논	0.64	0.24
2-부타논	0.49	0.11

n.d. = 감지되지 않음

로 일어난다는 것을 알아냈다. Simonova와 Soloveva는 인스턴트 커피를 공기 중에 그리고 이산화탄소에서 상온에서 최대 8개월 동안 저장할 때 일어나는 14가지 휘발성 물질의 변화를 측정했다. 공기 중에서는 에탄올, 프로파날, 2-메틸프로파날, 펜타날, 3-펜타논의 비율이 상대적으로 증가했다.

반면에 메틸 아세테이트, 에틸 아세테이트, 부타날/부타논, 3-메틸부타날/3-메틸-1-부탄올는 감소했으며 이산화탄소 하에서는 거의 변화가 일어나지 않았다. 이 두 종류의 저장 조건에서 유리 지방산 및 감각적 특성 변화에서도 유사한 차이 일어났다.

가장 최근에 Dart와 Nursten이 상업용 동결 건조 커피의 헤드 스페이스로부터 80개 이상의 휘발성 물질을 확인했으며, 흡착제로 목탄을 사용했다. 확인 작업은 모세관 GC-MS를 Carbowax 20M 실리카 컬럼과 함께 사용하여 이루어졌다. 확인된 화합물로는 피라진, 티아졸, 티오펜, 피리딘, 피롤, 퍼퓨랄이 있다. 이 커피는 상대적으로 퍼퓨랄과 피라진이 많이 함유되어 있었다.

Sivetz와 Desrosier은 퍼퓨랄이 건초와 같은 냄새를 낸다고 했으며, 피리딘의 불쾌한 냄새는 신선한 커피에 첨가되었을 때, 인스턴트 커피의 특정한 향을 낸다고 했다. 그래서 이전 제품의 중요한 구성 요소가 될 수 있다고 했다.

제조 과정에서 많은 휘발성 물질들의 농도가 매우 감소한다는 것을 이미 언급했다. 그 중 몇 개는 한꺼번에 손실할 수도 있다. 예를 들어, Parliament 외 학자들은 E-2-논에날이 갓 분쇄된 커피에 존재하는 것을 알아냈다. 하지만 이 물질은 인스턴트 커피에는 존재하지 않는데, 0.2-2 μg/kg 정도 첨가 했을 때 나무와 같은 냄새를 커피에 더해주었다고 한다. 또한 가용성 커피에 시큼하고 떫으며, 톡 쏘는 맛을 줄여주어 맛을 좋게 만들어준다. 첨가되는 E-2-논에날의 농도는 중요하다. 높은 농도를 첨가하면 지방, 오이 같은 향을 내기 때문이다.

Sen과 Seaman은 5개의 인스턴트 커피 브랜드에 있는 N-니트로소피롤리딘과 같은 휘발성 니트로사민의 미량 원소를 감지해냈으며 HPLC를 통해 확증되었다. 이런 휘발성 물질들은 로스팅 과정과 커피 제조 과정에서 형성되었을 가능성이 있다.

갓 분쇄된 커피의 휘발성 물질에 관한 많은 연구가 진행되고 있으며, 그 이유는 아마도 인스턴트 커피보다 더 진한 향과 더 많은 휘발성 물질을 가지고 있기 때문이다. 인스턴트 커피에 관련된 대부분의 연구는 추후에 휘발성물질을 다시 첨가하고, 휘발성 물질들을 포집하는 방법을 발견하는 것뿐만 아니라 제조 과정에서 휘발성 물질을 최대한 유지시키는 것과 관련되어있다. 휘발성 물질 구성이나 농도, 각각의 휘발성의 물질의 감각적 기여에 관한 연구는 거의 진행된 것이 없다. 그러나 가공 조건의 있 변경에 관한 연구는 매우 많이 다. 예를 들어, Bouldoires 외 학자들은 수분을 함유한 분쇄 커피로부터 액체 이산화탄소를 이용해 휘발성 물질을 추출해낸 것에 대해 설명했다. 농축된 추출물은 수성 커피 추출물에 동결 건조 처리하기 전에 첨가된다. Rooker에 의한 특허방법은 활성 탄소를 커피 추출 과정에서 휘발성 물질을 흡착하기 위해 사용한다. 휘발성 물질들은 그 후에 목탄을 용매로 이용해 추출되어 회수된다. 에멀젼으로서 향 휘발성 물질을 함유하는 물과 혼합되지 않고, 비휘발성, 가식유인 커피 입자를 응집시키는 방법으로는 오일이 커피위에 뿌려지며 골고루 분산되게 하기 위해 계속해서 돌아간다. 이것과 유사한 방법이 가용성 커피 제조에 흔히 쓰인다.

Balassa와 Brody는 마이크로 캡슐화 방법을 커피에 적용에 대하여 설명했다. 휘발성 물질들이 제어된 속도로 방출되도록 입자를 코팅할 수 있다. 이것은 휘발성 물질을 유지하고 유효기간을 연장하며 공기 중 건조 및 산화를 방지하는데 효과적이다.

3.7 커피 휘발성 물질의 정량평가

커피 휘발성 물질의 몇 가지 정량 측정은 커피의 종, 혼합 정도, 로스팅 조건, 저장, 분석 기술등의 기준에 따라 그 측정 값이 달라지기는 하겠지만, 이 논문에서 계속해서 설명되어 왔다. 이러한 이유로 이런 매개변수들을 일정하게 유지 하지 않으면 정량 데이터를 비교하는 것은 불가능하다. 그럼에도 불구하고, 이러한 데이터는 매우 가치가 있다. 예를 들어 일정 농도에서 그것들의 향의 질의 연구에 의해 휘발성 물질들이 인지된 냄새에 어떠한 영향을 미치는지 측정함에 따라 알아낼 수 있다. 표7-5은 로스팅 커피에 있는 휘발성 물질의 대략적인 농도를 보여준다.

표 7-5 원두 일부 휘발성 성분의 대략적 농도 (mg / kg)

2-펜탄올	4	2,3-디메틸 피라진	6
3-메틸부타날	7	2,5-디메틸 피라진	30
헥사날	0.5	2,6-디메틸 피라진	40
벤즈알데하이드	2	2-에틸-3-메틸 피라진	10
2,3-부탄디온	3	트리 메틸 피라진	10
4-메틸-2-펜타논	6	2,3-디메틸-5-에틸 피라진	10
2,3-펜탄디온	4	테트라 메틸 피라진	3
2,3-헥산디온	1	아세틸 피라진	1
3-메틸싸이클로펜탄-		6,7-디하이드로-5*H*-사이클로 펜타- 피라진	8
1,2-디온	30	6,7-다이하이드로-5-메틸-5*H*-	
포름 산	1×10^{3}	사이클로 펜타 피라진	9
아세틱 산	3×10^{3}	(2-푸릴)메탄싸이올	1
프로피온 산	1×10^{2}	2-메틸티오메틸퓨란	1
부탄 산	60	2-퍼퓨릴-5-메틸퓨란	1
헥산 산	20	퍼퓨릴	10×10^{2}
헵탄 산	70	5-메틸퍼퓨릴	1×10^{2}
옥탄 산	4	5-하이드록시메틸퍼퓨릴	1×10^{2}
메틸 살리실산	1	2,5-디메틸-2H-3-푸라논	10
4-부탄올이드	5	4-하이드록시2,5-디메틸-2*H*-3푸라논	40
디메틸아마인	2	4-에톡시-2,5-디메틸-2*H*-3푸라논	5
피롤리딘	6	2-아세틸퓨란	20
피롤	2	2-아세토닐 퓨란	2
1-메틸피롤	2	4-(2-푸릴)-2부타논	5
1-에틸피롤	2	1-(2-푸릴)펜탄-1,2-디논	1
1-퍼퓨릴피롤	3	2-메틸-5-프로피오닐 퓨란	4
1-퍼퓨릴-2-메틸피롤	1	1-(2-푸릴)프로판-1,2-디온	4

2-포르밀피롤	10	1-(2-푸릴)부탄-1,2-디온	3
2-포르밀-1-메틸피롤	10	퍼퓨릴 알코올	5 × 10 2
2-포르밀-5-메틸피롤	4	5-메틸 퍼퓨릴 알코올	20
1-에틸-2-포르밀피롤	2	2-퓨란 카르복실 산	60
2-포르밀-1- 퍼퓨릴피롤	5	퍼퓨릴 아세테이트	10
2-아세틸피롤	10	퍼퓨릴 프로피오네이트	1
1-아세토닐피롤	2	디퍼퓨릴 에테르	2
피리딘	40	3-하이트록사-2-메틸-4-피론	30
2-아세틸 피리딘	4	2-아세틸-3-하이드록시피란	5
피라진	6	5,6-디하이드로-3,5-디하이드록시-2-메틸-4-피론	10
메틸 피라진	60	3,5-디하이드록시-2-메틸-4-피론	10
(2-푸릴) 피라진	5	포르폴린	1

이는 산성이 퓨란, 퍼퓨릴 알코올, 퍼퓨랄, 5-메틸퍼퓨랄에 비하여 상대적으로 높은 농도로 존재함을 보여준다. 그 다음 농도로는 피라킨, 피리딘, 추가 퓨란, 말톨이 있다. 일부 피롤은 10 mg/kg까지 존재하며, 많은 다른 화학적 휘발성 종류가 이보다 더 낮은 농도로 존재한다. 그러나 농도를 고려해야 할 필요가 있다.

한계치는 구성과 구조에 따라 상당히 달라진다. Maga는 한계치가 500000 μg/kg(피라진)부터 1μg/kg이하까지 가진 43개의 피라진을 나열해 놓았다.

일부 황화물질의 한계치는 표7-6에 나와있으며, 이 물질들이 매우 낮은 한계치를 가지고 있다는 것을 보여준다. 이것 때문에 강하고, 특징적 향을 가진 황 화합물들은 전체적인 향을 지배하는 것으로 경향이 있지만 특별한 농축 및 감지 기술들은 종종 중요한 검출과 정량화에 필요하다. 왜냐하면 낮은 농도로 존재하기 때문이다.

3.8 요약

휘발성 물질의 구성은 매우 복잡하며 여러 가지 요인에 의해 영향을 받는다(특히, 종류, 로스팅 정도, 이전과 후의 제조 과정과 저장). 신중한 통제는 필요한 향 품질의 제품을 일관성있게 얻을 때 필요하다. 처음 3가지 요인들이 4번째 요인보다 더 쉽게 통제시켜주며, 갓 로스팅된 커피의 짧은 유효기간은 로스팅 후 휘발성 물질들에 발생하는 빠른 변화때문이다.

표 7-6 황색 휘발성 물질의 임계 값

화합물	임계 값 (μg/kg)	아로마 품질
디메틸디설파이드	10	야채 (쿠키)
디메틸트리설파이드	0.01	야채 (쿠키)
(2-푸릴) 메테인싸이올	0.005	원두 커피, 이황
(5-메틸-2-푸릴)메테인싸이올	0.05	미티, 이황
2,5-디메틸-3-(메틸디티오)퓨란	0.01	
퍼퓨릴 메틸 디설파이드	0.04	빵 류
카후우퓨란	5.0	원두커피, 이황

휘발성 물질은 향의 품질, 효능, 농도에 따라 다르며, 다른 휘발성 물질들에 대한 각각의 영향은 존재한다.

기후적, 수확 방법, 로스팅, 그 밖의 차이로 인한 커피 향의 변수에도 불구하고, 커피 맛에 관한 전문 평가를 이용하여 로스팅 커피의 혼합을 통해 꽤 일정한 상품이 제조된다. 그러므로 비록 많은 지식이 쌓여 있지만 한 편으로는 마이야르 반응와 다른 반응들로 인해 다양한 휘발성 물질을형성하고 특정 휘발성 물질의 형성을 하는 요인들에 의해 열매의 선별이 이루어진다. 기체 크로마토 그래피 프로파일은 너무 복잡해서 추출 시 감각적 품질을 예측하기는 어렵지만 휘발성 및 감각적 분석 사이의 제한된 상관관계가 얻어졌으며, 추가 연구는 상당한 가능성을 가지고 있다.

카복실산

제8장

1. 인퓨전에서 산성의 역할

내린 커피 및 인퓨전의 인지된 산도는 품질을 결정하는데 중요한 요소로 인식된다. 연하게 로스팅된 커피의 인퓨전은 잘 발달되어야만 하고, '양호한' 산성도를 가져야만 하는데 이것은 입을 빠르게 청결하게 해준다. 반대로 진하게 로스팅된 커피는 아주 약하거나 산성도가 없기 때문에 순수한 상태에서는 바람직한 쓴 맛이 난다.

커피와 커피 인퓨전에서 찾아낸 산성의 유형은 지방성의 카복실산이며, 이 장에서 대부분 이부분에대해 다루게 될 것이다. 하지만 클로로젠산과 함께 지환식, 이종고리 산에 대해서도 5장에서 기술했었다. 인산도 매우 중요하다고 보고된 바 있다.

1.1 맛과 향에 주는 산성도의 중요성

풍미는 맛과 향이 합쳐진다는 것을 감안할 때, 산성도가 풍미를 통제한다는 역할을 평가 절하시킨다고 볼 수 있다. 많은 풍미 있는 유기 화합물들은 그것들의 이온화 할 수 있는 카르복실 그룹(또는 일부 페놀계히드록시 그룹)을 통해 사실 상 산성이다. 산성도는 엄격히 따지면 오직 수소 이온 농도(pH)에 의해 결정되며, 이것은 이온화의 정도, 주어진 농도의 산 복합체 또는 산의 수용성 용액에 존재하는 산의 해리와 연관이 있다. 해리되지 않은 산의 분자는 그것들의 휘발성으로 인해 맛에 영향을 주며 그리고 음이온들은 일부 별개의 맛에 영향을 줄지도 모른다. pH의 변화는 산성도뿐만 아니라 맛의 특징도 변하게 할 것이다. 이러한 현상은 Langler와 협력 연구가들이 잘 보여주고 있다. 이들은 치즈에 있는 pH 4.5의 카르복실산의 혼합물과 다른 맛을 내는 화합물들이 신 맛을 냈다고 한다. 그러나 pH가 5.6으로 상승했을 때(이것이 전형적인 치즈의 산도) 동일한 물질의 복합체는 마치 '스위스 치즈'같은 맛을 발생시킨다. 커피와 더 연관된 것으로는 Sivetz가 알칼리 물질을 첨가해서 인퓨전을 중성화 하는 것이 불쾌한 알칼리 변형 향을 냈다고 한다. 미국에서, 중성화된 인스턴트 커피가 상품으로 나왔지만 그리 인기를 얻지는 못했다.

수소 이온과 함께 해리되지 않은 분자들과 그들의 비휘발성 음이온들의 다른 역할이 맛과 풍미에서 잘 볼 수 있으며, 신경계인 뇌를 통해 특히 입, 혀, 비강, 혀, 같은 인간의 몸의 감각기적 메커니즘에 의한 검토방법으로 가능하다. 전체적인 감각 인지는 촉각, 맛, 향(휘발성 화합물)의 혼합이다. 산은 수소 이온으로 인해 혀로부터 신 맛을 느끼게 할 것이며, 만약 해리되지 않은 산이 효과적으로 휘발된다면 낮은 한계치를 가진다. 혀의 떫은 효과도 발생할 지도 모른다.

'신 맛'이라는 용어는 커피를 마실 때 산성도의 바람직하지 못한 형태를 묘사하는 것이며 아마도 이것은 특정존재하는 산의 향 성분은 추가적인 향에 영향을 줄 것이다.

커피에 있는 여러 가지의 산들은 특정한 향을 가지고 있으며 이들 중 몇 개는 표8-1에 나와있다. 대부분의 낮은 지방족 산들은 4~8ppm의 수성 용액 한계치를 가지고 있다. 퀸산은 전체 산성도에서 1%의 낮은 농도로 존재할 때, 식품의 산성도를 강화시키는 것으로 나타났다.

표 8-1 레이버의 일부 지방산

산	플레이버
피루브	번트, 카라멜, 사워
2-메틸부탈릭	치즈, 버터, 크림, 초콜릿
2-메틸발레르	코코아, 초콜렛
2-에틸부탈릭	넛, 과일
레불린	스위트, 카라멜, 산

이와 같은 상승작용 효과는 향에 관한 산 복합체의 효과를 평가하는 데 있어 어려움을 만든다.

1.2 PH와 산 함량 사이 관계

산은 수소이온(또는 광자) 그리고 음이온이 제공된다면, 수용액에서 많은 혹은 적은 정도로 해리되거나 이온화된다. 수소이온은 실제로 용매화물(H_3^+O)이다. 분자 평형은 간단히 이와 같이 표현된다.

$$HA \rightleftharpoons H^+ + A^-$$

해리되지 않은 산 분자   수소 이온   음이온

음이온은 산의 염 용액에서 발견되지만 산 그 자체보다 더 큰 범위로 해리된다. 이 평형에 대한 수학적 관계는 물리 화학의 표준 텍스트에 기술되어있다. 해리상수(K_a)는 그것들의 농도(몰)에 관하여 평형에서의 3개의 구성성분의 관계를 나타낸다.

$$K_a = \frac{[H^+][음이온]}{[HA]}$$

특정 산에 대한 K_a 값은 온도에 의존하며, 일반적으로 묽은 용액에서는 일정하지만 농축 용액에서는 확실히 다를지도 모른다. 엄밀히 말하면 이 표현식은 농도보다는 활동도를 기반으로 한다.

높은 농도에서 이 매개변수 사이 큰 차이들은 존재하며 명백한 편차가 초래된다. 수소이온 농도는 간단하게 PH 부호로 표현된다. Henderson-Hasselbach 방정식은 산가에 대한 용액의 PH와 관련된다.

$$pH = \log \frac{[음이온]}{[HA]} - \log K_a$$

해리 상수의 음의 대수는 PKa 값으로 알려져 있으며, PH 값(마이너스 기호가 생략된 수소 이온 농도의 대수)과 유사한 방식이다.

$$pH - pK_a = \log \left[음이온 \right] / [HA]$$

용액의 PH 변화는 주어진 산 그리고/또는 다른 산의 존재에 의해 다른 전반적 농도로부터 결과를 얻을 수 있다. 단일 산으로 된 순수한 용액에서 수소이온의 몰 농도는 반드시 음이온의 농도와 동일할 것이다. 방정식은 예를 들어 PH-PKa=2일 때, 음이온의 농도가 해리되지 않는 산 분자 농도의 100배이며, 유사하게 PH-PKa=-2일 때 해리되지 않는 산 분자농도는 음이온에 대하여 100일 것이다. 따라서 PH 값이 PKa 값에 2단위 아래일 때, 산은 해리되지 않은 형태로 실질적 목적을 가지고 존재한다. 한 단위 차이 이내에서는 음이온과 해리되지 않은 산의 비율은 PH 변화에 따라 빠르게 변하며, 이것은 소위 완충지역이라 한다.

단일카르복실산의 PKa 값이 3.8-4.7 범위일 때, 그것들은 커피의 인퓨전으로 존재할 것이며, 전형적인, 바람직한 PH 값이 4.9에서 5.2로 존재하면 일부는 해리되지 않는 분자(또는 소위 자유산)

일부는 음이온으로 존재한다. 표8-2는커피 인퓨전에 상황과 상응하는

PKa 값으로부터 PH값 범위 차이가 존재하는 2개의 상대적 비율을 보여준다.

　구체적인 예로 아세트산을 취하면, PKa 값은 4.7이고 PH가 5.0을 갖는 커피 인퓨전에서 비해리된 산의 백분율은 약 33%이며, 반면 4.7의 PH에서는 50%이고, 오직 5.7 및 그 이상에서는 산이 대부분 이온화되어있을 것이다.

표 8-2 pH의 기능으로서 용액 중의 '자유 산'과 음이온의 상대 비율

pH-Pk$_a$	해리되지 않은 산이 존재하는 %	음이온이 존재하는 %
+0.5	21	79
+0.75	15	85
+1.0	9	91

　디, 트리카복실산의 각각의 카르복실기는 그 자체의 PKa 값을 가지고 있다. 첫 그룹으로는 예를 들어 구연산에서 단일 카르복실산(PKa=4.5)에 대한 전형적인 해리 상수를 갖는다. 다른 그룹들은 음이온의 높은 백분율을 산출하는데 필요한 보다 높은 PH값을 반영하여 더 높은 값을 갖는다. 따라서 3번째 카르복실산 그룹은 6.7의 PKa 값을 갖는다. PH 값은 따라서 음이온의 높은 백분율(3개의 음전하를 나른다), 완전히 해리된 산의 낮은 백분율을 산출하기 위해서는 PH가 거의 9에 근접하게 될 필요가 있다. 퀸산과 단일카페인 퀸산의 카르복실기 그룹에 대해 공표된 PKa 값은 3.4-3.6의 범위로 떨어진다. 반면 단일 카페인 퀴산의 방향족 히드록시 그룹은 8.45의 PKa 값을 갖는다. 대도적으로 무기질산은 매우 낮은 Pka값을 갖으며, 인산은 1.83의 PKa 값을 갖는다. 이러한 유형의 계산은 수소이온 제공(산도)에 따른 그들의 기여를 넘어 전반적 향에 대하여 다양한 유기산의 상당한 부가적 역할을 입증하는 데 있어 중요하다. 비해리된 산은 향에 기여하며 향은 풍미에 그리고 수소이온은 산도에 기여한다. PH의 작은 변화는 전체 맛의 특성에 상당한 변화를 일으킬 수 있습니다. 이 방

정식의 올바른 사용은 내린 커피 내에 다른 양이온의 존재와 산 해리에 연루되는 이온 평형에서의 효과에 의해 실제로 더 복잡합니다. 내린 커피의 PH 변화가 작다는 보고가 많이 있었다. 0.1 정도 낮아지면 신맛이라고 인식되는 산도에 상당한 차이가 반영될 수 있다. Pangbourn는 실제로 신맛이라는 단어를 사용했고, 산도로부터 그것을 구별하지는 않았다. 이 PH의 작은 차이는 몇몇 향 요소들의 부재에 관해 혀가 감지를 할 수 있을지 없을지 확실하지는 않다. 그러나 voilley 외 학자들은 그들의 포괄적 연구에서 물리-화학적 분석에서 감수성 특징과 관련된 광범위한 내린 커피의 통계학적 상관관계를 통해 PH가 지각된 산도와의 상관관계가 낮다라는 것을 알아냈다. 이것은 대조적으로 적정산도, 산도의 또 다른 측정으로 관찰된 매우 높은 상관계수이었다. 산도는 총 존재하는 산의 측정치이며 높은 PH 수준인 표준 알카리로 적정을 한다. Voilley는 인지된 산도(또한 적정 산도)가 높을수록 향의 정도(숙련된 패널의 품질 및 강도 비율)가 올라가게된다.

PH는 상당하게 비해리된 분자에 대한 음이온의 농도의 비율에 영향을 미치지만 이들 분자의 절대농도는 별도의 향미 효과를 제공하는데 중요하다. 실제 산도 3.5에 관해서는 높은 PKa 값의 산에 의해 제공되지 않으며, 다른 어떤 요인이 효과적일 수 있다.

2. 생두의 산 함유

Mabrouk과 Deatherage, Lentner와 Deatherage, Nakabayashi는 아라비카생두가 0.5%의 구연산, 0.5% 말릭산, 0.2%의 옥살산, 0.4%의 타르타르산을 포함한 비휘발성 산을 갖고 있다는 자료를 내놓았다. 반면에 Vitzthum은 GC 방법을 이용한 아라비카생두의 휘발성 물질에 관한 자세한 연구에서 확인된 휘발성 물질들 중에서 어떤 특별한 산도 찾아내지 못했다고 보고했다. 로부스타 커피에 관한 자료는 아직 없지만, Northmore은 신선하고 흠이 없는 열매에서보다 냄새가 나는 열매에 더 많은 양의 아세트산이 있었다고 보고했다. 생두에 있는 산의 양은 추후 로스팅 원두의 품질을 가늠하는 지표가 될 수도 있으므로 매우 중요하다.

로스팅 전에 오랫동안 저장된 커피로부터 만든 인퓨전은 상응하는 새로운 열매로부터 만든 것들보다 아주 약간 더 산성인 것으로 나타났다. 이 산성은 pH를 이용하는 것 뿐만 아니라 감각적으로 감지할 수 있는데, 보관한 지 4~5년이 지나면 0.4만큼 낮아진다. Wajda와 Walczyk는 지방종자에서처럼 산은 지방질의 효소 가수 분해로 인해 해방된다고 한다. 그들은 시간이 따른 유리 지방산의 증가는 이것은 온대 기후보다 습한 적도 기후에서 더 빨리 일어난다고 했다. 불행히도, 그들의 결과는 산성도와 지방의 중요한 상관관계를 보여주기에 부족한 것으로 나타났다. 그러나 산성도와 저장 기간의 상관관계에 대해서는 매우 확실했다.

3. 로스팅 커피의 산 함유

3.1 확인된 산

일부 34개의 지방산들은 로스팅 커피에서 확인되어 Vitzthum에 의해 보고, 리스트화 되었다. 주요 연구가들은 Mabrouk과 Deatherage, Lentner와 Deatherage, Feldman과 협력 연구가들, Woodman과 협력 연구가들, Nakabayashi와 Blanc이며, 반면에 Schormiiller와 Rubach, Blanc와 Angelucci는 인스턴트 커피의 산 함량을 측정했다.

34개의 산은 15개의 휘발성 단일카르복실포화산으로 구성되어 있으며, 반면 나머지는 비휘발성이다. 후자들은 단일카르복실포화산, 글리콜산, 락트산, 피루빈산, 디카르복실포화산, 옥살산, 말론산, 숙신산, 말산, 타르타르산, 글루타르산, 디카르복실불포화산, 푸마르산, 말레이산, 시트라콘산, 메사콘산, 이타콘산, 트리카르복실불포화산, 아코니트산, 포화산, 구연산을 포함한다.

이종고리 퓨라노이드단일카르복실 산인 2-퓨로이산은 로스팅 커피에서 발견되었다. 소위 말하는 페놀산인 클로로젠산과 그것들의 로스팅시 분해 물질들은 5장에서 자세히 다루었다. 이 분해 물질들 중 중요한 물질은 퀸산 으로써지방족 고리 화합물이다. 비록 카르복실 산은 아니지만 Maier는 최근에 포스포릭 산이 커피의 산성도를 고려하는데 가장 중요하다고 말했다.

3.2 양적자료

위에서 언급한 많은 종류의 지방족산은 아주 소량이나 아니면 미량 원소의 형태로 존재한다고 알려져 있으며, 정확하게 질량화된 적이 없다. 그러나 표8-3과 같이 구연산, 말산, 아세트산, 락트산, 피루빈산은 꽤 많은 양이 존재한다고 대부분의 학자들에 의해 보고한 바 있다.

반면에 약 20%의 로스팅 커피에서 얻은 가용성 고형물 양에서 국내에서 제조된 내린 커피에 있는 실제 산의 함량(각 물질 또는 총량)은 산성도와 전체적인 풍미와의 관계에 있어서 많은 주목을 받고 있으며, 로스팅 커피를 이용한 논문 결과들을 보면 로스팅 커피를 기준이 가장 비교하기 편한 형식이다. 건조 추출을 기준으로 직접적으로 얻은 결과일 때, 이것을 로스팅 커피의 기준으로 수치들을 바꿀 수 있기 위해서 추출물에서 가용성 고형물의 정확한 양을 알아야 할 필요가 있다. 그러나 산 함량은 주로 로스팅 커피에서 나온 수용성 추출물로부터 맨 처음 측정된다. 일반적으로 산성 물질의 추출물 그 자체는 100%일 것이라고 가정한다. 이것은 Soxhlet 추출을 이용하면 실제로 맞는 결과를 주며, 아마도 집에서 내린 커피의 경우에는 낮은 추출양일 때 거의 동일할 것이다.

각 산 함량의 백분율을 보여주는 자료가 나와있지만, 확인된 산들에 관한 합산 기준도 알 수 있다. 산 함량은 특정 산의 밀리그램 당량으로도 표현된다. 산의 분자량/(1000x카르복실 그룹 숫자)로 계산할 수 있으며, 또한 총 산 함량에는 개별로 확인되지 않은 산도 포함되는데, 기본 알칼리 용액의 양(ml)을 이용한 다음 특정 pH종말점으로의적정한다.

Mabrouk과 Lentner가 Deatherage와 함께 논문에서 발표한 자료를 보면, 각각의 경우에서 커피 추출물의 산성도는 커피의 로스팅 정도에 매우 많이 좌우된다고 했다. 일반적으로 진하게 로스팅 될수록 산 함량이 더 낮은 것으로 나왔다. 그러므로 다른 학자들에 의한 비교 자료를 볼 때 로스팅 정도를 아는 것이 매우 중요하다. 가장 큰 관심이 가는 로스팅 커피는 중간 로스팅 커피이다.

가장 최근의 자료는 Blanc가 발표 했으며, 이 학자는 두 가지의 로스팅 커피(탄자니아와 케냐 아라비카 커피)의 수성 추출물에 있는 구연산, 말산, 락트산, 피루빈산, 아세트산의 산 함량을 다른 로스팅 정도에 따라 측정했다. 추출 방법은 나와있지 않으며, 함량을 건조 로스팅 커피의 백분율로 표시했을 것이라고 가정한다. 각각의 산들은 효소적 방법을 통해 측정되었다. 불행하게도, 로스팅 손실이 주어졌음에도 불구하고, 기존 생두의 수분 함량은 주어지지 않았다. 이 실험에서 예상할 수 있듯이 비슷한 로스팅 손실이 일어날 때, 두 커피의 산 함량은 매우 비슷했다. 그의 모든 결과가 나와있다.

Feldman과 협력 연구가들이 연구한 다른 두 종류의 로스팅 아라비카커피(콜롬비아와 산토스)에 있는 동일 성분들에 대해 아세트산을 제외하고는 결과들이 양의 순서가 일치하지 않았다. 그들은 또한 다른 산 종류의 백분율 함량(건조 로스팅 커피 기준)에 대해 보고했으며, 여기에는 단일카르복실 휘발성 산과 최대 C10까지 포함되어 있다. 진한 로스팅과 중간 로스팅 커피에 관한 자료는 GC 방법을 이용해 얻어냈다. 비휘발성 산에 관한 결과는 꽤 낮게 나왔으며, 메틸에스테르에서산으로 전환시켜서 얻어낼 수 있었다.

Woodman과 협력 연구가들은 4가지의 다른 로스팅 정도에 따른 산토스로스팅 커피에 있는 수많은 산 성분들을 막대 그래프의 형태로 표시했다.

표 8-3 로스팅 중 카르복실 산의 함량 변화

커피의 중량 손실 (%)	구연 산	말릭 산	락트 산	피루브 산	아세틱 산	전체
11.60	0.87	0.39	0.08	0.17	0.11	1.62
12.15	0.78	0.28	0.03	0.09	0.10	1.28
13.45	0.74	0.34	0.15	0.13	0.24	1.60
13.80	0.68	0.27	0.32	0.14	0.27	1.68
15.10	0.72	0.21	0.12	0.13	0.31	1.49
17.25	0.51	0.24	0.32	0.13	0.25	1.45
17.75	0.55	0.24	0.10	0.14	0.22	1.25

Melitta 질산칼륨 기계을 이용해 수성 추출물이 추출되었다. 산들은 금속염의 형태로 분리되었으며 각각의 산들은 메틸화 과정 이후에 GC 과정을 통해 정량화 되었다. 이와 동일한 절차가 적용되며 차후 예비 분리로 컬럼크로마토그래피에 이용되었다. 표8-4은 여기서 얻은 자료를 보여주고 있다. 로스팅 손실 16.2%의 수치를 보면, 구연산은 0.37%의 양이, 말산은 0.17%, 락트산(숙신산도 포함)은 0.11%, 아세트산(메사콘산 포함)은 0.40%의 양이 존재한다는 것을 보여주는데, 이것은 Blanc의 결과와 다르지 않다.

Lentner와 Deatherage의 이전 자료들은 Blanc가 참조 했는데, 여기에서는 말산이 0.35~0,50%, 아세트산이 0.12~0.4% 함유되어 있었다. 이것보다 더 이전에 Mabrouk과 Deatherage의 초기 연구에는말산 0.46%, 구연산 0.50%, 피루빈산 0.06%이 나왔으며, 비슷한 중간 로스팅일 때 아세트산은 오직 0.04%만 존재했다.

표 8-4 로스팅시 카르 복실 산의 함량 변화 (건조 물질 %):

커피의 중량 손실 (%)	구연 산	말릭 산	락트 산	피루브 산	아세틱 산	전체
9.65	0.70	0.30	0.09	0.09	0.40	1.58
11.00	0.80	0.36	0.00	0.04	0.17	1.37
12.00	0.63	0.27	0.13	0.07	0.10	1.20
12.90	0.57	0.38	0.10	0.07	0.21	1.33
14.10	0.51	0.25	0.05	0.10	0.35	1.26
15.80	0.30	0.22	0.11	0.07	0.27	0.97
20.00	0.18	0.19	0.16	0.09	0.09	0.71

표 8-5 원두의 산 성분3: 콜롬비아 산 및 산토스 아라비카 소스 산

커피	로스팅 정도	구연 산	말릭 산	락트 산	피루브 산	아세트산
콤롬비아	중간	0-035	0-015	0-078	0-058	0-092
	진한	0-018	0-018	0-077	0-051	0-072
산토스	중간	0-042	0-0025	0-055	0-050	0-079
	진한	0-027	0-039	0-058	0-028	0-066

3건조된 원두 %.

Woodman은 또한 존재하는 포름산이 16.2%의 로스팅 손실이 있을 때 약 0.1%정도 존재한다고 정량화했으며, 이 수치는 다른 로스팅 색의 아라비카에 관한 Feldman의 실험(0.055~0.092%)에서 보고된 것과 비슷했다.

대부분의 양적 자료는 아라비카 커피에 관한 자료이다. 로부스타 커피와의 유일한 비교 자료는 Feldman과 협력 연구가들이 발표한 자료뿐이다. 비슷한 로스팅 정도일 때론 부스타 커피가 다소 높은 양의 포름산을 가지고 있었지만 아세트산의 양은 매우 비슷했다. 다른 산 물질의 수치는 두 커피 모두에서 낮게 나왔지만 구연산, 타르타르산, 피루빈산, 말레익산/퓨마릭산은 높은 양이 나왔다. 로스팅 커피에 있는 총 산 함량에 관한 자료들도 나와있으며 주로 개별적으로 정량화된 지방족산의 합산으로 측정된다.

표 8-6 원두의 산 함량: (원산지 산토스)

로스팅 손실 (%)	구연 산	말릭 산	락트 산	아세트 산
13.8	0.30	0.20	0.10	0.10
14.5	0.17	0.18	0.11	0.22
16.2	0.37	0.17	0.11	0.40
18.3	0.27	0.15	0.10	0.20

그러나 다른 산들, 특정 퀸산, 변하지 않는 클로로젠산은 존재한다고 알려져있으며, 총 산 함량에는 이 산들도 포함되며 측정 방법에 따라 달라진다. 다른 로스팅정도의 산들의 양은 Maier와 Grimsehl, Blanc에 의해측정됐다. 두 가지 아라비카 커피에 있는 퀸산 함량과 남아있는 클로로젠산의 양에 대한 자료는 Blanc에 의해 제공됐으며, 표8-7에 나와있다. 클로로젠산은로스트 손실과 함께 감소됨에 따라 퀸산 함량은 계속적으로 증가한다. 비록 퀸산의 증가는 클로로젠산의 증가와 함께 세포조직생리학적으로 일치하는 않지만 관계는 선형을 이루었다. 중간 로스팅한 아라비카커피는 약 0.6~0.8%의 퀸산과 2.20~2.40%의 클로로젠산을 포함하고 있을 것이다.

Woodman의 과정을 통해 추출된 소듐 염의 총 질량을 보면, 추출 고형물의 12~17% 정도를 차지하는 것으로 나타났다. 추출양이 20%라고 가정했을 때 소듐 양을 계산하면 로스팅 커피 기준일 때 1.5~2.5%의 총 산 함량이 나오지만, 여기에는 퀸산(최대 1%)과 다른 소량의 산들은 따로 계산되지 않은 양이다. 총 로스팅 손실 16.2%일 때 총 량은 대략 2.5%이며 여기에서 확인된 산의 1.45%는 지방산이 차지하는 것으로 나타났다. Maier는 생두의 인산 또는 인산 이온 함량을 고려하였지만 Ferreira는 Pin 14 앙골라 아라비카 커피에서 평균 0.17%가 나왔으며, 4개의 로부스타커피에서도 정확히 같은 평균량을 발견했다.

표 8-7 로스팅 중 퀴논 및 클로로젠 산의 함유율 변화

과테말라			케냐		
커피 중량 손실(%)	퀴논 산	클로로젠 산	커피 중량 손실(%)	퀴논 산	클로로젠 산
11.40	0.32	4.50	9.65	0.56	4.40
12.55	0.41	4.20	11.00	0.60	3.80
13.70	0.41	3.75	12.00	0.64	3.75
15.05	0.48	3.20	12.90	0.51	3.10
16.50	0.62	2.40	14.10	0.73	2.60
18.60	0.77	1.60	15.80	0.77	2.20
20.30	0.78	1.10	20.00	0.87	1.20

로스팅 커피는 Maier는 녹색 커피의 인산이나 인산이온에 대해 더 연구해야 한다고 했다. 그러므로 로스팅 커피는 약 0.54%의 인산 이온을 함유하고 있다고 볼 수 있다. 인스턴트 커피를 제외하고는 이 특성 물질에 관한 자료가 없기 때문에 커피를 내릴 때 얼마만큼의 이 인산 이온이 추출될 것인지는 알 수 없다.

3.3 로스팅에서의 변화

연한 로스팅에서 진한 로스팅까지로스팅 범위에 관한 자료는 매우 흥미로운 사실을 많이 알려준다. 총 산이 최대 약 15~16%의 로스팅 손실에서 최대라는 일반적인 견해가 있으며, 이것은 중간 로스팅 정도와 상응하고 이것이 결국 '좋은'산성도를 관하여 최적의 품질을 제공한다고 명시되어 있다. 총 산 함량이 진실인지는 그리 확실하지는 않다. 그러나 Nakabayashi는 그가 확인한 산들이 계속적으로 증가한다고 했지만 로스팅 손실이 15% 이상인 커피로는 연구하지 않았다.

Lentner와 Deatherage의 초기 연구 보고서를 보면, 진하게 로스팅된 커피에 있는 증가된 양으로 존재하는 포름산, 아세트산, 부티르산이 현대 연구에 의해 입증되지 않았다고 한다. Blanc는 로스팅 초기 과정에서 아세트

산이 빠르게 증가하는 것을 알아냈으며, 최대값이 로스팅의 정확한 조건에 의해 크게 좌우된다고 강조했다. 14%나 15%의 로스팅 손실 이후에 양은 감소했다. Nakabayashi는 포름산에 관해 이와 비슷한 관찰은 했으며, Feldman과 협력 연구가들은 로스팅 정도가 연한 샘플보다 진한 샘플에서 모두 더 적은 양의 아세트산을 발견할 수 있었다. Woodman과 협력 연구가들은 또한 중간 로스팅에서 아세틱기를 포함한 피크에 대하여 최대치를 발견했고, 진한 로스팅에서 아세트산의 비율이 급격히 감소했다. 물론 마무리 온도가 섭씨 200도 또는 그 이상일 때, 섭씨 100도씨보다 약간 높은 끓는 점을 가진 양이 적은 카르복실산이 로스팅의 후기 단계에서 별로 휘발되지 않을 것이라는 것을 상상하기는 어렵다.

생두에서 초기에 함량이 증가하는 구연산과 말산은 로스팅 과정에서 꾸준히 손실이 일어나며 이 물질들의 분해 물질이 꾸준히 형성된다는 것이 보고되었다.

이러한 모든 자료들은 일반적인 대기조건에서 로스팅된 커피를 기준으로 한다. 그러나 가압 로스팅에 대한 관심이 생겨나고 있으며, 이 과정은 많은 로스터로 가능하며 또 이것에 대해 많은 특허가 나 있는 상태이다. Sivetz는 이런 로스터들에 대해 기술했으며, 이 중 한 가지인 Smitherm Continuous Pressure Roaster을 이용한 연구에 대해 보고했다. 이 로스터로부터 내려 준비된 커피에 대해 연구된 여러 가지 요인들 중에서 여러 가지 작동 조건하에서 그는 pH 측정을 전통적인 무압력 로스팅을 이용해 산성도를 비교했다. 모든 커피를 비교했을 때(로부스타와아라비카), 동일 수준의로스팅 커피에서 내린 것의 pH가 압력을 가한 로스터에서 항상 낮게 나왔다고 한다. 반면에 중간 색으로 로스팅된 브라질산 커피는 전통적 로스팅에서 pH 5.23을 보였으며, 값은 압력 로스팅에서 5.00으로 내려갔다. 이러한 변화를 동반하는 것은 내린 커피(또는 증가한 추출양)에 있는 가용성 고형물의 농도가 증가했기 때문이다. 그는 압력이 가해진 로스팅은로부스타 커피에 산성도의 증가가 더 필요했기 때문에 압력을 가한 로스팅이 더 적절하다고 결론을 내렸다. 그러나 압력을 가한 로스팅은 고품질의 습한 공정을 거친 아라비카 커피에는 적합하지 않다.

3.4 저장 과정에서의 변화

로스팅 커피의 저장과정에서 일어나는 휘발성 물질의 손실은 이미 관찰되었으며, 이 손실은 휘발성 산이 아마 같은 메커니즘에 의해 손실될 것이라는 짐작을 가능케 한다. 그러나 Cros와 협력 연구가들, Walkowski는 저장 과정에서 산성도가 증가하는 것은 pH의 감소와 내린 커피의 적정 산도가 증가했기 때문에 감지될 수 있다고 말했다. 게다가 이러한 변화를 제어하는 중요한 요인은 포장의 밀폐 정도이다.이 두 가지 현상은 휘발성 물질 손실에 대기 중 산소에 의해 산화되어 산으로 전활 될 많은 알데히드가 포함되는 것과 관련될지도 모른다.

3.5 인지된 산도 관계

이 주제는 이미 섹션 1.1과 1.2에서 다루었다. 논문에는 산은 pH측정을 이용해 측정되는 산도에 실제적 또는 향 함축과 연관되어 있던지 간에 가장 중요하다는 것에 관한 분명한 합의는 없다. 왜 로부스타 커피(브라질산 건조한 공정을 거친 아라비카)가 동일한 로스팅색과 내리는 조건을 갖췄어도 습한 공정을 거친 아라비카보다 더 적은 산 인퓨전을 주는지에 대해 설명할 필요가 있다. 또한 더 나아가서 왜 더 진하게 로스팅된 커피가 연하게/중간 로스팅된 커피보다 더 적은 산 인퓨전을 주는지도 설명할 필요가 있다. 또한 주어진 패널이 정말로 제대로된 산도를 제공하는지 평가하는 데 있어 몇 가지 문제가 있을 것이다. 아라비카보다 로부스타 커피의 더 많은 함량의 클로로젠산은(특히 dicaffeoyl 유형, 그리고 퀸산의 함량) 산성 특정의 차이점에 대해 설명되지 않을 수 있다. 상대적으로 적은 양으로 존재하는 단일 카복실산의 pka 값과 클로로젠산의카르복시기여도와 내린 커피의 관찰된 ph값은 수소 이온의 현저한 기여를 설명하지 못한다. 특히 칼륨 양이온의 부재, 기타 금속 양이온의 작은 양에 관해서 말이다. 칼륨은 중간 로스팅된 아라비카 커피에서 최대 1.8% 존재할 것이며, 따라서 1% 용액이나 커피 고형물 내린 커피에 0.09% (w/w)존재하며, 로부스타 커피에서는 다소 더 존재한다. 단일 카복실산은 로스팅 커피에서 총 2.0%를 차지하며 이것은 내린 커피에서 유사하게 0.10%로 존재한다. 로스팅 커피에 있는 약 0.7%의 퀸산은 내린 커피에서만 약 0.035% 존재하며 반면에 클로로젠산은 로부스타에서 약간 더 높은 농도로 존재하는데 약 0.10~0.20%가 있다. 진한 로스팅의 영향이 이러한 모든 물질의 함량을 감소시키는 것으로 보이며, 예외적으로 퀸산만 약간 증가한다. 로스팅 커피에 있는 포스포릭산은 낮은 pKa값을 가지며, 실제로 Maier는 이 산을 가장 중요한 산으로 여긴다. 완전히 해리된 산은 0.027% (w/w)의 인산 이온으로 존재하며 내린 커피1% (w/w)에 있는 수소 이온의 주요한 기여물이 될 것이다. 그러나 로부스타와 아라비카 그리고 중간부터 진한 로스팅까지의 산성도 차이점에 관한 그것들의 중요성을 설명할만한 충분한 자료가 없다.

약 15~16%의 로스팅손실에서 지방산의 최대 함량의 관찰은산도, 순도에 있어 중요할 것이다.

4. 건조된 커피 추출물의 산 함량(인스턴트 커피)

Blanc는 로스팅 커피에 있는 각 산의 함량을 측정했을 뿐만 아니라 분무 건조법과 동결건조법을 거친 미국, 독일, 프랑스, 스위스에서 판매된 상업용 인스턴트 커피도 연구했다. 그는 총 산 함량 백분율을 보고 했으며(5개의 같은 개별 산의 합산을 통해), 각 국가의 제한 및 평균은 표8-8에 나와있다. 독일 커피가 높은 평균치를 나타내는 것은 중간 로스팅한 고품질의아라비카가 일반적으로 사용된다는 것을 암시하며 반면에 가장 낮은 평균을 보인 프랑스 샘플은 그와 상응하는 더 진한 로스팅이 적용되었다는 것을 알려준다. 총 지방산 함량 평균의 3.8%는 생두아라비카커피를 중간 로스팅 했을 때에 총 지방산 함량인 1.00~1.45%와 비교되었으며, 이 사실은 제조 과정에서 건조 기준 추출 수율이 40~50%라고 가정하면 건조 추출물에 대한 산업 공정의 결과로 산 함량이 상대적으로 적게 증가한다.

표 8-8 제조국가별 인스턴트 커피의 총 산 함량

국가	평균 (%)	범위 (%)
독일	3.8	2.8-4.7
미국	3.0	2-3-4.9
스위스	2.8	2.3-2.8
프랑스	2.3	1.5-2.3

총 구연산, 말산, 유산, 피루브산 및 아세트산(%).

상업용 추출물에 관한 또 다른 자료는 Schormiiller와 협력 연구가들이 내놓았으며 Blanc가 인용했다. 이 자료는 다음과 같은 함량을 보여준다. 총 4.18% (db)에서 구연산 2.20%, 말산 0.50%, 락트산0.45%, 아세트산 0.95%, 피루빈산 0.08%. 이 수치들은 아세트산과 구연간의 첨가가 제조 과정의 결과로 인해 매우 증가했다는 것을 보여준다. 상업용 추출물의 분무/동결건조법 과정에서의 휘발성 물실에서 분리된 지방산의 손실에 관한 연구는 거의 없다. 완전한 비휘발성 산에서는 손실이 전혀 일어나지 않지만, 그 중에서 휘발성인 물질들은 건조 조건, 추출의 초기 농도에 따라 많은 손실이 좌우된다.

모델 시스템을 이용함으로써 Gero와 Smyrl은 휘발성 산들이 동결건조 조건에서 손실되었다고 보고했다. 손실 백분율은 다당류가 존재함으로써 감소되며, 휘발성과 산의 초기 농도에 따라 달라진다. 아세트산은, 40% 정도로 낮거나 또는 75%정도로 높다. 아세트산의 손실은 20~50%까지 다양하다. 아마도 고온에서 건조할 때 더 많은 비율을 손실할 것이다.

　　Angelucci는 브라질에서 제조된 16개의 인스턴트 커피의 적정 산도에 대한 자료를 내놓았다. 그는 인스턴트 커피 100g 당 ml N 가성소다로 표현했다. 수치들은 47.1에서 80.2의 범위를 보였고 pH값도 측정되었는데 평균은 4.9이고, 4.75에서 5.45의 범위를 보였다. 일반적으로 인스턴트 커피의 pH값은 로스트 커피의 상응하는 블렌드 인집에서 내린 커피보다 다소 낮은 경향이 있다. Angelucci는 또한 인산 이온 함량에 대해서도 보고했으며, 평균은 0.1%이고 샘플 한 개는 0.17%로 매우 높은 적정 산도를 반영했다. 퀸산 함량은 따로 측정되지 않았지만 클로로젠산의 함량 수치는(AOAC 방법) 평균 7.0%였다. 로스팅 손실 19%(국내 소비를 위한)의 로스팅 커피에서 나온 3가지의 샘플들에 대해 설명되었으며, 반면에 다른 것들은 17%(수출용 인스턴트 커피)를 보였다.

5. 산도 측정

　　커피에 있는 산도를 측정하는 것은 여러 가지 다른 방향에서 접근 할 수 있다. 우선, 적정 산도 또는 pH에 의해서 전체적으로 존재하는 산을 특정화할 수 있으며 두 번째로는개별 산이 종종 꽤 뚜렷한 감각적 특성들을 가짐에 따라개별산을측정하는 것이 필요할 것이다. 커피의 pH는 이온화된 양과 비이온화형성의 상대적 양에 영향을 준다. 이것은 감각적 특징에 영향을 준다.

5.1 pH와 적정산도

　　완전한 커피 추출물의 pH 또는 적정산도의 측정은 존재하는 모든 산 구성 물질로부터 자료를 얻을 수 있다. 이것은 간단한 유기산을 포함할 뿐만 아니라 유리/단백질 결합된 페놀산과 아미노산도 포함된다. 이와 반대로, 이러한 물질이 최종 적정산도나 마지막 pH에 기여하는 정도는 염을 형성하는 유기물과 무기물의 존재에 따라 달라지게 될 것이다. 그러므로 이러한 매개변수들은 일어나는 변화를 감지하는데 유용한 지표가 되며, 로스팅에 있어 이것을 해석하는 것은 매우 복잡하다. pH의 정확한 측정을 할 때 유리 전극을 이용하여 쉽게 수행된다. 특히 지방질, 커피 구성 물질이 유리 전극의 표면을 더럽히는 경향이 있으며, 반응의 기울기를 조정할 수 있는 ph 미터를 두 가지 다른 ph 값에서의 보정과 함께 사용해야만 한다.

커피 추출물의 적정 산도값은 사용된 최종 종말점의 pH값에 의존하는 매개변수가 잘 정의되어 있지 않다. Tomoda는 적정 산도를 통해 pH 7.0과 8.2의 값을 얻어냈으며, 이 두 결과 사이에 확연한 차이가 있었다. 더 높은 pH인 8.2와 그 이상에서는 페놀 히드록시 그룹이 이온화되기 시작하며 그 결과 클로로젠산이 강조 된다. 반면에 pH 6.5에서 7.0의 종말점에서는 모든 유기산에서의 카르복시 그룹이 적정이 되며, 총 산도의 보다 나은 측정이 가능하다. 측정을 할 때 심각한 오류를 주는 요인은 단백질과 같은 다른 물질들의 완충 작용이다. 그러므로 종점에 다다를 때 확실한 pH증가는 없지만, 알칼리가 첨가 될 때 느린 변화가 일어난다. 이것은 pH지표를 사용하지 못하게 하며, 주로 확실한 색의 변화를 보여주기 위해 약 1-2pH단위의 pH변화를 필요로 한다. 또한 이것은 커피 추출물의 본연의 색으로 인해 더 복잡해진다.

간단한 산성 용액의 pH는 적정 산도와 직접적으로 관련이 있을 수도 있다. 그러나 산의 구성 물질의 다양한 커피 추출물에서 높은 상관관계를 기대할 이유가 없다. 로스팅 열매를 저장 시 커피의 관능적 특성의 발전을 연구하는 과정에서 Cros와 동료들은 pH와 적정 산도에 관해 모든 그룹의 샘플들에서 직선 관계를 보고했지만 상관관계의 정도는 다양하다. 이 두 가지의 산도 변수의 일반적인 상관관계는 없으며, 잘 명시된 샘플에서만 의견 일치를 얻어낼 수 있을 것이다.

5.2 개별 산

개별 산을 측정하는 대부분의 방법들은 크로마토그래피 기술을 기본으로 하고 있지만 몇 가지는 효소 분석도 가능하다. 크로마토그래피 기술을 사용하기 위해서는 분석 조건과 알맞은 적절한 용제에서 산을 추출해야할 필요가 있다. 예를 들면, 가스 크로마토그래피를 위해서는 휘발성 용액을 사용해야 한다. 추가로 방해 물질이 제거되고 크로마토그래피 컬럼이 오염되지 않도록 정화시켜야 한다. 초기 용제 추출에 앞서, 모든 유기 산들이 비 이온화 형태로 존재하도록 커피 추출물을 산성화 시키는 것이 통상적이다. 그러므로 이러한 방법들은 총 유기산을 측정하며, 유기산이 커피 추출물에서 이온화되었는지 아닌지와 상관없이 매개변수는 pH에 의해 영향을 받는다.

5.2.1 정화 과정

샘플 정화 정도는 부수적인 분석 단계의 정확도에 의존한다. 그러나 대부분의 경우에 효소 분석을 제외하고는 고분자량 고분자를 완전히 제거하는 것이 꼭 필요하다. 많은 방법들은 상대적으로 순수한 형태로 있는 유기산제의 분리에 대해 기술됐으며, 그 중에서 pH 관련 조정에 관해 이온 교환과 용매 추출이 가장 흔히 쓰인다. 이온 교환 기술에서, 천연 수성 커피 추출이 음이온 교환 컬럼에 의해 적용되었으며, 이 때 산들은 남아있고 다른 물질들을 씻겨져 나간다. 그리고나서 산들은 그 후에 포름산과 함께 용출된다. 이 기술은 단백질과 아미노산을 제거에 도움을 주는 예비 양이온 교환 단계를 사용하는 것으로 확장될 수 있다.

유기용제로의 선별적인 추출은 산을 용이하게 회수시키며 상대적으로 깨끗한 추출물을 제공한다. 수성 커피 추출물은 pH 7로 조정되며 불필요한 유기 물질들은 적절한 용제를 이용한 추출을 통해 제거된다. 추후에 pH 2로 산성화하고 필요한 산을 추출한다. 이러한 유기용매 추출물들은

Woodman과 협력 연구가들이 기술한 것과 비슷하게 짧은 흡착 컬럼을 이용한 크로마토 그래피에 의해 더 정화된다.

일반적으로 용제 추출 기술은 시간이 단축되기 때문에 더 선호하지만, 모든 분석적 기술에 대하여 적절하게 순수 추출물을 생산하는 것은 아니다.

5.2.2 액체 크로마토그래피

이론상으로, 액체 크로마토그래피의 몇 가지 모드는 커피 추출물에 있는 유기산 분리에 적용될 수 있다. 이들 중에서 전하가 있는 분자들을 다루는 전통적 방법으로서 이온 교환 크로마토그래피가 처음에 고려된다. 그러나 여기에는 예를 들어 실리카겔을 사용하는 흡착 크로마토그래피와 같은 대체 모드를 사용을 초래하는 이 접근법에 대한 몇몇 실제적 문제들이 있다. 크로마토그래피 모드의 선택뿐만 아니라, 다른 여러 가지 기술들의 범위가 다양하며, 그것들 중 일부는 커피 산과 다른 물질의 측정에도 사용된다.

5.2.2.1 컬럼크로마토그래피

유기산의 이온교환 크로마토그래피는 완충제를 포함한 이동상의 사용을 포함하며, 감지 방법의 도입 전, 이것은 비색기술이 사용되지 않는 한 컬럼용리액에 있는 산을 감지하는데 문제를 일으킨다. 이러한 이유로 오픈형 원통 크로마토그래피를 사용하는 방법들 중 다수는(중력 조건하 여과에 의한 용제를 통한 용출) 흡착 크로마토그래피를 사용하였으며 이 방법은 이동상으로단일 유기 용매만 사용하는 것을 가능하게 한다.

유기산의 효율적인 흡착 크로마토그래피는 이온화가 억제되었을 때만이 얻어질 수 있으며, 이온화된 형태가 존재하면 너무 과한 흡착과 피크 늘어짐(tailing)이 초래된다. 이것은 이동상의 pH를 낮추거나 산화된 실리카겔을 사용하여 해결가능하다. 전자의 방법은 추가 산들을 컬럼 용출액에 도입시키며 이것은 감지를 어렵게 만든다. 그러므로 후자의 방법을 주로 더 선호한다. Deatherage와 그의 동료들은 용리액으로 일련의 5개의 클로로폼/부탄올 혼합물과 산화된 실리카겔을 사용하였고, 이 방법이 Wookdman과 그의 실험팀이 기울기용리를 위해 동일 용제를 사용함으로써 이 방법이 더 향상되었다. 이러한 기술은 9개의 잘 분해된 피크를 형성하였으며, 검출은 알코올 나트륨 하이드록사이드를 사용하여 각각의 부류를 직접 적정함으로써 달성된다. 유기산에 있는 나트륨염은 적정과 목탄을 사용해 계기를 제거한 이후에 회수될 수 있으며 그 이후에 적외성 분광 광도 측정법을 사용해 특징화될 수 있다. 이 기술은 특정 피크들이 복잡하고, 그들의 조성은 로스팅 정도에 따라 변하는 것을 보여준다.

5.2.2.2 고성능 액체 크로마토그래피

HPLC는 유기산의 분석에 대하여 열린 원통 크로마토그래피를 통한 상당한 이점을 제공한다. 실제로 많은 다른 커피 성분들은 이온 교환 크로마토그래피를 흔히 사용하고 특히 낮은 파장대에서 자외선 굴절률 감지를 통해 함께 사용된다. 전자는 이동상 요소를 선택하는데 제한적이지만 검출 시스템을 사용하여 일상에서 볼 수 있는 식품 산의 명쾌한 분리가 성취된다. 초기에 사용된 컬럼들은 pH 7.5정도의 포름에이트 완충용액과 함께Aminex A25와 같은 강한 음이온 교환기들을 사용한다. 그러나 묽은 염산과 함께 사용하는 Aminex 50W-X4와 같은 양이온 교환기들도 강산의 용리액과 함께 사용될 수 있다.

이 영역의 HPLC 분석에서 적용된 크로마토그래피의 대체 모드는 역상 크로마토그래피이다. 여기에서 산의 이온성 특징은 옥타데실실릴 결합 실리카와 같은 소수성 고정상을 사용해 분리되는 소수성분자를 발생시키는 낮은 pH (2-2.5)에서 완충제를 통해 억제된다. 또한 산의 이온성 특징은 이동상 안에서 이온쌍 작용제의 포함으로 인해 바뀔 수 있다. 여기서 테트라부틸암모늄 염을 예로 들 수 있는데, 이것은 유기산과소 수성이온쌍의 증가를 가져다주며 이것은 동일한 소수성 고정상에서 분리될 수 있다.

이러한 분석 방법들이 다른 식품 분석에도 사용되고 있음에도 불구하고 커피에 있는 산 측정에는 사용되지 않는 것으로 보인다. 한 가지 예외로는 다소 다른 기술이 있는데, 산의 크로마토그래피 성질 및 검출 능력은 HPLC 전 페나실에스테르의 형성에 의해 변화한다. Moll과 Pectet이 보여준 단일 크로마토그램은 이 방법의 잠재성에 대해 보여주지만 이 방법으로 얻은 자세한 실험 자료는 아직 나오지 않았다.

5.2.3 가스 크로마토그래피

유기산의 가스크로마토그래피 분석은 직접적으로 산에 적용되지만 휘발성을 높이기 위해 유기산제의 파생물을 준비하는 것이 더 일반적이다. 부틸 에스테르를 형성하는 방법도 있지만 일반적으로 선호되는 파생물들은 메틸에스테르이며 이 물질은 붕소 삼분화물이나/붕소 메탄올로 에스테르화되어 준비된다. 휘발성의 증가는 퀸산과 같이 히드록시 그룹을 가진 산에서 실릴 에테르의 형성을 통해 발산된다.

Woodman과 협력 연구가들은 메틸에스테르 파생물과 DEGS 컬럼을 사용하여 커피 추출물의 유기 용매 추출물에서 분리된 피크를 보여주었다. 이 때 액체 크로마토그래피를 이용한 피크는 좀 복잡했으며 GC 피크 중 2개는 혼합물을 포함한다. 유사 기술로 Tomoda와 동료들, 조사된 커피에서의 산 및 로스빙시 산의 조성 변화를 연구하는 Kabayashi에 의해 사용되었으며, 두 가지 연구 모두 Chromosorb W 와Ceiite (AW HMDS)를 사용하였다. 가장 흔히 쓰이는 감지 시스템은 수량화를 동반하는 불꽃 이온화 감지기이며 주로 내부 표준이 함께 사용된다.

이러한 기술들을 통해 로스팅 커피에서 17개의 산이 분리되었다. 그들은 포름산, 아세트산, 락트산, 피루빈산, 글리콜산, 레불린산, 옥살산, 말론산, 숙신산, 말산, 구연산, 타르타르산, 푸마르산, 메사콘산, 이타콘산, 말레산, 시트라콘산이다. Feldman과 협력 연구가들에 의해 11개의 추가적 휘발성 단일카르복실산이보고됐다.

GC를 이용해 얻어낼 수 있는 분해능은 모세관 컬럼을 사용함으로써 매우 증가했다. 이것은 아마도 부필 에스테르와 같은 파생물과 함께 사용될 것이며 복잡한 혼합물에 대한 굉장한 분리를 얻어낼 수 있을 것이다. 모세관 컬럼 GC는 이미 휘발성 물질의 분석에 적용된 것처럼 커피 제품에 있는 비휘발성 산의 분석에 중요한 역할을 할 것이다.

5.2.4 효소방법

넓은 범위의 선별적인 효소방법이 식품 추출물에 있는 유기산의 분석을 위해 개발되었다. 일반적으로 산 사이에 일어나는 간섭의 정도는 매우 낮지만, 복잡한 효소 반응으로 인한 다른 커피 성분의 간섭의 가능성을 간과해서는 안되며, 특히 로스팅 샘플은 더 주의 깊게 봐야 한다. Blanc는 구연산, 마산, 락트산, 피루빈산, 아세트산의 정량적 측정을 위해 이런 효소기술을 성공적으로 사용했다. 옥살산과 포름산에서 이용할 수 있다.

6. 커피 인퓨전에서 찾아본 산의 기원

아라비카와 로부스타 로스팅 커피와 녹색 커피에 있는 주요 구성물질에 대해서는 1장에서 요약했다. 구성물질의 주요 변화로는 아주 미세한 양으로 감소하는 초기 자당 함량과 다당류 함량(단당류로 가수분해 함으로써 측정됨)과 3장에서 언급한 작은 환원당의 함량이다. 또한 실제 아미노산의 손실이 거의 없는 단백질(가수분해됨, 4장에서 언급), 그리고 5장에서 언급한 클로로젠산의 변화이다. 로스팅 과정에서 지방질의 변화도 아주 조금 일어나며, 주로 유리 지방산이 물질의 무게를 거의 손실하지 않으며 형성된다. 이것은 6장에서 다루었다.

1.5～2.5%의 순서대로, 적은 양의 여러 가지 지방족산의 형성은 로스팅 정도에 따라 좌우되며, 아마도 블렌드에서 이러한 구성 변화를 동반할 것이다. 이러한 변화가 많은 비율을 차지하게 되면 확실하지 않은 성분의 고분자 중합 물질의 형성을 초래하며 대부분은 뜨거운 물에서 녹지만 녹지 않는 물질들도 있다. 위에서 언급했듯이, 생두자체에는 로스팅 커피에서 확인된 같은 수많은 지방족산을 포함하고 있으며, 클로로젠산도 있지만 퀸산은 포함하지 않는다.

로스팅과정에서 자당이 파괴되고 카라멜화 과정에서 Lukesch는 산이 형성되었다고 보고했지만, Crean은 자당이 산성 조건에서 가열되었을 때 산이 형성되었다고 보고했다. Nakabayashi는 자당-클로로젠산 혼합물에서 자당이 섭씨 190도까지 가열되었을 때 산이 형성되는 것을 조사했다. 여기에는 그는 내린 커피에 사용한 같은 분석적 방법을 적용하였다. 포름산, 락트산, 글리콜산, 레불린산, 옥살산, 말론산, 숙식산이 생성되었다. 이 리스트는 말산과 구연산이 빠진 것 외에는 커피 인퓨전에서 찾은 산들과 동일하다. 가열시 구연산은 아코닉트산, 이타코닉산, 메사코닉산 및 메사콘산으로 탈복실화되어 존재할 것이다.

모든 유형의 탄수화물의 열분해에 대한 일반적인 견해로 Fagerson은 자신의 연구에 Heyns와 Sugisawa의 연구도 인용하여 글루코스의 열분해 실험에 존재하는 산을 다음과 같이 표로 정리했다. 포름산, 아세트산, 최대 C5까지의 레불린산, 숙신산, 타르타르산, 피루빈산등이 포함된다. 그는 또한 전분, 셀룰로오스, 자당, 말토오스, 글루코스의 열분해의 주요 휘발성 물질들이 매우 동일하였으며, 산화는 결정적 요인이 아니라고 언급했다.

환원당과 적절한 관능기를 가진 탄수화물, 단백질/아미노산은 일반적으로 로스팅 과정에서 반응하며, 마이야르 반응을 동반하지만 산 형성에 관한 특정한 연구는 아직 나온 것이 없다. 생두의 노화 과정에 관련된 것만 제외하면, 이미 언급했듯이, 지질은 산의 형성에 전구체로 거의 주목을 받지 못했다. 적어도 초기단계에 존재하는 물이 있는 로스터 안에서의 조건은 지방 가수분해, 더 짧은 분자 고리 길이로의 산화, 에스테르의 열분해 및 알데하이드와 케톤의 자동산화를 일으킬 수 있는 것으로 잘 알려져 있다. 산성 물질에는 포화 카르복실산, 히드록시산, 케토산, 디카르복실산이 포함된다. 지질으로부터의 풍미 화합물의 형성은 Forss에 의해 재검토 되었다. C3에서 C10까지 feldman에 의해 존재가 알려진 고휘발성산은 지질에서 거의 확실히 나올 것이라고 언급된다. 로스팅 과정에서 몇 가지 산의 휘발화가 일어나지만, 구연산과 같이 원래 존재하는 다른 물질들은 잘 분해되며, 신선한 구연산이 생성될 것이다. 특히 산에 대한로스터 가스의 분석은 공표되지는 않았지만 산을 보유하는데 필요한 압력을 가한 로스팅은 pH로 측정했을 때 높은 산성도의 커피를 생성해낸다.

임진규

▮약 력

이학박사(화학)
충북대학교 공과대학 공업화학과 교수
커피 화학 연구원 원장
Q-Grader(SCAA)

klalim@naver.com

커피의
성분과 화학

초판인쇄 2018년 6월 29일
초판발행 2018년 6월 29일

지은이 임진규
펴낸이 채종준
펴낸곳 한국학술정보㈜
주소 경기도 파주시 회동길 230(문발동)
전화 031) 908-3181(대표)
팩스 031) 908-3189
홈페이지 http://ebook.kstudy.com
전자우편 출판사업부 publish@kstudy.com
등록 제일산-115호(2000. 6. 19)

ISBN 978-89-268-8465-2 93430